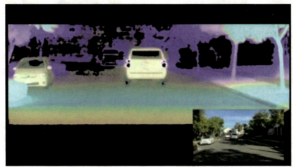
图 3-3
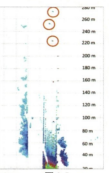
图 3-5

图 3-7

图 3-8

图 3-10

图 3-11

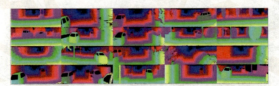

图 5-2

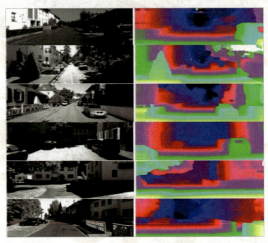

图 5-8

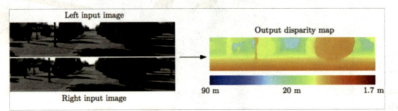

图 6-2

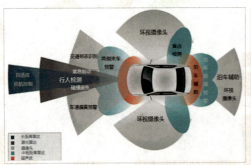

图 11-1

图 18-2

第一本无人驾驶技术书

刘少山 唐洁
吴 双 李力耘 等著

第2版

电子工业出版社
Publishing House of Electronics Industry
北京·BEIJING

内 容 简 介

无人驾驶是一个复杂的系统，涉及的技术点种类多且跨度大，入门者常常不知从何入手。本书首先宏观地呈现了无人驾驶的整体技术架构，概述了无人驾驶涉及的各个技术点。在读者对无人驾驶技术有了宏观认识后，本书深入浅出地讲解了无人驾驶定位导航、感知、决策与控制等算法，以及深度学习在无人驾驶中的应用等多个主要技术点。本书的作者都是无人驾驶行业的从业者与研究人员，有着多年无人驾驶及人工智能技术的实战经验。

本书从实用的角度出发，以期帮助对无人驾驶技术感兴趣的从业者与相关人士实现对无人驾驶行业的快速入门，以及对无人驾驶技术的深度理解与应用实践。

未经许可，不得以任何方式复制或抄袭本书之部分或全部内容。

版权所有，侵权必究。

图书在版编目（CIP）数据

第一本无人驾驶技术书 / 刘少山等著. —2 版. —北京：电子工业出版社，2019.10
ISBN 978-7-121-36493-8

Ⅰ．①第… Ⅱ．①刘… Ⅲ．①人工智能－算法－研究 Ⅳ．①TP18

中国版本图书馆 CIP 数据核字（2019）第 089265 号

责任编辑：郑柳洁
印　　刷：北京捷迅佳彩印刷有限公司
装　　订：北京捷迅佳彩印刷有限公司
出版发行：电子工业出版社
　　　　　北京市海淀区万寿路 173 信箱　　邮编 100036
开　　本：720×1000　1/16　印张：21.25　字数：412 千字　彩插：1
版　　次：2017 年 6 月第 1 版
　　　　　2019 年 10 月第 2 版
印　　次：2022 年 11 月第 9 次印刷
定　　价：89.00 元

凡所购买电子工业出版社图书有缺损问题，请向购买书店调换。若书店售缺，请与本社发行部联系，联系及邮购电话：（010）88254888，88258888。

质量投诉请发邮件至 zlts@phei.com.cn，盗版侵权举报请发邮件至 dbqq@phei.com.cn。
本书咨询联系方式：010-51260888-819，faq@phei.com.cn。

编委会

刘少山　唐　洁　吴　双　李力耘　焦加麟
鲍君威　王　超　裴颂文　陈　辰　邹　亮

好评袭来

本书深入浅出地呈现了无人驾驶这个复杂的系统。书中包括无人驾驶定位与感知算法、无人驾驶决策与控制算法、深度学习在无人驾驶中的应用、无人驾驶系统、无人驾驶云平台、无人驾驶安全等章节，既宏观地呈现了无人驾驶技术的架构，又很好地深入无人驾驶涉及的每个技术点。我相当同意书中的观点：无人驾驶并不是一个技术点，而是众多技术点的集合。无人车上路行驶的前提是每一个技术点都要做得很好，这就代表在每个技术点上都有很好的创新机会。例如，在无人驾驶芯片的设计上，使用低能耗的 ARM 架构加上不同的加速芯片（GPU、FPGA、DSP、ASIC）在性能与能耗上有很大优势。仔细读完本书后，我对整个无人驾驶系统架构有了很好的认识；当我想更深入地了解一个技术点时，本书也提供了很好的文献信息让我深入学习。毫不夸张地说，本书让我在短时间内对无人驾驶技术有了很好的了解。

安谋科技（中国）有限公司执行董事长兼首席执行官　吴雄昂

作为一名科技行业的从业者，我有幸近距离观察了许多所谓的颠覆性技术的生命周期。我的感受是，人们会将一项技术的近期作用无限夸大，对这项技术的长期演化往往估计不足。大家对无人驾驶的态度也一样，大多数人仅仅把无人驾驶看成一项技术，认为只要搞定算法、搞定传感器、搞定云与端的传输等就万事大吉，我们就进入了完全自动驾驶的时代。我认为这种想法很危险。首先，这是一种发明家而非创新家、投机者而非创业者的心态；其次，这些人没有充分认识到无人驾驶有着极大的安全属性与社会属性。

好评袭来

作为从业者之一，我坚定看好无人驾驶产业的长期趋势及其巨大的经济与社会效益，但在短期内，我们除了做好技术准备，更应该把眼光放长远，虚心地研究市场、研究用户、研究监管者、研究利益相关方，脚踏实地、一步一个脚印，共同实现无人驾驶这一可预见的未来。本书是我读过的有关无人驾驶最系统、最严谨的著作，值得有志于从事此行业的朋友认真阅读。

舜宇光学科技（集团）有限公司总裁、执行董事　孙泱

刘少山带领的是一个专业而高效的硅谷精英团队！感谢他们的努力，将神秘高端的无人驾驶技术拉下神坛，并以庖丁解牛般的专业功底逐层剖析。这本诞生于工业界的无人驾驶图书，将极大地缩短开发者、爱好者及相关人士迅速切入、深入学习和投身于人工智能无人驾驶这一热点领域的进程，实属可贵。

CSDN &《程序员》总编辑　孟迎霞

很高兴看到本书书稿，我认为这是一本无人驾驶方面的专业书籍，对技术发展现状和工业实现都进行了很好的描述，并对未来做出了展望。书中内容包括了无人驾驶各个层面面临的技术挑战和可能的技术解决方案，特别是在决策控制部分有精彩的描述。我相信本书对在校学生、研究生及工业界相关技术人员都有所帮助！

清华大学教授、博士生导师　樊平毅

当前，人工智能引起了全球性的关注，是一个可能改变世界的创新技术。无人驾驶技术是人工智能领域最重要的分支之一，其涉及的学科众多，是一个融会了大量新技术的工程实践。本书试图揭开无人驾驶技术的神秘面纱，使读者能够很快建立对无人驾驶技术的全面认识。本书从工程师的角度出发，全面介绍了无人驾驶技术的核心方向，包括环境感知、车载传感器、规划控制，等等。书中涉及无人驾驶的多个技术方向自成体系，针对每个方向中的核心内容讨论了系统的技术思路和解决方案，在很多重要的技术上给出了颇具深度的细节示例。本书作者有深厚的硅谷工程师背景，作者描述的无人驾驶技术已经不是象牙塔里的学术概念，而是贴近社会并即将走进大众生活的新一代科技产品的实践。

电子科技大学教授、博士生导师　雷维礼

自序

无人驾驶：可预见的未来

期待在不远的未来，所有行驶的汽车都是无人车，我们将迎来一个更安全、更清洁的世界。得益于无人驾驶技术，未来我们的交通模式将变得更安全、更高效，极大地降低对石油燃料的消耗，减轻对环境的污染。但是我们必须承认，无人驾驶技术的普及是个渐变的过程，不可一蹴而就，这个美好的未来还需要几代技术人的共同努力方可实现。笔者认为2020年和2040年是无人驾驶发展的两个重要时间节点，据此可以将无人驾驶划分为以下三个阶段。

无人驾驶的黎明：2020年前

随着过去几年无人驾驶"风口"兴起，越来越多的资本与研发力量投入无人驾驶领域。但是，无人车是一个相当复杂的工程系统，需要众多技术的融合与精确配合，且不可能依赖资本的力量在短期内迅速爆发，而需要长期的积累与投入。在2020年前，更紧迫的是让这个萌芽中的行业完成行业链条顶层即人才层的基础储备，让更多的技术人员了解无人驾驶系统，积累行业素养和开发经验。

混合模式时代：2020—2040 年

2020—2040 年是无人驾驶混合模式时代。考虑到一辆机动车的使用寿命是 10~15 年，我们可以预见传统的人为操控汽车及无人车共存的情况将持续至少 20 年。早期的无人车被设计为能够理解并能处理传统的面向人为驾驶的交通系统。随着无人驾驶的普及，交通系统将大规模部署 V2X 设备，逐渐演化出对无人车更友好的模式。此外，无人车之间的通信量将急剧增加，从而更好地完成行驶过程中车辆的动态协调。在这一背景下，持续产生的大量数据将推动 AI 算法持续修正与进步。

无人驾驶时代：始于 2040 年

到 2040 年，预计所有的汽车将完全转变为无人驾驶模式，此后人为驾驶会成为一件罕有的事情，甚至可能由于缺乏足够的安全性被判定为非法行为。届时，我们将迎来全新的交通生态系统，在这个系统下，所有的车辆都处于集中控制模式。基于无人驾驶的自动交通运输将像供电、供水一样，成为日常生活中的基础设施。得益于改进的导航系统及传感器对路面和车辆老化状况的检测，传统汽车行驶中每年发生的交通事故数量将由现在的超过百万起降低至几乎为零。当然，正是由于无人驾驶驱动的公共交通对资源的有效共享与分配，整个城市的交通系统只需要较少量的汽车便可以正常运行。一方面，能源的使用效率将被极大程度地提高；另一方面，新的清洁能源将大规模地替代传统化石燃料，空气污染程度将大规模地降低。

无人驾驶的商业前景

谈技术不谈落地就是在建造空中楼阁。无人驾驶应用怎么落地？它的商业潜力到底有多大？这些都是笔者从业以来一直在思考的问题。从本质上讲，无人驾驶和互联网的共同之处在于：它们都通过去人力化，降低了传输成本。互联网降低的是无形的信息的传输成本，而无人驾驶则降低有形的物和人的运输成本。对比互联网已经产生的商业影响力，就可以想象无人驾驶的商业潜力。谷歌、优步（Uber）和特斯拉等公司不断地展示技术上的进步，传统车厂已经越来越清晰地意识到，无人驾驶技术即将为汽车商业模式带来颠覆性的改变，这可能是自内燃机发明以来汽车行业最重大的变化。需要强调的是，我们还处于无人驾驶商业化的萌芽探索期，整个商业链条的每个环节都没有准备好，在过去几年，虽然无人驾驶企业的融资额屡创新高，但是在商业落地上却鲜有成功案例。笔者认为这个行业的商业孵化还需要五到十年的探索期才会逐渐清晰。

目前 TaaS（Transportation as a Service，运输即服务）2.0 或者 RoboTaxi 模式，正在成为无人驾驶业界探讨的热点。这里将 TaaS 1.0 定义为有人驾驶，而无人驾驶 RoboTaxi 则属于 TaaS 2.0 时代。摩根士丹利公司在一份报告中表示，实现完全无人驾驶将极大地降低出行拼车成本，每辆车的运输成本将从目前的 2.4 美元每千米降至 32 美分每千米[①]。无人驾驶提供了端到端的运输解决方案，借助它，货运环节可以不需要任何人工干预，全程自动化运输，中间经历的轮船运输、海关通关、高速公路运输和城市派送等多个环节的调度都可以在云端完成。这一运输模式的变化对于传统车厂的影响是巨大的，一旦汽车从私人拥有变为共享运输工具，传统车厂的目标客户就将由个人消费者转变为 TaaS 运营商，汽车厂商很难维持原来的强势地位。这样的愿景很美好，但是在目前技术储备不完备及架构成本高居不下的情况下，笔者认为 RoboTaxi 在短期内很难实现。

因为目前无人车的初装成本很高，普通消费者难以接受，所以笔者认为无人驾驶可能会先进入特殊群体。最有可能采纳无人车的行业包括公共交通、快递、工业，以及为老年人和残疾人士出行服务的行业。

公共交通

德克萨斯大学奥斯汀分校的一项关于共享无人车（SAV）的研究表明："每辆 SAV 可以取代约 11 辆常规汽车，运营里程可以增加 10%以上。"[②]这意味着，基于车辆共享的约车或出租车服务将缓解拥堵，大幅改善交通和环境。无人车将成为公共交通系统的重要选择。随着 Apollo 计划的推广，百度会逐渐把无人驾驶技术渗入公共交通市场。目前，百度已经获得国内几个地方监管部门的批准，在事先确定的路线进行试验。一些城市还考虑将某些街区划定为无人驾驶专区，城市规划部门将进行区域优化，使其专门为无人驾驶服务。在 30 或 40 个所辖街区将不再出现人驾汽车和无人车同时存在的现象，由无人驾驶出租车和共享出行车辆提供全部的交通服务。

快递用车和工业应用

快递用车和"列队"卡车将是另一个可能较快采用无人车的领域。在线购物和电子商

[①] https://stratechery.com/2016/google-uber-and-the-evolution-of-transportation-as-a-service/

[②] Daniel Fagnant, Kara Kockelman. The Travel and Environmental Implications of Shared Autonomous Vehicles Using Agent-Based Model Scenarios, 2014.

务网站快速兴起，2018年，中国电商销售总额达到37万亿美元，很多产品承诺当日送达，这促进了快递用车的发展。卡车占美国机动车行驶里程的5.6%，却占交通死亡事故的9.5%。① 使用无人驾驶可以有效地避免人员伤亡，提高车辆使用的经济效益，创造不少增加值。另外，大型卡车自身成本通常超过15万美元，安装摄像头等感应器的成本效益比较高；相比之下，小型轿车的自身成本原本就较低，在无人驾驶初期受限于高成本，难以实现大规模推广。②

老年人和残疾人

由于身体条件的限制，老年人和残疾人这两类人群都面临出行困难。到2050年，美国老龄人口预计超过8000万，占总人口的20%。③ 中国也面临同样的情况，到2050年，中国老龄人口预计将占总人口的33%。日本的人口老龄化问题更甚，到2060年，65岁及以上人群将约占日本总人口的40%。这些老龄人口中有三分之一将面临出行问题。而在残疾人的出行市场中，约13%的美国成年人有出行障碍，约4.6%的成年人有视力障碍，成年残疾人总计5300万人，占成年人人口的22%左右。这些老年人和残疾人士的出行需求为无人车提供了庞大市场体量，在这两个消费群体中，无人车已经开始大规模应用，市场发展目标明确。

无人驾驶面临的障碍

由于整个无人驾驶行业的商业链条不完备，无人驾驶商业化还处于初级阶段，无人驾驶的发展面临方方面面的挑战。笔者认为：无人驾驶在技术层面面临恶劣天气、行车安全、隐私保护、基础设施不完善、5G通信尚未成熟等问题；在社会层面，无人驾驶需要应对事故追责、行车立法等问题。其中有些挑战是需要通过制度改革和社会行动才能跨越的，需要全社会、全行业长时间地探索和努力。

恶劣天气

在恶劣天气里，无人车无法良好运行，大雨、大雪或大气雾霾遮挡道路标识和车道标

---

① John Markoff,Want to Buy a Self-Driving Car? Trucks May Come First, 2016.
② Mike Ramsey,Autonomous-Driving Venture Targets Heavy Trucks,2016.
③ Jennifer Ortman, Victoria Velkoff,Howard Hogan,An Aging Nation: The Older Population in the United States,P11.

记，影响激光雷达感应器，分散或阻挡激光束，降低摄像头捕捉图像的能力，因此增加了事故风险。这个问题一直是无人驾驶技术面临的一大挑战，在过去几年内也没有得到很好的解决。

行车安全

安全是无人驾驶行业的重要考虑因素。无人车运行依靠 V2V 的交流，以及 V2I 的连接。维护这些通道及电子邮件、电话、短信、上网和定位数据等乘客个人电子通信的安全至关重要。联网车辆面临的威胁包括黑客攻击、人为干扰、幽灵车或者其他恶意行为，如使用亮灯导致摄像头无法捕捉图像、干扰雷达或操控感应器等。上述每种行为都能扰乱通信和运算，造成人工智能运算出错。

隐私保护

无人驾驶隐私保护更关注数据的保护。一方面，汽车制造商和无人车服务企业的隐私政策允许披露行车信息，用以"解决问题、评估使用和研究"。另一方面，一旦这些信息被非法转卖，匿名第三方极有可能将其用于营销甚至诈骗，损害消费者的利益。因此，为了保护无人驾驶的隐私：一方面，应该提高网络安全标准，保证所有制造商能采取有效保护措施，尤其要加强无线网络下的数据加密保护；另一方面，需要提高设计安全性以减少攻击点，增加第三方测试、加强内部监督系统、设计分离架构以限制任何成功入侵造成的损害，以及不断更新升级安全软件以加强隐私保护的实时性。

基础设施不完善

车辆行驶需要可预测的路面和标识清晰的车道，如果道路标识不到位或工程质量不佳，半自动驾驶汽车或全自动驾驶汽车都无法顺利行驶，也很有可能做出错误判断，事故风险随之上升。桥梁也是自动驾驶汽车面临的特殊问题。桥梁提供的环境信息很少，桥面不像路面，上面没有建筑物，导致车辆很难分辨确切位置。基础设施不完善的问题在限制现有交通发展的同时，更扼制了无人驾驶的萌芽和起步。

5G 通信尚未成熟

要实现无人驾驶的终极目标，不可避免地要解决网络延迟问题。信息延迟对无人车而言十分危险，在当前的 4G 技术条件下，一个刹车信号晚发出半秒就可能造成一次严重的事故。一方面，5G 能根据数据的优先级分配网络，从而保证无人车的控制信号传输保持较快的响应速度；另一方面，5G 允许近距离设备直接通信，两车在行驶过程中近距离直接数据连接的效率远高于绕道基站进行通信的效率。这样可大大降低网络整体压力并降低平均延迟。只有解决了网络延迟问题，无人车技术难题才能得到进一步解决，未来的智能网联汽车才有机会完美实现车与人、车与车等范畴的智能信息交流共享。5G 技术成熟的时候，信号延迟问题才真正有望得到解决。

事故追责

目前，保险公司根据司机年龄、性别、经验等进行详细的风险评估，并依据超速、酒驾、忽视道路标示或撞车等因素确认事故的责任方。无人车不容易受到人为失误影响，因此无人驾驶将更多责任从司机转移到制造商和软件设计者身上，彻底改变了以往行车事故的法律责任归属，完全颠覆了在此基础上建立的法律体系和保险规则。无人车真正投入市场需要一个过程，新老汽车混合的复杂局面将长期存在，造成事故的追责更困难且复杂。由此可见，要实现全面发展，自动驾驶汽车行业必须在清除技术障碍的同时，开始着手解决法律责任的问题。

行车立法

目前，公众对无人车的接受程度还处于中间状态。在此期间，无人车面临的人为因素造成的危险多种多样，如将激光照在汽车摄像头上以破坏导航系统、攻击计算机代码、恶意控制刹车和转向、恶意将物体置于车前改变其运动，或发射电子信号改变其路线等。如果高速行驶的无人驾驶车辆遇到这种情况，后果会非常严重。政策制定者应考虑制定法律，将针对无人车的恶意行为定罪，通过对恶意行为立法，惩罚破坏无人车的行为。

结语

笔者一直认为 2020 年是机器人时代的起点，是继互联网后的又一个大的技术革命时代。君子顺势而行，能够在这个时间点从事移动机器人行业，我们都是幸运的。虽然无人驾驶目前还处于萌芽期，整个价值链条都不完善，但是作为技术人员，磨炼好技术、理解好行业才能更好地迎接这个大时代的来临。最后，真诚地期待本书能成为大家的第一本无人驾驶技术书，启蒙大家对无人驾驶的认识，引领大家投身到无人驾驶与移动机器人行业中来。

前言

笔者在年少时就很喜欢机器人，从求学阶段就开始专注于计算机科学，期待有朝一日可以从事机器人的研发工作。2007 年，微软公司创始人比尔·盖茨在《每个家庭都有一个机器人》(*A Robot In Every Home*) 一文中预言：在不久的将来，每个家庭除了拥有计算机之外还会拥有一个机器人。这篇文章对笔者的启发很大，坚定了笔者从事机器人研发的决心。在美国攻读博士期间，笔者一直在机器人系统领域学习、研究；2009 年夏，笔者在微软研究院（MSR Redmond）FPGA 组实习期间的研究项目就是为机器人打造感知芯片。2014 年，笔者有幸进入百度美国研究院，亲身经历了百度的无人驾驶事业从无到有、从单点技术到系统整合的整个过程，并在此过程中结识了一群顶尖的科技人才。在共事的过程中，大家互相学习，与无人驾驶行业共同成长。现在，笔者的大部分老同事已经在中国无人驾驶行业中各领风骚。

无人驾驶的场景特别复杂，技术挑战特别大，它因此被称为 AI 技术的圣杯。但是，笔者更愿意将无人驾驶归属于移动机器人的一个子类，而 AI 技术只是无人驾驶众多技术点中的一部分。正如本书详细介绍的那样，无人驾驶是一个系统工程，需要把众多的单点技术进行有效的整合。能否开发出一款好的无人驾驶产品取决于一个团队的全栈式工程能力与系统型整合能力，因此对整个无人驾驶架构的全面了解至关重要。

写作本书的初衷

虽然无人驾驶一直处于资本追逐的风口，但是整个无人驾驶行业的商业链条并不完备，尤其受限于人才储备不足。在日常的接触中，笔者发现许多工程师，甚至行业从业者对无人驾驶的理解存在许多偏差。例如，有人会觉得理解了某个深度学习算法就能利用它实现无人驾驶，或者只要有一个激光雷达就可以构建无人驾驶系统。笔者希望本书能够成为对无人驾驶有兴趣的同学们的基础入门书，能够通过解析无人驾驶架构帮助大家了解无人驾驶及每个技术点的具体作用。

本书的读者可以在掌握了整个无人驾驶技术架构后，再去深入挖掘一两个自己感兴趣的技术方向，由浅入深、由表及里地组织相关技术内容。只有这样，整个行业在每个单点技术的人才储备才会逐渐建立起来，无人驾驶才会有发展和繁荣的希望。

笔者一直认为，移动机器人，包括无人驾驶，主要集中在三个技术方向：**感知**、**定位**和**决策**。感知是无人车对当前环境的理解，从采集到的传感器原始数据中提取有意义的信息；定位是无人车对自身当前位置的理解，用来精确地控制无人车的行驶方向；而决策是无人车的大脑，根据感知与定位信息决定下一步的动作，为车辆的出行与到达提供安全可靠的规划。为了实现这三个技术模块的高效运行，我们需要一个适用于无人驾驶的边缘计算系统，这个系统由操作系统和硬件系统组成，将配合算法部分满足无人驾驶实时、可靠、安全、节能的要求。除了车载移动服务，我们还需要无人驾驶云平台提供离线的计算和存储功能以支持高精地图产生及大规模的深度学习模型训练等服务。

本书章节介绍

为了覆盖上述无人驾驶系统的内容，本书内容组织如下：
第 1 章将简单介绍无人驾驶系统架构。
第 2 章到第 7 章，将介绍无人驾驶中的感知定位技术模块。
第 8 章到第 10 章，将介绍无人驾驶中的决策与控制技术模块。
第 11 章到第 15 章，将介绍无人驾驶边缘计算系统的技术点。
最后，第 16 章到第 20 章，将介绍无人驾驶云平台的技术点。
每一章的最后一节都详细地列出了参考资料，以便读者对某个感兴趣的技术点进行深入探究。

刘少山，PerceptIn 创始人兼 CEO

目录

1 无人车：正在开始的未来 ... 1

1.1 正在走来的无人驾驶 ... 2
1.2 无人驾驶的分级 ... 4
1.3 无人驾驶系统简介 ... 7
1.4 序幕刚启 ... 17
1.5 参考资料 ... 18

2 激光雷达在无人驾驶中的应用 ... 20

2.1 无人驾驶技术简介 ... 20
2.2 激光雷达基础知识 ... 21
2.3 应用领域 ... 23
2.4 激光雷达技术面临的挑战 ... 25
2.5 展望未来 ... 27
2.6 参考资料 ... 27

3 图像级高清激光雷达 ... 29

3.1 无人驾驶应用的各类激光雷达的点云特性 ... 29
3.2 高清激光雷达在构建可靠感知系统时的优势 ... 33

3.3 高清激光雷达对定位和运动探测模块的价值 35
3.4 高清激光雷达使得点云和图像数据的融合更高效 37
3.5 激光雷达未来的发展趋势 38
3.6 参考资料 39

4 GPS 及 IMU 在无人驾驶中的应用　　40

4.1 无人驾驶定位技术 40
4.2 GPS 简介 41
4.3 IMU 简介 43
4.4 GPS 和 IMU 的融合 45
4.5 小结 46
4.6 参考资料 47

5 基于计算机视觉的无人驾驶感知系统　　48

5.1 无人驾驶的感知 48
5.2 KITTI 数据集 49
5.3 计算机视觉能帮助无人车解决的问题 51
5.4 光流和立体视觉 52
5.5 物体的识别与追踪 54
5.6 视觉里程计算法 56
5.7 小结 57
5.8 参考资料 58

6 卷积神经网络在无人驾驶中的应用　　59

6.1 CNN 简介 59
6.2 无人驾驶双目 3D 感知 60
6.3 无人驾驶物体检测 64
6.4 小结 67
6.5 参考资料 68

XV

7 强化学习在无人驾驶中的应用   69

7.1 强化学习简介   69
7.2 强化学习算法   71
7.3 使用强化学习帮助决策   75
7.4 无人驾驶的决策介绍   78
7.5 参考资料   81

8 无人驾驶的行为预测   83

8.1 无人驾驶软件系统模块总体架构   83
8.2 预测模块需要解决的问题   85
8.3 小结   95
8.4 参考资料   95

9 无人驾驶的决策、规划和控制（1）   98

9.1 决策、规划和控制模块概述   98
9.2 路由寻径   101
9.3 行为决策   107
9.4 动作规划   115
9.5 反馈控制   124
9.6 小结   128
9.7 参考资料   128

10 无人驾驶的决策、规划和控制（2）   130

10.1 其他动作规划算法   130
10.2 栅格规划器   132
10.3 自由空间 TEB 规划器   138
10.4 小结   143
10.5 参考资料   144

11 基于 ROS 的无人驾驶系统 — 145

- 11.1 无人驾驶：多种技术的集成 — 145
- 11.2 ROS 简介 — 146
- 11.3 系统可靠性 — 150
- 11.4 系统通信性能提升 — 152
- 11.5 系统资源管理与安全性 — 153
- 11.6 小结 — 153
- 11.7 参考资料 — 154

12 无人驾驶的硬件平台 — 155

- 12.1 无人驾驶：复杂系统 — 155
- 12.2 传感器平台 — 156
- 12.3 计算平台 — 173
- 12.4 控制平台 — 182
- 12.5 小结 — 188
- 12.6 参考资料 — 188

13 无人驾驶系统安全 — 190

- 13.1 针对无人驾驶的安全威胁 — 190
- 13.2 无人驾驶传感器的安全 — 190
- 13.3 无人驾驶操作系统的安全 — 192
- 13.4 无人驾驶控制系统的安全 — 192
- 13.5 车联网通信系统的安全 — 194
- 13.6 安全模型校验方法 — 196
- 13.7 小结 — 197
- 13.8 参考资料 — 198

14 对抗样本攻击与防御在无人驾驶中的应用 — 200

- 14.1 对抗样本攻击算法 — 202
- 14.2 对抗样本防御算法 — 212

- 14.3 实验平台安装及环境配置 ... 215
- 14.4 AdvBox 攻击与防御实验 ... 222
- 14.5 防御建议 ... 228
- 14.6 小结 ... 228
- 14.7 参考资料 ... 229

15 无人驾驶数据服务通信协议 231

- 15.1 数据服务通信协议发展历史 ... 231
- 15.2 DSRC ... 232
- 15.3 C-V2X ... 238
- 15.4 3GPP 中 V2X 无线接入标准研究 ... 244
- 15.5 参考资料 ... 246

16 无人驾驶模拟器技术 249

- 16.1 为什么需要模拟器 ... 249
- 16.2 模拟器的用途 ... 250
- 16.3 模拟器系统的需求 ... 251
- 16.4 模拟器系统的模块组成 ... 251
- 16.5 模拟器的使用场景及常见模拟器 ... 257
- 16.6 模拟器的研发阶段 ... 260
- 16.7 模拟器仿真的一致性问题 ... 261
- 16.8 小结 ... 263
- 16.9 参考资料 ... 264

17 基于 Spark 与 ROS 的分布式无人驾驶模拟平台 265

- 17.1 无人驾驶模拟技术 ... 265
- 17.2 基于 ROS 的无人驾驶模拟器 ... 267
- 17.3 基于 Spark 的分布式模拟平台 ... 269
- 17.4 小结 ... 272
- 17.5 参考资料 ... 272

18 无人驾驶中的高精地图 　　　　　　　　　　274

- 18.1 传统电子导航地图 274
- 18.2 服务于无人驾驶场景的高精地图 275
- 18.3 高精地图的组成和特点 276
- 18.4 构建高精地图 279
- 18.5 高精地图在无人驾驶中的应用 286
- 18.6 高精地图的现状与结论 288
- 18.7 参考资料 289

19 高精地图的自动化生产 　　　　　　　　　　290

- 19.1 高精地图生产的挑战 290
- 19.2 无人车用高精地图 291
- 19.3 高精地图生产的基本流程 294
- 19.4 机器学习在高精地图生产中的应用 297
- 19.5 基于三维点云的深度学习 301
- 19.6 小结 302
- 19.7 参考资料 302

20 面向无人驾驶的边缘高精地图服务 　　　　　　308

- 20.1 边缘计算与高精地图 308
- 20.2 边缘场景下的高精地图服务 310
- 20.3 边缘高精地图生产 311
- 20.4 边缘高精地图内容分发 312
- 20.5 参考框架 313
- 20.6 相关工作 314
- 20.7 小结 316
- 20.8 参考资料 317

1 无人车：正在开始的未来

我们已经拉开了全自动无人驾驶的序幕,在幕布之后精彩的未来将如何？让我们先回顾硅谷的发展历史,再以此展望无人驾驶的未来。如图 1-1 所示,现代信息技术始于 20 世纪 60 年代,仙童电子和英特尔通过硅晶体微处理器技术的创新开创了信息技术的新时代,这也是硅谷的起源。微处理器技术极大地提高了工业化生产力,推进了现代工业的发展。20 世纪 80 年代,随着 Xerox Alto、Apple Lisa 及 Microsoft Windows 等软件系统的发展,图形界面被广泛应用,个人电脑的概念出现并开始普及,现代信息技术以此为基础普惠众人。

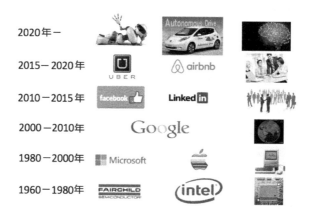

图 1-1　现代信息技术发展史

21世纪初，在个人电脑逐步普及并被大规模应用的背景下，谷歌通过互联网和搜索引擎的方式将人与浩瀚如星海的信息互联起来，至此，现代信息技术发展到了第三阶段。创立于2004年的Facebook通过革新的社交网络模式将现代信息技术推进到了第四阶段。至此，人类的交往互联方式从线下扩展到了线上，人类社会在万维网上有了初始的迁移并逐步地成熟完善。

随着互联网人口规模的膨胀，信息技术发展进入第五阶段，Airbnb与Uber等公司通过共享经济的思维把人类社会的经济模式直接推广到了互联网社会，利用互联网+移动设备等直接连接不同用户的经济行为，在大范围内取得了成功。信息技术每一阶段的发展及其随后驱动的革新，都极大地改变了人类对信息的访问需求和获取方式。

现在，我们走到了信息技术发展的第六阶段，机器人开始作为服务的承载体出现，其中的一个具体事例就是无人驾驶的产品化。无人驾驶并不是一项单一的新技术，而是一系列技术的整合，通过众多技术的有效融合，在无人驾车的情况下安全地将乘客送达。本章会介绍无人驾驶的分级、高级驾驶辅助系统中的关键应用、无人驾驶中涉及的多项技术并讨论如何安全高效地在无人驾驶系统中完成技术的整合。

1.1　正在走来的无人驾驶

预计到2021年，无人车将进入市场，从此开启一个崭新的阶段。[1]世界经济论坛估计，汽车行业的数字化变革将创造670亿美元的价值，带来3.1万亿美元的社会效益，[2]其中包括无人车的改进、乘客互联及整个交通行业生态系统的完善。

据估计，半自动驾驶和全自动驾驶汽车在未来几十年的市场潜力相当大。例如，到2035年，仅中国就将有约860万辆自动驾驶汽车，其中约340万辆为全自动无人驾驶，520万辆为半自动驾驶。[3]有行业主管部门人士认为，中国轿车的销售，巴士、出租车和相关交通服务年收入有望超过1.5万亿美元。波士顿咨询集团预测，无人车的全球市场份额要达到25%，需要花15~20年的时间。由于无人车预计到2021年才上市，这意味着2035—2040年，无人车将占全球市场25%的份额。

无人驾驶之所以会给汽车行业带来如此大的变革，是因为无人车带来的影响是空前的。研究表明，在增强高速公路安全性、缓解交通拥堵、疏解停车难问题、减少空气污染等领域，无人驾驶会带来颠覆性的改善。

1. 增强高速公路安全性

高速公路事故是全世界面临的重大问题。在美国，每年约有 35000 人死于车祸，在中国这一数字约为 260000。[4] 在日本，每年高速公路事故死亡人数为 4000 左右。[5] 根据世界卫生组织的统计，全世界每年有 124 万人死于高速公路事故。[6] 据估计，致命车祸每年会造成 2600 亿美元的损失，而致伤车祸会带来 3650 亿美元的损失。高速公路事故每年导致 6250 亿美元的损失。[7] 美国兰德公司研究显示："2011 年发生的车祸死亡事故中 39% 涉及酒驾。"[8] 几乎可以肯定，无人驾驶技术将大幅降低酒驾发生的可能，避免车祸伤亡。在中国，约有 60% 的交通事故和骑车人、行人或电动自行车与小轿车或卡车相撞有关。[4] 在美国的机动车事故中，有 94% 与人为失误有关。[9] 美国高速公路安全保险研究所的一项研究表明，全部安装自动安全装置能使高速公路事故死亡数量减少 31%，每年将挽救 11000 条生命。[10] 这类装置包括前部碰撞警告体系、碰撞制动、车道偏离警告和盲点探测。

2. 缓解交通拥堵

交通拥堵几乎是每个大都市都面临的问题。以美国为例，每位司机每年平均遇到 40 小时的交通堵塞，年均成本为 1210 亿美元。[11] 在莫斯科、伊斯坦布尔、墨西哥城、里约热内卢，浪费的时间更长，"每位司机每年将在交通拥堵中度过超过 100 小时。[2] 在中国，汽车数量超过 100 万辆的城市有 35 个，超过 200 万辆的城市有 10 个。在最繁忙的市区，约有 75% 的道路会出现高峰拥堵。"中国私家车总数已达 1.26 亿辆，同比增加 15%，[12] 仅北京就有 560 万辆汽车。[4] Donald Shoup 的研究发现，城区 30% 的交通拥堵是由司机为了寻找附近的停车场而在商务区绕圈造成的。[13] 这是交通拥挤、空气污染和环境恶化的重要原因。"在造成气候变化的二氧化碳排放中约有 30% 来自汽车。"[2] 另外，根据估算，在都市中有 23%~45% 的交通拥堵发生在道路交叉处。[14] 交通灯和停车标志不能在缓解交通拥堵中发挥作用，因为它们是静止的，无法将交通流量考虑其中。绿灯或红灯是按照固定间隔提前设定好的，而不管某个方向的车流量有多大。一旦无人车逐渐投入使用，并占到车流量比较大的比例，车载感应器将能够与智能交通系统（Intelligent Transport System, ITS）联合工作，优化道路交叉口的车流量。红绿灯的间隔也将是动态的，根据道路车流量实时变动。这样可以提高车辆通行效率，缓解拥堵。

3. 疏解停车难问题

完成停车时，无人车能将每侧人为预留的空间减少 10cm，每个停车位就可以减少

1.95m², 此外车库的层高也可以按照车身进行设计。通过使无人车与传统汽车共享车库，所需要的车库空间将减少 26%。如果车库只供自动泊车汽车使用，则所需的车库空间将减少 62%。节省的土地可以用于建设其他对车辆和行人更加友好的街道，同时也节省了消费者停车和取车的时间。

4．减少空气污染

汽车是造成空气质量下降的主要原因之一。兰德公司的研究表明："无人驾驶技术能提高燃料效率，通过更顺畅的加速、减速，能比手动驾驶提高 4%~10%的燃料效率。"[8] 由于工业区的烟雾浓度与汽车数量有关，增加无人车的数量能减少空气污染。一项 2016 年的研究估计，"等红灯或交通拥堵时汽车造成的污染比车辆行驶时高 40%。"[15] 无人车共享系统也能带来减排和节能的好处。得克萨斯大学奥斯汀分校的研究人员研究了二氧化硫、一氧化碳、氮氧化物、挥发性有机化合物、温室气体和细小颗粒物与无人车共享系统的关系。结果发现，"使用无人车共享系统不仅节省能源，还能减少各种污染物的排放。"[16] 约车公司 Uber 发现，该公司在旧金山和洛杉矶的车辆出行中分别有 50%和 30%是多乘客拼车。在全球范围内，这一数字为 20%。[17]无论是传统车，还是无人车，拼车的乘客越多，对环境越好，也越能缓解交通拥堵。改变"一车一人"的模式将能大大改善空气质量。

1.2　无人驾驶的分级

2013 年，美国国家公路交通安全管理局（NHTSA）发布了汽车自动化的五级标准，将无人驾驶功能分为 5 个级别：0~4 级[18]（如图 1-2 所示），以应对汽车主动安全技术的爆发增长。

（1）Level 0（L0）：无自动化。没有任何无人驾驶功能、技术，司机对汽车所有功能拥有绝对控制权。驾驶员需要负责启动、制动、操作和观察道路状况。任何驾驶辅助技术，只要仍需要人控制汽车，都属于 Level 0。所以现有的前向碰撞预警、车道偏离预警，以及自动雨刷和自动前灯控制，虽然有一定的智能化，但都属于 Level 0。

（2）Level 1（L1）：单一功能级的自动化。驾驶员仍然对行车安全负责，不过可以放弃部分控制权给系统管理，某些功能已经自动进行，比如常见的自适应巡航（Adaptive Cruise Control，ACC）、应急刹车辅助（Emergency Brake Assist，EBA）和车道保持

(Lane-Keep Support，LKS)。Level 1 的特点是只有单一功能，驾驶员无法做到手和脚同时不操控。

(3) Level 2 (L2)：部分自动化。司机和汽车分享控制权，驾驶员在某些预设环境下可以不操作汽车，即手脚同时离开控制，但驾驶员仍需要随时待命，对驾驶安全负责，并随时准备在短时间内接管汽车驾驶权，自动进行的功能有 ACC 和 LKS 结合形成的跟车功能等。Level 2 的核心不在于要有两个以上的功能，而在于驾驶员可以不再作为主要操作者。

(4) Level 3 (L3)：有条件自动化。在有限情况下实现自动控制，比如在预设的路段（如高速和人流较少的城市路段），汽车自动驾驶可以完全负责整个车辆的操控，当遇到紧急情况，驾驶员仍需要在某些时候接管汽车，但有足够的预警时间，如即将进入修路的路段（road work ahead）。Level 3 将解放驾驶员，即对行车安全不再负责，不必监视道路状况。

(5) Level 4 (L4)：完全自动化（无人驾驶），在无须人协助的情况下由出发地驶向目的地。其行驶仅需起点和终点信息，汽车将全程负责行车安全，并完全不依赖驾驶员的干涉。行车时可以没有人乘坐（如空车货运）。

分级		NHTSA	L0	L1	L2	L3	L4	
		SAE	L0	L1	L2	L3	L4	L5
称呼			无自动化	单一功能级的自动化	部分自动化	有条件自动化	高度自动化	完全自动化
SAE 定义			由人类驾驶者全权驾驶汽车，在行驶过程中可以得到警告	通过驾驶环境对方向盘和加速/减速中的一项操作提供支持，其余由人类操作	通过驾驶环境对方向盘和加速/减速中的多项操作提供支持，其余由人类操作	由无人驾驶系统完成所有的驾驶操作，根据系统要求，人类提供适当的应答	由无人驾驶系统完成所有的驾驶操作，根据系统要求，人类不一定提供所有的应答。限定道路和环境条件	由无人驾驶系统完成所有的驾驶操作，可能的情况下，人类接管，不限定道路和环境条件
主体	驾驶操作		人类驾驶者	人类驾驶者/系统	系统			
	周边监控		人类驾驶者			系统		
	支援		人类驾驶者				系统	
	系统作用域		无	无				全域

图 1-2　NHTSA 和 SAE 对无人驾驶的分级比较

另一个对无人驾驶的分级来自美国机动工程师协会（SAE），其定义无人驾驶技术共分为 0~5 级。[19] SAE 定义的无人驾驶 0~3 级与 NHTSA 一致，分别强调的是无自动化、驾驶支持、部分自动化与条件下的自动化。唯一的区别在于 SAE 对 NHTSA 的完全自动化进行了进一步细分，强调了行车对环境与道路的要求。SAE-Level 4 下的无人驾驶需要在特定的道路条件下进行，比如封闭的园区或者固定的行车线路等，可以说是面向特定场景下的高度自动化驾驶。SAE-Level 5 则对行车环境不加限制，可以自动地应对各种复杂的车辆、行人和道路环境。

综上所述，不同 Level 实现的无人驾驶功能也是逐层递增的，ADAS（Advanced Driving Assistant System，高级驾驶辅助系统）属于自动驾驶 0~2 级。如表 1-1 所示，L0 中实现的功能仅能够进行传感探测和决策报警，比如夜视系统、交通标识识别、行人检测、车道偏离警告等。L1 实现单一控制类功能，如支持主动紧急制动、自适应巡航控制系统等，只要实现其中之一就可达到 L1。L2 实现了多种控制类功能，如具有 AEB（Autonomous Emergency Braking，自动制动系统）和 LKA（Lane Keeping Assist，车道保持辅助）等功能的车辆。L3 实现了特定条件下的自动驾驶，当超出特定条件时将由人类驾驶员接管驾驶。SAE 中的 L4 是指在特定条件下的无人驾驶，如封闭园区固定线路的无人驾驶等，例如百度在乌镇景区运营的无人驾驶服务。而 SAE 中的 L5 就是终极目标，完全无人驾驶。无人驾驶就是自动驾驶的最高级，它是自动驾驶的最终形态。

表 1-1　逐层递增的无人驾驶功能

NHTSA	L0	L1	L2	L3	L4	
SAE	L0	L1	L2	L3	L4	L5
	无自动化	驾驶支持	部分自动化	有条件自动化	高度自动化	完全自动化
功能	夜视 行人检测 交通标志识别 盲点检测 并线辅助 后排路口交通警报 车道偏离警告	自适应巡航驾驶系统 自动紧急制动 停车辅助系统 前向碰撞预警系统 车身电子稳定系统	车道保持辅助系统	拥挤辅助驾驶	停车场自动泊车	
特征	传感探测和决策警报	单一功能（以上之一）	组合功能（L1/L2 组合）	特定条件 部分任务	特定条件 全部任务	全部条件 全部任务
	ADSA			自动驾驶		

全自动无人车可能比半自动驾驶汽车更安全，因为其可以在车辆行驶时排除人为错误和不明智的判断。例如，弗吉尼亚理工大学交通学院的调查表明："L3级自动驾驶车辆的司机回应接管车辆的请求平均需要17s，而在这个时间内，一辆时速105km/h的汽车已经开出494m——超过5个足球场的长度。"[20] 百度的工程师也发现了类似的结果。司机从看到路面物体到踩刹车需要1.2s，远远长于车载计算机所用的0.2s。这一时间差意味着，如果汽车时速是120km/h，等到司机停车时，车子已经开出了40m，而如果是车载计算机做判断，则开出的距离只有6.7m。在很多事故中，这一差距将决定乘客的生死。由此可见，站在自动驾驶最高级的无人驾驶才是汽车行业未来发展的"终极目标"。

1.3 无人驾驶系统简介

无人驾驶系统是一个复杂的系统，主要由算法端、用户端和云端三部分组成（如图1-3所示）。其中算法端包括面向传感（Sensing）、感知（Perception）和决策（Decision）等关键步骤的算法；用户端包括机器人操作系统及硬件平台；云端包括高精地图（HD Map）绘制、深度学习模型训练（Model Training）、模拟（Simulation）及数据存储（Data Storage）。

图1-3 无人驾驶系统架构图

算法端从传感器原始数据中提取有意义的信息以了解周遭的环境情况，并根据环境变化做出决策。用户端融合多种算法以满足实时性与可靠性的要求。举例来说，传感器以60Hz的速度产生原始数据，用户端需要保证最长的流水线处理周期也能在16ms内结束。云平台为无人车提供离线计算及存储功能。通过云平台，我们能够测试新的算法，更新高精地图并训练更加有效的识别、追踪和决策模型。

1.3.1 无人驾驶算法

算法系统由几部分组成:第一部分,传感,并从传感器的原始数据中提取有意义的信息;第二部分,感知,以定位无人车所在位置及感知现在所处的环境;第三部分,决策,以便可靠、安全地抵达目的地。

1. 传感

通常,一辆无人车装备有许多不同类型的主传感器。每一种类型的传感器各自有不同的优劣,因此,来自不同传感器的传感数据应该有效融合。无人驾驶中普遍使用的传感器包括以下几种。

(1) GPS/IMU:GPS/IMU 传感系统通过高达 200Hz 频率的全球定位和惯性更新数据,以帮助无人车完成自我定位。GPS 是一个相对准确的定位用传感器,但是它的更新频率过低,仅有 10Hz,不足以提供足够实时的位置更新。IMU 的准确度随着时间的增加而降低,因此在较长的行驶时间内并不能保证位置更新的准确性;但是,它有着 GPS 所欠缺的实时性,IMU 的更新频率可以达到 200Hz 或者更高。通过整合 GPS 与 IMU,我们可以为车辆定位提供既准确又足够实时的位置更新。

(2) LiDAR(Light Detection And Ranging,激光雷达)可被用来绘制地图、定位及避障。雷达的准确率非常高,因此在无人车设计中雷达通常被作为主传感器使用。激光雷达以激光为光源,通过探测激光与被探测物相互作用的光波信号来完成遥感测量。激光雷达可以用来产生高精地图,并针对高精地图完成移动车辆的定位,以及满足避障的要求。以 Velodyne HDL-64E 激光雷达为例,它可以完成 10Hz 旋转并且每秒读数可达 130 万次。

(3) Camera(摄像头):摄像头被广泛使用在物体识别及物体追踪等场景中,车道线检测、交通灯侦测、人行道检测都以摄像头为主要解决方案。为了加强安全性,现有的无人车实现通常在车身周围使用至少 8 个摄像头,分别从前、后、左、右四个维度完成物体发现、识别、追踪等任务。这些摄像头通常以 60Hz 的频率工作,当多个摄像头同时工作时,将产生高达 1.8GB/s 的巨额数据量。

(4) 雷达和声呐:雷达把电磁波的能量发射至空间中某一方向,处在此方向上的物体反射该电磁波,雷达通过接收此反射波提取该物体的某些有关信息,包括目标物体至雷达的距离、距离变化率或径向速度、方位、高度等。雷达和声呐系统是避障的最后一道保障。雷达和声呐产生的数据用来表示在车的前进方向上最近障碍物的距离。一旦系统检测到前方不远处有障碍物出现,则有极大的相撞危险,无人车会启动紧急刹车以完成避障。因此,雷达和声呐系统产生的数据不需要过多的处理,通常可直接被控制处理器采用,并不需要主计算流水线的介入,因此可实现转向、刹车或预紧式安全带等紧急功能。

2. 感知

在获得传感信息之后,数据将被推送至感知子系统以充分了解无人车所处的周遭环境。在这里感知子系统主要做的是三件事:定位、物体识别与物体追踪。

1) 定位(Localization)

GPS 以较低的更新频率提供相对准确的位置信息,IMU 则以较高的更新频率提供准确性偏低的位置信息。我们可以使用卡尔曼滤波(Kalman Filter)整合两类数据各自的优势,合并提供准确且实时的位置信息更新。如图 1-4 所示,IMU 每 5ms 更新一次,但是期间误差不断累积,精度不断降低。幸运的是,每 100ms,我们可以得到一次 GPS 数据更新,以帮助我们校正 IMU 积累的误差。因此,我们最终可以获得实时、准确的位置信息。然而,我们不能仅仅依靠这样的数据组合完成定位工作。原因有三:其一,这样的定位精度仅在 1 米之内;其二,GPS 信号有着天然的多路径问题,将引入噪声干扰;其三,GPS 必须在非封闭的环境下工作,因此在诸如隧道等场景中都不适用。

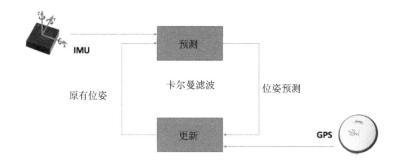

图 1-4 基于 GPS/IMU 定位的原理图

因此作为补充方案,摄像头也被用于定位。简单来说,如图 1-5 所示,基于立体视觉的定位由三个基本步骤组成:① 通过对立体图像的三角剖分,首先获得视差图用以计算每个点的深度信息;② 通过匹配连续立体图像帧之间的显著特征,可以通过不同帧之间的特征建立相关性,并由此估计这两帧之间的运动情况;③ 通过比较捕捉到的显著特征和已知地图上的点计算车辆的当前位置。然而,基于视觉的定位方法对照明条件非常敏感,因此其使用受限且可靠性有限。

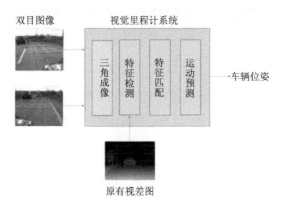

图 1-5　基于立体视觉测距的流程图

因此，借助于大量粒子滤波（Particle Filter）的激光雷达通常被用作车辆定位的主传感器。由激光雷达产生的点云对环境进行了"形状化描述"，但并不足以区分各自不同的点。通过粒子滤波，系统可将已知地图与观测到的具体形状进行比较以减少位置的不确定性。

为了在地图中定位运动的车辆，可以使用粒子滤波的方法关联已知地图和激光雷达测量过程。粒子滤波可以在 10cm 的精度内达到实时定位的效果，在城市的复杂环境中尤为有效。然而，激光雷达也有其固有的缺点：如果空气中有悬浮的颗粒（比如雨滴或者灰尘），那么测量结果将受到极大的扰动。因此，如图 1-6 所示，我们需要利用多种传感器融合技术进行多类型传感数据融合，以整合所有传感器的优点，完成可靠且精准的定位。

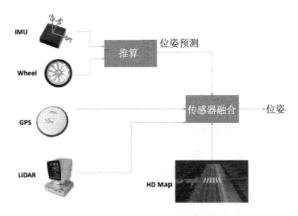

图 1-6　定位中的多种传感器融合技术

2）物体识别（Object Recognition）

激光雷达可提供精准的深度信息,因此常被用于在无人驾驶中执行物体识别和追踪的任务。近年来,深度学习技术得到了快速的发展,通过深度学习方法可较显著地提高物体识别和追踪的精度。

卷积神经网络（Convolutional Neural Networks，CNN）是一类在物体识别中被广泛应用的深度神经网络。通常，CNN 由 4 个阶段组成：① 卷积层使用不同的滤波器从输入图像中提取不同的特征，并且每个过滤器在完成训练阶段后都将抽取出一套"可供学习"的参数；② 激活层决定是否启动目标神经元；③ 汇聚层压缩特征映射图所占用的空间以减少参数的数目，并由此降低所需的计算量；④ 一旦某物体被 CNN 识别出来，下一步将自动预测它的运行轨迹或进行物体追踪，如图 1-7 所示。

图 1-7　物体识别和追踪示意

3）物体追踪（Object Tracking）

物体追踪可以被用来追踪邻近行驶的车辆或者路上的行人，以保证无人车在行驶的过程中不会与其他移动的物体发生碰撞。近年来，相比传统的计算机视觉技术，深度学习技术已经展露出极大的优势，通过使用辅助的自然图像，离线的训练过程可以从中学习图像的共有属性以避免出现视点及车辆位置变化造成的偏移，离线训练好的模型直接应用在在线的物体追踪中。

3. 决策

在决策阶段，行为预测、路径规划及避障机制三者结合起来实时地完成无人驾驶动作规划。

1）行为预测（Action Prediction）

在车辆驾驶中主要考验的是司机如何应对其他行驶车辆的可能行为，这种预判断直接影响司机本人的驾驶决策，特别是在多车道环境或者交通灯变灯的情况下，司机的预测决定了下一秒行车的安全。因此，过渡到无人驾驶系统中，决策模块如何根据周围车辆的行驶状况决策下一秒的行驶行为显得至关重要。

为了预测其他车辆的行驶行为，可以使用随机模型产生这些车辆的可达位置集合，并采用概率分布的方法预测每一个可达位置集的相关概率，如图1-8所示。

图1-8　面向行为预测的随机模型示意

2）路径规划（Path Planning）

为无人驾驶在动态环境中进行路径规划是一件非常复杂的事情，尤其是在车辆全速行驶的过程中，不当的路径规划有可能造成致命的伤害。路径规划中采取的一个方法是使用完全确定模型，它搜索所有可能的路径并利用代价函数的方式确定最佳路径。但是，完全确定模型的计算量极大，对计算系统性能有着非常高的要求，因此很难在导航过程中达到实时路径规划的效果。为了避免计算复杂性并提供实时的路径规划，使用概率性模型成了主要的优化方向。

3）避障机制（Obstacle Avoidance）

安全性是无人驾驶中最重要的考量因素，我们将使用至少两层级的避障机制来保证车辆不会在行驶过程中与障碍物发生碰撞。第一层级是基于交通情况预测的前瞻层级。交通情况预测机制根据现有的交通状况，如拥堵、车速等，估计碰撞发生时间与最短预测距离等参数。基于这些估计，避障机制将被启动以执行本地路径重规划。如果前瞻层级预测失效,则第二级实时反应层将使用雷达数据进行本地路径重规划。一旦雷达侦测到路径前方出现障碍物,则立即执行避障操作。

1.3.2 用户端系统

用户端系统整合上述避障、路径规划等算法,以满足可靠性及实时性等要求。用户端系统需要克服三个方面的问题:其一,系统必须确保捕捉到的大量传感器数据可以及时快速地得到处理;其二,如果系统的某部分失效,则系统需要有足够的健壮性能从错误中恢复;其三,系统必须在设计的能耗和资源限定下有效地完成所有的计算操作。

1. 机器人操作系统

机器人操作系统(ROS)是现如今被广泛使用的、专为机器人应用裁剪的、强大的分布式计算框架。ROS 为机器人应用提供诸如硬件抽象描述、底层驱动程序管理、消息管理与传递、程序发行包管理等基本功能,也提供一系列工具和库用于开发、获取和运行机器人应用。节点(Node)是 ROS 中的基本单位,其粒度范围很广,小到一个传感器,大到一个完整的机器人,都可以是一个节点。每一个机器人任务,比如避障,也作为 ROS 中的一个节点存在。节点与节点之间通过消息互相通信,其通信是端对端的,消息可以按照主题分类,也可以包装成远程服务调用的形式。ROS 中的节点管理器和消息管理器提供命名和查找服务以方便节点在运行时能找到彼此,如图 1-9 所示。

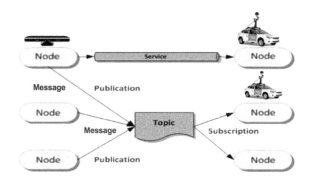

图 1-9 ROS 结构示意图

ROS 非常适用于无人驾驶的场景,但是仍有一些问题需要解决。

- 可靠性:ROS 使用单主节点结构,并且没有监控机制以恢复失效的节点。
- 性能:当节点之间使用广播消息的方式通信时,将产生多次信息复制导致性能下降。

- 安全：ROS 中没有授权和加密机制，因此安全性受到很大的威胁。

尽管 ROS 2.0 承诺将解决上述问题，但是现有的 ROS 版本中仍然没有相关的解决方案。因此，为了在无人驾驶中使用 ROS，我们需要自行克服这些难题。

1）可靠性

现有的 ROS 实现只有一个主节点，因此当主节点失效时，整个系统也随之崩溃。这对行驶中的汽车而言是致命的缺陷。为了解决此问题，我们在 ROS 中使用类似于 ZooKeeper 的方法。如图 1-10 所示，改进后的 ROS 结构包括一个关键主节点及一个备用主节点。如果关键主节点失效，则备用主节点将被自动启用以确保系统能够无缝地继续运行。此外，ZooKeeper 机制将监控并自动重启失效节点，以确保整个 ROS 系统在任何时刻都处于双备份模式。

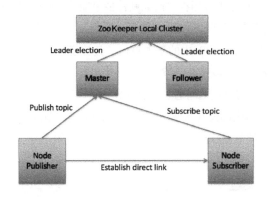

图 1-10　面向 ROS 的 ZooKeeper 结构

2）性能

性能是现有 ROS 版本中有欠考虑的部分，ROS 节点之间的通信非常频繁，因此设计高效的通信机制对保证 ROS 的性能势在必行。首先，本地节点在与其他节点通信时使用回环机制，并且每一次回环通信的执行都将完整地通过 TCP/IP 全协议栈，从而引入高达 20μs 的时延。为了消除本地节点通信的代价，我们不再使用 TCP/IP 的通信模式，而采用共享内存的方法完成节点通信。其次，当 ROS 节点广播通信消息时，消息被多次复制与传输，消耗了大量的系统带宽。如果改成目的地更明确的多路径传输机制，则将极大地改善系统的带宽与吞吐量，如图 1-11 所示。

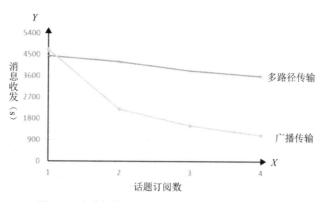

图 1-11　多路径传输和广播传输的通信性能比较

3）安全

安全是 ROS 中最重要的需求。如果一个 ROS 节点被挟制，则会不停地进行内存分配，整个系统最终将因内存耗尽导致剩余节点失效继而全线崩溃。在另一个场景中，因为 ROS 节点本身没有加密机制，黑客可以很容易地在节点之间窃听消息并完成系统入侵。

为了解决安全问题，我们使用 LXC（Linux Containers）的方法限制每一个节点可供使用的资源数，并采用沙盒的方式以确保节点的运行独立，这样一来可最大限度地防止资源泄露。同时，我们为通信消息进行了加密操作，以防止其被黑客窃听。

2. 硬件平台

为了深入理解设计无人驾驶硬件平台时可能遇到的挑战，让我们来看看第一代无人车驾驶产品的计算平台构成。此平台由两个计算盒组成，每一个都装备有 INTEL Xeon E5 处理器及 4 到 8 个 NVIDIA Tesla K80 GPU 加速器。两个计算盒执行完全一样的工作，第二个计算盒作为计算备份以提高整个系统的可靠性，一旦第一个计算盒发生故障，第二个计算盒可以无缝地接手所有的计算工作。

在极端的情况下，如果两个计算盒都在峰值下运行，那么即时功耗将高达 5000W，也将遭遇非常严重的发热问题。因此，计算盒必须配备额外的散热装置，可采用多风扇或者水冷的方案。同时，每一个计算盒的造价非常昂贵，高达 2 万至 3 万美元，致使现有无人车方案对普通消费者而言无法承受。

现有无人车设计方案中存在的功耗问题、散热问题及造价问题使得无人驾驶进入普罗大众的生活显得遥不可及。为了探索无人驾驶系统在资源受限及能耗受限时运行的可行性，我们在 ARM 的移动端 SoC（System on Chip）上实现了一个简化的无人驾驶系统，实验显示，在峰值情况下其能耗仅为15W。

非常惊人地，在移动类 SoC 上，无人驾驶系统的性能带给了我们一些惊喜：定位算法可以达到 25 f/s，同时能维持图像生成的速度在 30f/s。深度学习则能在 1 秒内完成 2~3 个物体的识别工作。路径规划和控制则可以在 6ms 之内完成规划工作。在性能的驱动下，我们可以在不损失任何位置信息的情况下达到每小时 8 千米的行驶速度。

1.3.3 云平台

无人车是移动系统，因此需要云平台的支持。云平台主要从分布式计算及分布式存储两方面对无人驾驶系统提供支持。无人驾驶系统中的很多应用，包括用于验证新算法的仿真应用、高精地图的产生和深度学习模型的训练，都需要云平台的支持。我们使用 Spark 构建了分布式计算平台，使用 OpenCL 构建了异构计算平台，使用 Alluxio 作为内存存储平台。通过这三个平台的整合，可以为无人驾驶提供高可靠、低延迟及高吞吐的云端支持。

1. 仿真

当我们为无人驾驶开发新算法时，需要先通过仿真对此算法进行全面测试，测试通过之后才进入真车测试环节。真车测试的成本非常高昂并且迭代周期异常漫长，因此仿真测试的全面性和正确性对降低生产成本和生产周期尤为重要。在仿真测试环节，我们通过在 ROS 节点回放真实采集的道路交通情况，模拟真实的驾驶场景，完成对算法的测试。如果没有云平台的帮助，单机系统耗费数小时才能完成一个场景下的模拟测试，既耗时，测试覆盖面又有限。

如图 1-12 所示，在云平台中，Spark 管理着分布式的多个计算节点，在每一个计算节点中都可以部署一个场景下的 ROS 回放模拟。在无人驾驶物体识别测试中，单服务器需耗时 3 小时完成算法测试，如果使用 8 机 Spark 机群，则时间可以缩短至 25 分钟。

2. 高精地图生成

如图 1-13 所示，高精地图的产生过程非常复杂，涉及原始数据处理、点云生成、点云匹配、2D 反射地图生成、高精地图语义标注、高精地图生成等阶段。使用 Spark 可以将所有这些阶段整合成一个 Spark 作业。由于 Spark 天然的内存计算的特性，在作业运行过程中产生的中间数据都存储在内存中。当整个地图生产作业提交之后，不同阶段之间产生的大量数据不需要使用磁盘存储，数据访问速度加快，从而极大地提高了高精地图产生的性能。

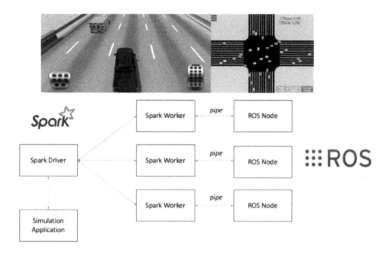

图 1-12　基于 Spark 和 ROS 的模拟平台架构

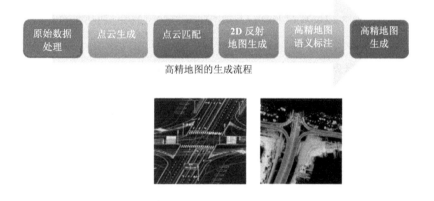

图 1-13　基于云平台的高精地图生成流程图

1.4　序幕刚启

作为人工智能的一个重大应用发现，无人驾驶从来就不是一项单一的技术，它是众多技术的整合。它需要有算法上的创新、系统上的融合，以及来自云平台的支持。无人驾驶序幕刚启，其中有着千千万万的机会亟待发掘。在此背景下，过去的几年中，自动驾驶产业化在多个方面取得了很大进步，其中合作共享已成为共识，产业链不断整合，业界企业相继开展合作，传感器价格将不断下降，预计在不远的未来，将有真正意义上的无人车面市，让我们拭目以待。

1.5 参考资料

[1] Doug Newcomb.Volvo's China 100-Vehicle Autonomous Car Trial Pushes Self-Driving Technology, Regulation.Forbes, 2016-4-8. John Markoff.Tesla and Google Take Different Roads to Self-Driving Car.The New York Times,2016-7-4.

[2] Bruce Wenindelt.Digital Transformation of Industries: Automotive Industry.

[3] Hao Yan.Officials Want to Open Way for Autonomous Driving.China Daily,2016-2-22.

[4] Chris Buckley.Beijing's Electric Bikes, the Wheels of E-Commerce, Face Traffic Backlash.The New York Times,2016-5-30.

[5] Ma J,Hagiwara Y,Horie M.Japan's Carmakers Proceed With Caution on Self-Driving Cars.

[6] 世界卫生组织 2010 年报告 "Global Health Observatory Data: Number of Road Traffic Deaths".

[7] 2014 年 2 月 25 日摩根士丹利研究 "Nikola's Revenge: TSLA's New Path of Disruption"，第 24~26 页。

[8] Anderson J,Kalra N,Stanley K,et al.Autonomous Vehicle Technology: A Guide for Policymakers.Rand Corporation.

[9] 2015 年 11 月 18 日 Nathaniel Beuse 在众议院监督和政府改革委员会的证词。Alyssa Abkowitz.Baidu Plans to Mass Produce Autonomous Cars in Five Years.The Wall Street Journal,2015-11-18.

[10] Delphi 公司的 Glen De Vos 于 2016 年 3 月 15 在参议院商业、科学和技术委员会听证会上的证词，第 4 页。

[11] U.S.Department of Transportation.Beyond Traffic, 2045: Trends and Choices.PP. 11,2015.

[12] Shufu Li.Paving the Way for Autonomous Cars in China.The Wall Street Journal,

2016-4-21.

[13] Daniel Shoup.Cruising for Parking.Access,2007,30:16-22.

[14] 2016 年 7 月 12 日采访百度专家。

[15] Tatiana Schlossberg.Stuck in Traffic, Polluting the Inside of Our Cars.The New York Times,2016-8-29.

[16] Daniel Fagnant 和 Kara Kockelman 在 2014 年 1 月交通研究理事会第 93 次年会提交的文章 "The Travel and Environmental Implications of Shared Autonomous Vehicles Using Agent-Based Model Scenarios"，pp.1~13.

[17] 2016 年 6 月 30 日采访 Uber 公司 Ashwini Chabra 的文章。

[18] SAE Taxonomy and Definitions for Terms Related to Driving Automation Systems for On-Road Motor Vehicles.

[19] National Highway Traffic Safety Administration Preliminary Statement of Policy Concerning Automated Vehicles.

[20] Creating Autonomous Vehicle Systems.

2 激光雷达在无人驾驶中的应用

无人车的成功涉及高精地图、实时定位、障碍物检测等多项技术，而这些技术都离不开激光雷达。本章简单介绍了无人驾驶技术，并且深入解释了激光雷达如何被广泛应用到无人车的各项技术中。

本章首先介绍激光雷达的工作原理及如何通过激光扫描出点云。接下来详细解释激光雷达在无人驾驶中的应用，包括地图绘制、定位，以及障碍物检测。最后，讨论激光雷达技术目前面临的挑战，包括外部环境干扰、数据量大、成本高等问题。

2.1 无人驾驶技术简介

无人驾驶技术是多项技术的集成，包括传感器、定位与深度学习、高精地图、路径规划、障碍物检测与规避、机械控制、系统集成与优化、能耗与散热管理等。图 2-1 所示为无人车通用系统架构示意图，虽然现有的多种无人车在实现上有许多不同，但是在系统架构上都大同小异。无人车系统的感知端由不同的传感器组成，其中包括 GPS（用于定位）、激光雷达（用于定位及障碍物检测）、照相机（用于深度学习的物体识别），以及定位辅助。

在传感器信息采集后，我们进入了感知阶段，主要工作是定位与物体识别。在这个阶段，可以用数学的方法，比如卡曼滤波与粒子滤波等算法，对各种传感器信息进行融合，并得出当前最大概率的位置。如果使用激光雷达为主要的定位传感器，则可以将激光雷达扫描回来的信息跟已知的高精地图做对比，从而得出当前的车辆位置。如果当前没有地图，甚至可以把当前的激光雷达扫描与之前的激光雷达扫描用 ICP（Iterative Closest Point，迭代最近点）算法做对比，从而推算出当前的车辆位置。在得出基于激光雷达的位置预测后，可以用数学的方法与其他的传感器信息进行融合，推算出更精准的位置信息。

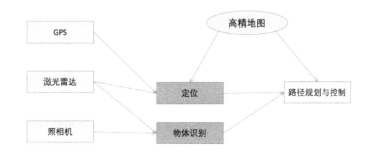

图 2-1　无人车通用系统架构示意图

最后，我们进入计划与控制阶段。在这个阶段，我们根据位置信息及识别出的图像信息（比如红绿灯），实时调节车辆的行车计划，并把行车计划转化成控制信号去操控车辆。全局的路径规划可以用 A-Star 类似的算法实现，本地的路径规划可以用 DWA 等算法实现。

2.2　激光雷达基础知识

无人车涉及高精地图、实时定位、障碍物检测等多项技术，而这些技术都离不开激光雷达。本节简单介绍激光雷达的工作原理，特别是产生点云的过程[1]。

2.2.1　工作原理

激光雷达是一种光学遥感技术，它向目标物体发射一束激光，根据接收-反射的时间间隔确定目标物体的实际距离。然后，根据距离及激光发射的角度，通过简单的几何变化推导出物体的位置信息。由于激光的传播受外界影响小，激光雷达能够检测的距离一般可达 100m 以上。与传统雷达使用无线电波相比，激光雷达使用激光射线，商用激光雷达使用的激光射线波长一般在 600~1000nm，远远低于传统雷达使用的波长。因此，激光雷达在测量物体距离和表面形状上可达到更高的精准度，一般精准度可以达到厘米级。

激光雷达系统一般分为三个部分：第一部分是激光发射器，发射出波长为600~1000nm的激光射线；第二部分是扫描与光学部件，主要用于收集反射点距离与该点发生的时间和水平角度（Azimuth）；第三部分是感光部件，主要检测返回光的强度。因此，我们检测到的每一个点都包括了空间坐标信息（x, y, z）及光强度信息$<i>$。光强度与物体的光反射度（Reflectivity）直接相关，所以从检测到的光强度我们也可以对检测到的物体有初步判断。

2.2.2 什么是点云

无人车所使用的激光雷达并不是静止不动的。在无人车行驶的过程中，激光雷达同时以一定的角速度匀速转动，在这个过程中不断地发出激光并收集反射点的信息，以便得到全方位的环境信息。激光雷达在收集反射点距离的过程中会同时记录该点发生的时间和水平角度，并且，每个激光发射器都有其编号和固定的垂直角度，根据这些数据就可以计算出所有反射点的坐标。激光雷达每旋转一周，收集到的所有反射点坐标的集合就形成了点云（Point Cloud）。

如图2-2所示，激光雷达通过激光反射可以测出和物体的距离（distance），因为激光的垂直角度是固定的，记作 a，这里我们可以直接求出 z 轴坐标为 $\sin(a) \cdot \text{distance}$。由 $\cos(a) \cdot \text{distance}$ 可以得到 distance 在 xy 平面的投影，记作 xy_dist。激光雷达在记录反射点距离的同时也会记录当前激光雷达转动的水平角度 b，这样根据简单的几何转换就可以得到该点的 x、y 坐标，分别为 $\cos(b) \cdot \text{xy\_dist}$ 和 $\sin(b) \cdot \text{xy\_dist}$。

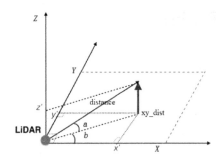

图 2-2　点云产生的坐标示意图

2.3 应用领域

本节介绍激光雷达是如何应用在无人驾驶技术中的,特别是面向高精地图的绘制、基于点云的定位,以及障碍物检测。

2.3.1 高精地图的绘制

这里的高精地图不同于我们日常用到的导航地图。高精地图是由众多的点云拼接而成的,主要用于无人车的精准定位。高精地图的绘制也是通过激光雷达完成的。安装激光雷达的地图数据采集车在想要绘制高精地图的路线上多次反复行驶并收集点云数据。这些数据后期会经过人工标注,首先将过滤一些点云图中的错误信息,例如由路上行驶的汽车和行人反射所形成的点,然后对多次收集到的点云进行对齐拼接,形成最终的高精地图。[2] [3]

2.3.2 基于点云的定位

首先介绍定位的重要性。很多人都有这样的疑问:如果有了精准的 GPS,就知道了当前的位置,还需要定位吗?其实不然。目前,高精度的军用差分 GPS 在静态时确实可以在"理想"环境下达到厘米级的精度。这里的"理想"环境是指大气中没有过多的悬浮介质而且测量时 GPS 有较强的接收信号。然而,无人车是在复杂的动态环境中行驶的,尤其在大城市中,由于各种高大建筑物的阻挡,GPS 多路径反射(Multi-Path)的问题会更明显。这样得到的 GPS 定位信息很容易就有几十厘米甚至几米的误差。对于在有限宽度上高速行驶的汽车,这样的误差很有可能导致交通事故。因此,必须要用 GPS 之外的手段增强无人车定位的精度。

上面提到过,激光雷达会在车辆行驶的过程中不断地收集点云来了解周围的环境。我们可以很自然地想到利用这些观察到的环境信息帮助我们定位[4] [5] [6] [7] [8]。可以把这个问题用下面这个简化的概率问题表示:已知 t_0 时刻的 GPS 信息,t_0 时刻的点云信息,以及无人车 t_1 时刻可能在的三个位置 P_1、P_2 和 P_3(这里为了简化问题,假设无人车会在这三个位置中的一个)。求 t_1 时刻车在这三点的概率。根据贝叶斯法则,无人车的定位问题可以简化为下面这个概率公式:

$$P(X_t) \approx P(Z_t|X_t) \cdot \overline{P(X_t)}$$

右侧第一项 $P(Z_t|X_t)$ 表示给定当前位置,观测到点云信息的概率分布。其计算方式一

般分为局部估计和全局估计两种。局部估计较简单的做法就是通过当前时刻点云和上一时刻点云的匹配,借助几何上的推导,估计出无人车在当前位置的可能性。全局估计就是利用当前时刻的点云和上面提到过的高精地图做匹配,从而得到当前车相对地图上某一位置的可能性。在实际中一般会将两种定位方法结合使用。第二项$\overline{P(X_t)}$表示对当前位置的预测的概率分布,这里可以简单地用 GPS 给出的位置信息作为预测。通过计算 P_1、P_2 和 P_3 这三个点的后验概率,可以估算出无人车在哪一个位置的可能性最高。通过对两个概率分布相乘,可以很大程度上提高无人车定位的准确度,如图 2-3 所示。

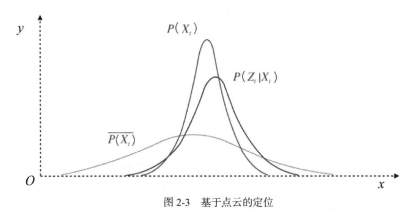

图 2-3 基于点云的定位

2.3.3 障碍物检测

众所周知,在机器视觉中一个比较难解决的问题就是判断物体的远近,基于单一摄像头抓取的 2D 图像无法得到准确的距离信息,而基于多摄像头生成深度图的方法又需要很大的计算量,不能很好地满足无人车在实时性上的要求。另一个棘手的问题是光学摄像头受光照条件的影响巨大,物体的识别准确度很不稳定。图 2-4 所示为光线条件不好,导致图像特征匹配出现问题的情况:由于照相机曝光不充分,左侧图中的特征点在右侧图中没有匹配成功。图 2-5 中左侧图展示了 2D 物体特征匹配成功的例子,即啤酒瓶的模板可以在 2D 图像中被成功地识别出来,但是如果将镜头拉远,如图 2-5 中右侧图所示,则只能识别出右侧的啤酒瓶附着在另一个 3D 物体的表面。由于维度缺失,2D 的物体识别很难在这个情境下做出正确的识别。

图 2-4　暗光条件下图像特征匹配的挑战

图 2-5　2D 图像识别中存在的问题

而利用激光雷达生成的点云可以很大程度上解决上述两个问题,借助激光雷达本身的特性,可以对反射障碍物的远近、高低甚至表面形状做出较准确的估计,从而大大提高障碍物检测的准确度,而且其算法的复杂度低于基于摄像头的视觉算法,因此更能满足无人车的实时性需求。

2.4　激光雷达技术面临的挑战

前文中,我们专注于激光雷达对无人驾驶系统的帮助,但是在实际应用中,激光雷达也面临着许多挑战。要想把无人车系统产品化,必须解决这些问题。本节讨论激光雷达的技术挑战、计算性能挑战,以及成本挑战。

2.4.1　技术挑战:空气中的悬浮物

激光雷达的精度也会受到天气的影响。空气中的悬浮物会对光速产生影响。外部环境(大雾及雨天)都会影响激光雷达的精度,如图 2-6 所示。测试环境为小雨的降雨量小于 10mm/h,中雨的降雨量在 10~25mm/h。

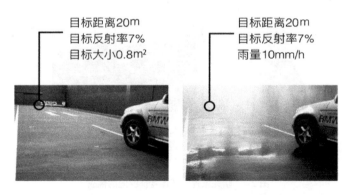

图 2-6 外部环境对激光雷达测量的影响

如图 2-7 所示,这里使用了 A 和 B 两个来自不同制造厂的激光雷达。可以看到随着实验雨量的增大,两种激光雷达的最远探测距离都线性下降。随着激光技术的广泛应用,雨中或雾中的传播特性越来越受学术研究界的重视。研究表明,雨和雾都是由小水滴构成的,雨滴的半径和其在空中的分布密度直接决定了激光在传播的过程中与之相撞的概率。相撞概率越高,激光的传播速度受到的影响越大。

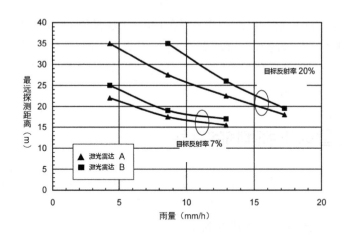

图 2-7 雨量对激光雷达测量影响的量化

2.4.2 计算性能挑战:计算量大

如表 2-1 所示,即使是 16 线的激光雷达,每秒要处理的点也达到了 30 万个。如此大量的数据处理是无人车定位算法和障碍物检查算法的实时性需要面临的一大挑战。例如,之前所说的激光雷达给出的原始数据只是反射物体的距离信息,需要对所有产生的点进行几何变换，将其转化为位置坐标，其中至少涉及 4 次浮点运算和 3 次三角函数运算，而且点云在后期的处理中还有大量坐标系转换等更多复杂的运算，这些都对计算资源（CPU、GPU 和 FPGA）提出了很大的需求。

表 2-1　不同激光雷达的每秒计算量比较

型　号	Channel 数量	每秒产生的点数
Velodyne HDL-64E	64 Channels	2,200,000
Velodyne HDL-32E	32 Channels	700,000
Velodyne VLP-16	16 Channels	300,000

2.4.3　成本挑战：造价昂贵

　　激光雷达的造价也是要考虑的重要因素之一。上面提到的 Velodyne VLP-16 激光雷达官网税前售价为 7999 美元，而 Velodyne HDL-64E 激光雷达预售价也在 10 万美元以上。这样的成本要加在本来就没有过高利润的汽车价格中，无疑会大大阻碍无人车的商业化。

2.5　展望未来

　　尽管无人驾驶技术渐趋成熟，但激光雷达始终是一个绕不过去的技术。纯视觉与 GPS/IMU 的定位及避障方案价格虽然低，却不成熟，很难应用到室外场景中。同时，激光雷达的价格高居不下，消费者很难承受动辄几十万美元定价的无人车。因此，当务之急就是快速把系统成本特别是激光雷达的成本大幅降低。其中一个较有希望的方法是使用较低价的激光雷达，虽然会损失一些精确度，但可以使用其他低价传感器与激光雷达做信息混合，较精准地推算出车辆的位置。换言之，就是通过更好的算法弥补硬件传感器的不足。

2.6　参考资料

[1] B. Schwarz.LIDAR: Mapping the world in 3D.Nature Photon, vol. 4, pp. 429-430, 2010.

[2] J.Levinson, M.Montemerlo, S.Thrun.Map-based precision vehicle localization in urban environments.Proceedings of Robotics: Science and Systems, Atlanta, GA, USA, June 2007.

[3] J.Levinson, S.Thrun. Robust vehicle localization in urban environments using probabilistic maps.ICRA'10, pp.4372-4378, 2010.

[4] M.E.El Najjar.P.Bonnifait.A road-matching method for precise vehicle localization using belief theory and Kalman filtering.Autonomous Robots(vol.19, no.2) pp.173-191, 2005.

[5] Z. Chong, B. Qin, T. Bandyopadhyay, et al.Synthetic 2D LIDAR for precise vehicle localization in 3D urban environment.IEEE International Conference on Robotics and Automation, Karlsruhe, Germany, May 2013.

[6] A. Segal, D. Haehnel, S. Thrun.Generalized-ICP.Proc. Robot.: Sci. &Syst. Conf., Seattle, WA, June 2009.

[7] I.Baldwin, P.Newman.Road vehicle localization with 2D push-broom lidar and 3D priors.Proc.IEEE International Conference on Robotics and Automation (ICRA2012), Minnesota, USA, May 2012.

[8] A.Harrison, P.Newman.High quality 3D laser ranging under general vehicle motion. Proc.IEEE International Conference on Robotics and Automation (ICRA'08), Pasadena, California, April 2008.

3

图像级高清激光雷达

本书第 2 章介绍了激光雷达在无人驾驶技术的多个关键模块中的应用。本章首先根据激光雷达点云分布及探测距离对其进行分类,进而详细介绍在感知和定位这两个无人驾驶的关键模块中不同性能的激光雷达产生的点云对整个无人驾驶系统的价值和影响,最后展望激光雷达未来的发展趋势。如第 1 章所述,从 SAE 分级 L4 开始是特定条件下的无人驾驶,L5 是在全部条件任意场景下的无人驾驶。本章主要讨论各类激光雷达(尤其是图像级高清激光雷达)在 L4 和 L5 无人驾驶中的应用。

3.1 无人驾驶应用的各类激光雷达的点云特性

激光雷达本身并不是一项新技术。早在激光刚刚发明的 20 世纪 60 年代,激光雷达就已经被用于大尺度距离测量了。但是无人驾驶对激光雷达提出了新的需求,核心指标是分辨率和探测距离,以及传感器的几何大小和成本,等等。这些特别的要求促使业界对各种技术架构的激光雷达技术进行探索。另外,点云分辨率和探测距离对其应用效果也有着决定性的影响。所以本节我们按照点云分布和探测距离对激光雷达进行分类,以便给激光雷达的应用方,即无人驾驶感知定位算法开发团队,在选择传感器方面提供参考。

3.1.1 多线扫描低分辨率激光雷达

自十几年前的美国 DARPA 自动驾驶挑战赛以来,以 Velodyne 为代表的多线扫描低分辨率激光雷达在自动驾驶系统中被广泛采用。这类激光雷达的典型架构如图3-1所示，由多组光路延纵向排列构成，每一组光路有独立的发射接收光路，以覆盖纵向视场角内的多个离散角度。整个系统绕纵轴360°旋转，覆盖横向视场的整个范围。纵向视场角内的线数通常在16线到64线之间。

图3-1 多线扫描低分辨率激光雷达的典型架构[1]

这类激光雷达的点云特点是横向角度分辨率非常高，横向相邻光束夹角可以达到0.1°或更小，但是纵向分辨率较低，由于机械设计的局限，目前实现产品化交付的系统最多达到64线，纵向相邻光束夹角为0.3°或更大。在点云分布方面，整个视场由很多横向密布的点构成纵向离散的"线"。图3-2展示了一个典型的32线激光雷达的点云场景及与之匹配的图像。值得指出的是，在角分辨率方面，主要的局限是在纵向可以达到的总线数，纵向线数越高，分辨率越高。有些激光雷达在纵向视场角的某些区域可以达到更高的角分辨率，但同时会造成视场角的其他区域角分辨率更低。

图3-2 典型的32线激光雷达的点云场景及与之匹配的图像[2]

3 图像级高清激光雷达

一些使用振镜做二维扫描的激光雷达设计虽然在系统技术架构上和360°旋转的激光雷达非常不一样,但其产生的点云分布也呈现出横纵非常不均匀的状态,所以在点云数据分析应用方面也相当有挑战。

在距离测量方面,不同型号的激光雷达会有很大的差距:以 10% Lambertian 散射面为基准,在 10f/s 的情况下,低端激光雷达的测距范围为 30~50m,高端激光雷达的测距范围可以达到 150m 甚至 200m。

3.1.2 高分辨率近距离激光雷达

以 Flash 激光雷达为代表的另一类激光雷达强调高清分辨率。这类激光雷达的系统架构一般使用面阵型光电探测器,发射的激光脉冲可以同时覆盖并探测视场内一定角范围内的多个测量点,其点云分辨率可以在横向及纵向均匀分布并可能达到几百甚至上千像素级别。Flash 激光雷达的局限是探测距离和测距的精确度较低,以及可测物体反射率的动态范围较小。一般对 10% Lambertian 的散射面,Flash 激光雷达可以达到的探测距离只有几十米,测距误差基本上和物体距离成正比,可能在十几甚至几十厘米。Flash 激光雷达点云示例如图 3-3 所示,我们可以看到,该雷达在几十米距离内可以达到类似二维摄像头的角分辨率,但是在几十米以外或者反射率较高的位置(例如车尾灯处)、反射率较低的位置(例如轮胎处)就探测不到物体了。

图 3-3　Flash 激光雷达点云示例[3]（见彩插）

3.1.3 高分辨率图像级长距激光雷达

给自动驾驶系统使用的激光雷达应该根据自动驾驶感知定位模块的需要,在分辨率和探测距离方面同时优化,以平衡这几方面性能指标的关系。以 Innovusion[4] Cheetah 为代表的新型激光雷达体现了这一趋势。

在分辨率方面，Innovusion Cheetah 激光雷达在 10f/s 的情况下，每一帧点云可以达到纵向 300 线，角分辨率横纵方向比较平衡，大约 0.13°～0.14°。图 3-4 所示为 Innovusion Cheetah 激光雷达点云示例，可以看到视场里的路面、行人、车辆、建筑物等都能清晰地在三维空间以几厘米精度探测出来。

图 3-4　Innovusion Cheetah 激光雷达点云示例

如图 3-5 所示，在探测距离方面，Innovusion Cheetah 激光雷达对 10%的 Lambertian 散射面可以探测到 200m。

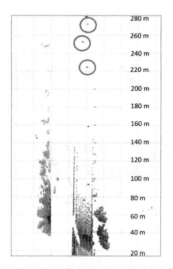

图 3-5　Innovusion Cheetah 激光雷达探测远距离物体（见彩插）

过去几年中，由于自动驾驶技术的迅速发展，已经有很多分析介绍使用机械式激光雷达的点云来做感知定位，本书其他章节也有更详细的对点云分析的算法介绍，所以这里我们主要讨论新型的高分辨率图像级激光雷达的高密度横纵均匀分布的点云对无人驾驶感知技术的影响。

3.2 高清激光雷达在构建可靠感知系统时的优势

3.2.1 高速公路场景下探测远处的车辆

在高速公路驾驶的场景下，比如在限速每小时120千米的路段，人类驾驶员需要的刹车距离为210m[5]。这段距离主要包含：在2.5s内（驾驶员反应时间大约2.5s）汽车已经行驶83m后开始刹车，到汽车完全停止的刹车距离（在刹车减速度为0.5g的情况下为113m），再加上十几米的安全距离。在急刹车时小轿车实际的减速度可能会更大，但考虑到不同路面及天候情况下的变化，以及为避免特急刹车引起追尾，减速度用0.5g比较合理。

换成无人驾驶系统：一方面，系统正常运行时会保证实时监控车辆，不会像人类开车一样有时精神不集中；另一方面，为了使感知系统在满足实际应用的比较小的误报率（或者说比较高的精确度）的同时达到足够高的召回率（recall ratio），系统需要搜集多帧（例如10f/s）数据综合分析才能做出感知判断。在此基础上进行规划、决策、控制执行等模块运行，再加上可能的长尾场景特殊处理时间，无人驾驶系统的"反应"时间也得需要大约2.5s，所以无人驾驶系统需要的安全视距和上面分析的人类驾驶员的结果相近。

卡车无人驾驶是众多无人驾驶应用中商用落地可能比较早的场景。虽然在高速公路上卡车限速一般比小轿车低，但由于卡车质量比较大，实际的刹车距离要比小轿车长得多，需要的安全视距也会更长，可能达到250m甚至近300m。

对于低分辨率激光雷达，即使系统的设计信噪比能够保证探测到200m处的物体，由于其纵向角分辨率比较低，对于探测高速公路上行驶的车辆也会有很大的局限性。例如，在纵向角分辨率为0.3°的情况下，相邻两条点云构成的"线"在210m处相距1.1m。这里暂且不考虑激光束光斑大小的效应，对于常见的小轿车车尾，其产生的点云绝大部分情况下只能有几个点横向排成一列或者探测不到。这样很难区分这些点是由一辆车还是路面坡度产生的。

对于Innovusion Cheetah高清激光雷达，210m处的相邻数据点在横纵方向的距离都会小于0.5m。这样可以保证对于常见的小轿车车尾，每一帧都会探测到由车尾产生的点云，而且绝大部分情况下点云会排布成二维的阵列。考虑到此类激光雷达点云几厘米的测距精度，使用简单的算法就可以确定这个二维阵列的点来自一个车尾的平面，这样可以大大提高感知系统的可靠性和数据分析效率。图 3-6 显示了在图 3-5 中 220m 以外三辆车车尾产生的点云放大后的图像，可以看出每辆车的点云都构成了一个二维阵列。

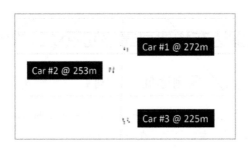

图 3-6　Innovusion Cheetah 高清激光雷达探测到的 220m 以外的车尾点云

3.2.2　探测城市路面的行人、自行车等物体

城市路面上的车辆限速一般在 30~60km/h，此时探测距离在 100m 左右就能满足安全视距的需求。这种场景给无人驾驶感知系统带来的主要挑战是周边环境的路况非常复杂，车辆及行人、自行车等来来往往，感知系统不仅需要探测各个物体及其位置，还要能够高效地识别物体（比如是行人还是自行车，停在路边的小轿车车门是否正在开启等），并根据识别结果预判其下一步的行为。

对于低分辨率激光雷达，在纵向角分辨率为 0.3° 的情况下，30~60m 之间相邻扫描线距离为 15~31cm。在此情况下，一个行人或者自行车产生的点云会有 5~10 条线，而身高 1m 左右的儿童或者一个小轿车的车门产生的点云只有 3~5 条线，使用单帧数据很难做出可靠的物体识别。使用多帧数据叠加当然可以达到等效于高密度激光雷达的作用，但一方面积累多帧数据会造成更多的延时，另一方面要根据自车和被探测到的物体的估计速度进行运动补偿，这就需要更多的计算资源和更长的延时。

在 30~60m 这一城市道路无人驾驶的关键区间内，Innovusion Cheetah 激光雷达在横纵方向点云的分辨率可以达到接近 10cm。这样对于 1m 高的儿童或者车门，在多数情况下根据单帧点云就可以做出可靠的物体识别，随后再综合连续几帧点云及物体识别的结果进行行为预测。图 3-7 使用 RVIZ 显示了一个比较繁忙的城市道路场景的单帧点云数据。可以看到这里包含了丰富的道路、建筑及车辆行人的细节，单帧数据应该包含了足够的信息来识别场景中 100m 以内的物体。图 3-8 选取了在城市道路路口右上角的骑自行车的人，其中左图显示了骑车人附近单帧点云放大的场景，并把骑车人的点云用不同颜色标了出来。右图显示了6帧点云叠加后的数据。可以看出左图中的一帧点云已经包含了足够的细节来识别出这个骑车人。

图 3-7 一个比较繁忙的城市道路场景的单帧点云数据（见彩插）

图 3-8 城市道路路口骑车的点云细节（见彩插）

3.3 高清激光雷达对定位和运动探测模块的价值

在无人驾驶系统中，激光雷达的点云数据除了被用于感知，还被广泛用来做定位、车辆姿态和运动速度的监控和计算。相对于二维图像，激光雷达直接给出三维空间的点云结果，可以大大节省计算资源并提高定位结果的可靠性；相对于毫米波雷达，激光雷达点云的高分辨率可以提供线、面、拐角及分布图等丰富的空间特征，有利于提高定位系统的可靠性。

对于多线扫描低分辨率激光雷达输出的点云，定位时的一种做法是利用其点云数据横纵不均匀的特性，先做线段特征抽取，包括分解、合并等操作，再把多个线段合并成平面和拐角特征；有些工作也直接从点云出发，抽取平面和其他方面的特征。无论采用哪种策略，因为车辆在路上行驶时产生典型参考特征的物体，如路牌、路边建筑物等，经常会在50m之外，在垂直于扫描线的维度，扫描线之间的间距可能有几十厘米甚至几米，从而影响提取的特征平面和拐角的准确性和可用性。

对于以 Flash 激光雷达为代表的高分辨率近距激光雷达，虽然它的点云角分辨率非常高，但是一方面由于其测距范围和动态范围的局限，能够提取出来的特征有限，另一方面其较大的测距误差也影响了抽取出来的特征的可靠性。

图像级高分辨率长距激光雷达在点云分辨率和测量距离方面的优化对定位特征的提取有很大的帮助。图 3-9 显示了一个典型的高速公路的驾驶场景图像，图 3-10 所示为在这个位置采集的 Innovusion Cheetah 激光雷达的一帧点云。值得指出的是，图像和点云数据是在不同时间采集的，所以周围车辆的信息在这两个图中不一致。因为这种高密度长距激光雷达的点云在 100m 范围内有横纵均匀的大量数据点，所以在提取特征方面可以有很多的选择。例如，特征 1 为距离车 70m 左右的桥梁的侧面；特征 2 为车前 6m 到 70m 之间路面产生的数据点；特征 3 来自 70m 以外的桥柱等。把点云显示范围拉到近处，如图 3-11 所示，特征 4 为侧前方 5m 左右的路牌，特征 5 为车道左侧 5m 到 30m 范围的隔离带。在这个场景里很容易就可以提取出 100m 范围内各个方向的十几个特征，通过综合跟踪连续多帧数据中这些特征位置的变化，不难得到非常精确的车辆姿态、位置及速度的信息。

图 3-9　一个典型的高速公路的驾驶场景图像

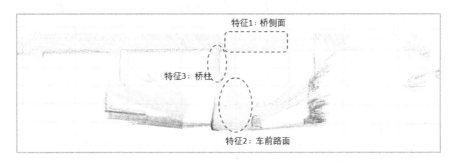

图 3-10　高速公路驾驶场景对应的点云及可能的定位特征（见彩插）

图 3-11　高速公路驾驶场景拉近视角的点云及可能的定位特征（见彩插）

3.4　高清激光雷达使得点云和图像数据的融合更高效

自动驾驶系统中多传感器融合已经被广泛采用，用来弥补不同传感器数据特性的不足，并增强系统冗余，提高整个系统的安全性。其中二维摄像头的图像和激光雷达的点云在进入感知系统之前的早期融合更是最近研究的热点。随着摄像头在汽车上的广泛应用，其技术性能飞速提高，可以在很低的成本下取得非常高分辨率和动态范围的二维图像数据，但通过图像数据可靠有效地计算出距离信息还是个很大的挑战。激光雷达的点云可以得到精确的距离信息，但点云的分辨率还是比图像数据低得多，而且没有颜色信息。很多激光雷达厂商及自动驾驶团队都发布了一些激光雷达和摄像头早期融合的方案，通过精密标定激光雷达和摄像头的位置，并精确同步数据采集时间或者做好运动补偿，可以得到三维空间的高分辨率彩色点云。

一般图像数据可以很容易达到 1080p 的分辨率，在纵向视角 30° 的情况下相当于 0.03° 的角分辨率。如果使用低分辨率多线扫描激光雷达，其点云纵向角分辨率（大约 0.3°）和图像数据差距非常大，就造成了在扫描线之间很多图像像素在距离方面的不确定性。如果直接在扫描线之间做内插，则会大大影响数据融合的准确性。

使用图像级高分辨率激光雷达，点云角分辨率在横纵方向比较均匀，每个点云"像素"大约相当于三四个图像数据的像素，这样在比较精确的传感器标定条件下，可以做出很好的像素级融合结果。图 3-12 和图 3-13 显示了一个用高分辨率激光雷达点云和图像像素进行融合的结果。图 3-12 左边是分辨率大约一百万像素的图像，右边是激光雷达点云和图像像素级融合后的结果，相当于把点云的每个点替换成图像中的一小组（大约十几个）像素。可以看到在这个视图下大部分点云都呈现了物体的真实颜色，相当于实时构成了彩色的三维空间。因为在天空位置没有激光雷达的点云数据，所以在融合后的结果里也没有左边天空的数据。把视角拉近一些，如图 3-13 所示，我们可以看到融合后每个点云数据点的图像像素的细节，并确认图 3-12 中的场景是由大量带颜色的点云构成的。

图 3-12　高分辨率激光雷达点云和图像像素进行融合的效果

图 3-13　高分辨率激光雷达点云和图像像素进行融合的近距显示效果

3.5　激光雷达未来的发展趋势

随着自动驾驶技术的飞速发展，大量的人才、资本和供应链厂商纷纷涌入激光雷达这一无人驾驶技术必不可少的技术领域。过去两三年中就有几十家激光雷达初创企业成立，同时，传感器和汽车一级供应商巨头也纷纷布局，研究开发各类技术架构。对于 L4 级以上的无人驾驶方案，随着开发团队更加深入地分析解决各类特殊场景，他们对激光雷达的要求也越来越高。总的来说，业界领先的自动驾驶方案开发团队要求的探测范围从 200m 扩展到近 300m 甚至更远，对 10% Lambertian 目标的探测距离也从 100m 左右提高到 200m。在角分辨率方面，从早期的 32 线扩展到 100 线以上，更重要的是，要求角分辨率在视场的某些区域横纵方向都达到 1 毫弧度（约 0.06°），并且能够实时调整。我们相信，随着更多团队开始大规模测试更加通用和复杂的无人驾驶场景,上面这些要求会成为业界对激光雷达的通用标准。可喜的是,最近涌现的一些新型激光雷达的技术架构设计也渐渐符合这一趋势,以此为基础开发的激光雷达产品已经开始满足这些对于高性能的要求。

3.6 参考资料

[1] Velodyne LiDAR 101.

[2] LiDAR vs. Camera: A Side by Side Comparison.

[3] TetraVue presents 4D Flash LiDAR Camera at CES 2018.

[4] Innovusion是无人驾驶汽车市场中领先的图像级激光雷达传感器系统开发商。2018年10月发布Innovusion Cheetah激光雷达,分辨率达到300线,对10% Lambertian反射面的探测距离达到200m,集探测距离、分辨率、硬件加速传感器融合、紧凑的尺寸、易于集成和出色成本效益等优势于一身,是L4及以上级别无人驾驶汽车成为现实的关键。

[5] JTG B01-2014《公路工程技术标准》。

4

GPS 及 IMU 在无人驾驶中的应用

本章着重介绍 GPS 及 IMU 在无人驾驶中的应用。GPS 是当前行车定位不可或缺的技术,但是由于 GPS 的误差、多路径,以及更新频率低等问题,我们不可以只依赖 GPS 进行定位。相反,IMU 拥有很高的更新频率,可以跟 GPS 形成很好的互补。使用传感器融合技术,可以融合 GPS 与 IMU 数据,各取所长,以达到较好的定位效果。

4.1 无人驾驶定位技术

行车定位是无人驾驶最核心的技术之一,GPS 是当前行车定位不可或缺的技术,在无人驾驶定位中也担负着相当重要的职责。[1]然而无人车是在复杂的动态环境中行驶的,尤其在大城市中,GPS 多路径反射的问题会更加明显,这样得到的 GPS 定位信息很容易有几米的误差。对于在有限宽度上高速行驶的汽车,这样的误差很有可能导致交通事故。因此,必须借助其他传感器辅助定位,增强定位的精度。另外,由于 GPS 的更新频率低(10Hz),在车辆快速行驶时很难给出精准的实时定位。IMU 是主要检测和测量加速度与旋转运动的高频(1kHz)传感器,对 IMU 数据进行处理后我们可以实时得出车辆的位移与转动信息,但是 IMU 自身也有偏差与噪声等问题,会影响结果。通过使用基于卡尔曼滤波的传感器融合技术，我们可以融合 GPS 与 IMU 数据，各取所长，以达到较好的定位效果。注意，由于无人驾驶对可靠性和安全性的要求非常高，基于 GPS 及 IMU 的定位并非无人驾驶里唯一的定位方式，还可以使用激光雷达点云与高精地图匹配，以及视觉里程计算法等定位方法，让各种定位法互相纠正以达到更精准的定位效果。

4.2 GPS 简介

GPS 包括太空中的 32 颗 GPS 卫星，地面上 1 个主控站、3 个数据注入站和 5 个监测站及作为用户端的 GPS 接收机。最少只需其中 3 颗卫星，就能迅速确定用户端在地球上所处的位置及海拔高度。现在，民用 GPS 也可以达到 10m 左右的定位精度。当前的 GPS 使用低频信号，纵使天气不佳，仍能让信号保持较好的穿透性。本节介绍 GPS 的定位原理及这项技术的缺陷。

4.2.1 三角测量法定位

如图 4-1 所示，GPS 是利用卫星基本三角测量法定位原理，GPS 接收装置是以测量无线电信号的传输时间来测量距离的。由每颗卫星的所在位置，测量每颗卫星至接收器之间的距离，便可以算出接收器所在位置之三维空间坐标值。使用者只要利用接收装置接收到 3 个卫星信号，就可以测定使用者所在之位置。在实际应用中，GPS 接收装置利用 4 个以上的卫星信号来测定使用者所在之位置及高度。三角测量法定位的工作原理如下。

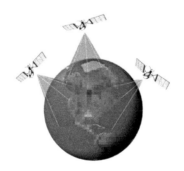

图 4-1　三角测量法定位的工作原理

（1）假设测量得出第 1 颗卫星距离我们 18000km，那么可以把当前位置范围限定在距离第 1 颗卫星 18000km 的地球表面上的任意位置。

（2）假设测量到第 2 颗卫星的距离为 20000km，那么可以进一步把当前位置范围限定在距离第 1 颗卫星 18000km 及距离第 2 颗卫星 20000km 的交叉区域。

（3）对第 3 颗卫星进行测量，通过 3 颗卫星的距离交汇点定位当前的位置。通常，GPS 接收器会使用第 4 颗卫星的位置对前 3 颗卫星的位置测量进行确认，以达到更好的效果。

4.2.2 距离测量与精准时间戳

理论上，距离测量是个简单的过程，我们只需要用光速乘以信号传播时间便可以得到距离信息。但测量的传播时间但凡有一点误差，都会造成距离上巨大的误差。我们日常使用的时钟是存在一定误差的，如果使用石英钟对传播时间进行测量，那么基于 GPS 的定位会有很大误差。为了解决这个问题，每颗卫星上都安装了原子钟以达到纳米级的精度。为了使卫星定位系统使用同步时钟，需要在所有卫星及接收机上都安装原子钟。原子钟的价格在几万美元，要让每一个 GPS 接收机都安装原子钟是不现实的。为了解决这一难题，每一颗卫星上仍然使用昂贵的原子钟，但接收机使用的是经常需要调校的普通石英钟：接收机接收来自 4 颗或更多卫星的信号并计算自身的误差，从而将自身的时钟调整到统一时间值。

4.2.3 差分 GPS

如上所述，卫星距离测量存在着卫星钟误差与传播延迟导致的误差等问题。利用差分技术，我们可以消除或者减少这些误差，让 GPS 达到更高的精度。差分 GPS 的定位原理十分简单，如图 4-2 所示。首先，如果两个 GPS 接收机的距离非常接近，那么两者接收的 GPS 信号将通过几乎同一块大气区域，二者的信号将具有非常近似的误差。如果能精确地计算出第一个接收机的误差，那么我们可以利用该计算误差对第二个接收机的结果进行修正。

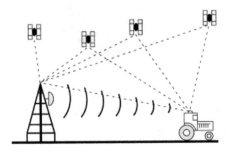

图 4-2　差分 GPS 的定位原理

如何精确地计算出第一个接收机的误差呢？可以选择一个卫星信号接收良好的地点安置参考接收机基准站，安装在基准站上的 GPS 接收机观测 4 颗卫星后便可进行三维定位，计算出基准站的测量坐标。然后，将测量坐标与已知坐标进行对比可以计算出误差。基准站再把误差值发送给方圆 100km 内的差分 GPS 接收机去纠正它们的测量数据。

4.2.4 多路径问题

如图 4-3 所示，多路径问题是指由于 GPS 信号的反射与折射造成的信号传播时间的误差，从而导致定位的错误[2]。特别是在城市环境中，空气中有许多悬浮介质，使 GPS 信号发生反射与折射。另外，信号也会在高楼大厦的外墙发生反射与折射，造成距离测量的混乱。即使有各种问题，GPS 还是一个相对精准的传感器，而且其误差不会随着时间的推进而增加。但是 GPS 有一个更新频率低的问题，其更新频率大概在 10Hz。由于无人车行驶速度快，我们需要实时的精准定位以确保无人车的安全。因此，我们必须借助其他的传感器来辅助定位，增强定位的精度。

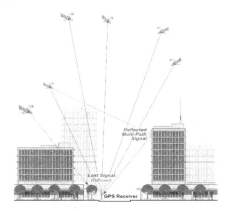

图 4-3　GPS 中存在的多路径问题示意

4.3　IMU 简介

IMU 主要是检测和测量加速度与旋转运动的传感器。基础的惯性传感器包括加速度计与角速度计。本节主要讨论基于 MEMS（Micro Electro-Mechanical Systems，微机电系统）的六轴惯性传感器，它主要由三个轴加速度传感器及三个轴的陀螺仪组成。[3]

MEMS 惯性传感器分为三个级别。低精度惯性传感器作为消费电子类产品主要用在智能手机上，此类传感器售价在 50 美分到几美元不等，测量的误差比较大。中等精度惯性传感器主要用于汽车电子稳定系统及 GPS 辅助导航系统，此类传感器售价在几百到上千美元，相对于低精度惯性传感器，中等精度惯性传感器在控制芯片中对测量误差有一定的修正，所以测量结果更准确。但是它长时间运行后，累计的误差会越来越大。高精度惯性传感器作为军用级和宇航级产品，主要要求高精度、全温区、抗冲击等指标，主要用于通信卫星、导弹导引头、光学瞄准系统等稳定性应用。此类传感器售价在几十万美元，即便经过长时间运行（如制导跨太平洋洲际导弹），仍然可以达到米级精度。

无人车使用的一般是中低级的惯性传感器，其特点是更新频率高（1kHz），可以提供实时位置信息。惯性传感器的致命缺点是它的误差会随着时间的推进而增加，所以我们只能在很短的时间内依赖惯性传感器进行定位。

4.3.1　加速度计

图 4-4 所示为 MEMS 加速度计结构图，它靠 MEMS 中可移动部分的惯性工作。由于中间电容板的质量很大，而且它是一种悬臂构造，当速度变化或者加速度足够大时，它所受到的惯性力超过固定或者支撑它的力，会使它移动，它跟上下电容板之间的距离就会变化，上下电容就会因此变化。电容的变化与加速度成正比。根据不同测量范围，中间电容板悬臂构造的强度或者弹性系数可以设计得不同。另外，如果要测量不同方向上的加速度，这个 MEMS 的结构会有很大的不同。电容的变化会被另外一块专用芯片转化成电压信号，有时这个电压信号还会被放大。电压信号在数字化后经过一个数字信号处理过程，在零点和灵敏度校正后输出。

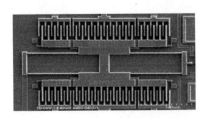

图 4-4　MEMS 加速度计结构图

4.3.2　角速度计

图 4-5 所示为 MEMS 陀螺仪（gyroscope）角速度计示意图，其工作原理主要是利用角动量守恒原理，它的转轴指向不随承载它的支架的旋转而变化。与加速度计工作原理相似，陀螺仪的上层活动金属与下层金属形成电容。当陀螺仪转动时，它与下面电容板之间

的距离就会变化，上下电容也就会因此变化。电容的变化跟角速度成正比，由此我们可以测量当前的角速度。

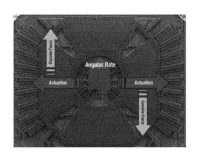

图 4-5　MEMS 陀螺仪角速度计示意图

4.3.3　IMU 的问题

由于制作工艺的原因，IMU 测量的数据通常都会有一定误差。第一种误差是偏移误差，也就是陀螺仪和加速度计即使在没有旋转或加速的情况下也会有非零的数据输出。要想得到位移数据，我们需要对加速度计的输出进行两次积分。在两次积分后，即使很小的偏移误差也会被放大。随着时间的推进，这样的偏移误差造成的位移误差会不断积累，最终导致没法再跟踪无人车的位置。第二种误差是比例误差，是指所测量的输出和被检测输入的变化之间的比率。与偏移误差相似，在两次积分后，随着时间的推进，其造成的位移误差会不断积累。第三种误差是背景白噪声，如果不给予纠正，也会导致我们没法再跟踪无人车的位置。

为了纠正这些误差，我们必须对 IMU 进行校准，找出偏移误差和比例误差，然后使用校准参数对 IMU 原数据进行修正。但复杂的是 IMU 的误差也会随着温度变化而变化，即使我们校准得再好，随着时间的推进，位移的误差还是会不断积累，所以我们很难单独使用 IMU 对无人车进行定位。

4.4　GPS 和 IMU 的融合

如上所述，纵使有多路径等问题，GPS 也是个相对精准的定位传感器，但是 GPS 的更新频率低，并不能满足实时计算的要求。IMU 的定位误差会随着运行时间增长，但由于 IMU 是高频传感器，在短时间内可以提供稳定的实时位置更新。所以，只要我们找到一个方法来融合这两种传感器的优点，各取所长，就可以得到比较实时与精准的定位。本节介绍如何使用卡尔曼滤波器融合这两种传感器数据。

4.4.1 卡尔曼滤波器简介

卡尔曼滤波器可以从一组包含噪声的对物体位置的观察数据中提取出对物体的位置的坐标及速度的预测。卡尔曼滤波器具有很强的鲁棒性，即使对物体位置的观测有误差，根据物体历史状态与当前对位置的观测，我们也可以较准确地推算出物体的位置。卡尔曼滤波器运行时主要分两个阶段：预测阶段基于上个时间点的位置信息预测当前的位置信息；更新阶段通过当前对物体位置的观测纠正位置预测，从而更新物体的位置。

举个具体例子，假设你家因为停电而没有任何灯光，你想从客厅走回卧室。你十分清楚客厅与卧室的相对位置，于是你在黑暗中行走，并试图通过计算步数预测你的当前位置。走到一半时，你摸到了电视机。由于你事先知道电视机在客厅的大致位置，所以可以通过印象中电视机的位置更正对当前位置的预测，然后在这个调整过的、更准确的位置估计的基础上继续依靠计算步数向卧室前行。通过摸黑前行，你依靠计算步数与触摸物体最终从客厅走回了卧室，其背后的道理就是卡尔曼滤波器的核心。

4.4.2 多传感器融合

使用卡尔曼滤波器对 IMU 与 GPS 数据进行融合与上面给出的例子很相似[4][5][6]。这里的 IMU 相当于计算步数，而 GPS 数据相当于电视等参照物的位置。首先，我们在上一次的位置估算的基础上使用 IMU 对当前的位置进行实时预测。在得到新的 GPS 数据之前，我们只能通过积分处理 IMU 的数据以预测物体当前的位置。IMU 的定位误差会随着运行时间增大，当接收到新的 GPS 数据时，由于 GPS 的数据比较精准，我们可以使用这些数据对当前的位置预测进行更新。通过不断地执行这两个步骤，我们可以取两者所长，对无人车进行准确的实时定位。假设 IMU 的频率是 1kHz，而 GPS 的频率是 10Hz，那么每两次 GPS 更新之间会使用 100 个 IMU 数据点进行位置预测。

4.5 小结

本章介绍了在无人驾驶场景中如何使用 GPS 与 IMU 对车辆进行精准定位。这个系统包含三个部分：第一，相对精准但是低频更新的 GPS；第二，高频更新但是精度随着时间流逝而越发不稳定的 IMU；第三，上述两种传感器基于卡尔曼滤波器数学模型的融合。

由于无人驾驶对可靠性和安全性的要求非常高，所以除了 GPS 与 IMU，通常还会使用激光雷达点云与高精地图匹配，以及视觉里程计算法等定位方法，让各种定位法互相纠正，以达到更精准的定位。

4.6 参考资料

[1] Samama.Global Positioning Technologies And Performance.John Wiley & Sons, Inc., Hoboken, New Jersey, 2008.

[2] T.Kos, I.Markezic, J.Pokrajcic.Effects of multipath reception on GPS positioning performance. ELMAR, 2010 PROCEEDINGS.IEEE, pp.399-402,2010.

[3] O.J. Woodman.An Introduction to Inertial Navigation; UCAM-CL-TR-696; Computer Laboratory, University of Cambridge: Cambridge, UK, 2007.

[4] H.Carvalho, P.DelMoral, A.Monin, et al.Optimal nonlinear filtering in GPS/INS integration. IEEE Transactions on Aerospace and Electronic Systems, vol.33, no.3, pp.835-850, 1997.

[5] A.Mohamed, K.Schwarz.Adaptive Kalman filtering for INS/GPS.Journal of Geodesy, vol.73, no.4, pp.193-203, 1999.

[6] H.H.Qi ,J.B.Moore.Direct Kalman filtering approach for GPS/INS integration. IEEE Transactions on Aerospace and Electronic Systems, vol.38, no.2, pp.687-693, 2002.

5 基于计算机视觉的无人驾驶感知系统

本章着重介绍基于计算机视觉的无人驾驶感知系统。在现有的无人驾驶感知系统中，激光雷达是当仁不让的主角，但是由于激光雷达的高成本等因素，业界有许多关于是否可以使用成本相对较低的摄像头承担更多感知任务的讨论。本章会探索基于视觉的无人驾驶感知方案。首先，要验证一个方案是否可行，我们需要一个标准的测试方法——被广泛使用的无人驾驶视觉感知数据集 KITTI。然后，我们会讨论计算机视觉在无人车场景中使用到的具体技术，包括光流（Optical Flow）和立体视觉、物体的识别与跟踪，以及视觉里程计算法。

5.1 无人驾驶的感知

在无人驾驶技术中，感知是最基础的部分，没有对车辆周围三维环境的定量感知，就犹如人没有了眼睛，无人驾驶的决策系统就无法正常工作。为了安全与准确地感知，无人车驾驶系统使用了多种传感器，其中可以被广义地划分为"视觉"的有超声波雷达、毫米波雷达、激光雷达，以及摄像头。由于其反应速度和分辨率的特性，超声波雷达主要用于倒车雷达。激光雷达和毫米波雷达则主要承担了中长距测距和环境感知的功能。

其中，激光雷达在测量精度和速度上表现得更出色，是厘米级的高精度定位中不可或缺的部分，但是其制造成本极其高昂，并且其精度易受空气中悬浮物的干扰。相比较而言，毫米波雷达则更能适应较恶劣的天气，其抗悬浮物干扰性强，但是仍需防止其他通信设备和雷达之间的电磁波干扰。可见光的摄像头视觉数据分析与处理基于发展已久的传统计算机视觉领域，其通过摄像头采集到的二维图像信息推断三维世界的物理信息，现通常应用于交通信号灯识别和其他物体识别。那么最常见的、成本相对低廉的摄像头解决方案能否在无人驾驶应用中承担更多的感知任务呢？

5.2　KITTI 数据集

KITTI 数据集是由 KIT 和 TTIC 在 2012 年开始的一个合作项目。这个项目的主要目的是建立一个具有挑战性的、来自真实世界的测试集[1-4]。如图 5-1 所示，他们使用的数据采集车配备了如下设备。

- 一对 140 万像素的彩色摄像头，Point Grey Flea 2 (FL2-14S3C-C)，10Hz 采集频率。
- 一对 140 万像素的黑白摄像头，Point Grey Flea 2 (FL2-14S3M-C)，10Hz 采集频率。
- 一个激光雷达，Velodyne HDL-64E。
- 一个 GPS/IMU 定位系统，OXTS RT 3003。

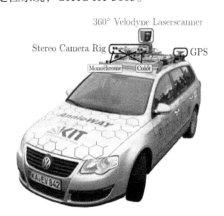

图 5-1　装载各种传感器的数据采集车

这辆车在卡尔斯鲁厄的高速和城区的多种交通环境下收集了数据，用激光雷达提供的数据作为标准数据（ground truth），建立了面向多个测试任务的数据集。

（1）双目立体/光流数据集：数据集由图片对组成。一个双目立体图片对是两个摄像头在不同的位置同时拍摄的，光流图片对是同一个摄像头在相邻时间点拍摄的。训练数据集包含 194 个图片对，测试数据集包含 195 个图片对，大约 50%的像素有确定的偏移量数据，如图 5-2 所示。

图 5-2　双目立体/光流数据集示意图（见彩插）

（2）视觉里程测量数据集：数据集由 22 个立体双目图片对序列组成，数据集总共有 4 万多帧图片，覆盖 39.2km 的里程，如图 5-3 所示。

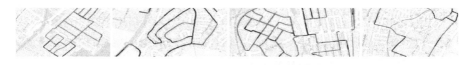

图 5-3　视觉里程测量数据集示意图

（3）三维物体检测数据集：手工标注，包含轿车、厢车、卡车、行人、自行车、电车等类别，用三维框标注物体的大小和朝向，有多种遮挡情况，并且一张图片通常有多个物体实例，如图 5-4 所示。

图 5-4　三维物体检测数据集示意图

（4）物体追踪数据集：手工标注，包含 21 个训练序列和 29 个测试序列，主要追踪的目标类型是行人和轿车，如图 5-5 所示。

图 5-5　物体追踪数据集示意图

（5）路面和车道检测数据集：手工标注，包含未标明车道、标明双向单车道和标明双向多车道三种情况，有 289 张训练图片和 290 张测试图片，标准数据包括路面（所有车道）和车道，如图 5-6 所示。

图 5-6　路面和车道检测数据集示意图

KITTI 数据集与以往计算机视觉领域的数据集相比有以下特点：

- 由无人车上常见的多种传感器收集，用激光雷达提供高精度的三维空间数据，有较好的标准数据。
- 更接近实际情况，而不是用计算机图形学技术生成的。
- 覆盖了计算机视觉在无人车驾驶上应用的多个方面。

由于这些特点，基于这个数据集的研究工作越来越多，一个新的算法在这个数据集上的测试结果有较高的可信度。

5.3　计算机视觉能帮助无人车解决的问题

计算机视觉在无人车驾驶上的应用有一些比较直观的例子，比如交通标志和信号灯的识别（谷歌）；高速公路车道的检测定位（特斯拉）。现在，基于激光雷达信息实现的一些功能模块其实也可以用摄像头基于计算机视觉来实现。下面介绍计算机视觉在无人车驾驶上的几个应用前景。当然，这只是计算机视觉在无人车上的部分应用，随着技术的发展，越来越多的基于摄像头的算法会让无人车的感知更准确、更快速、更全面。

计算机视觉在无人车场景中解决的最主要问题可以分为两大类：物体的识别与跟踪，以及车辆本身的定位。

物体的识别与跟踪：通过深度学习的方法，无人车可以识别在行驶途中遇到的物体，比如行人、空旷的行驶空间、地上的标志、红绿灯，以及旁边的车辆等。行人及旁边的车辆等物体都是在运动的，我们需要跟踪这些物体以达到防止碰撞的目的，这就会涉及光流等运动预测的算法。

车辆本身的定位：通过基于拓扑与地标的算法，或者是基于几何的视觉里程计算法，无人车可以实时地确定本身的位置,以满足自主导航的需求。

5.4 光流和立体视觉

物体的识别与跟踪,以及车辆本身的定位都离不开底层的光流与立体视觉技术。在计算机视觉领域,光流是图片序列或者视频中像素级的密集对应关系,例如在每个像素上估算一个二维的偏移矢量,得到的光流以二维的矢量场表示[5]。立体视觉则是从两个或更多的视角得到的图像中建立对应关系的。这两个问题有高度的相关性,一个是基于单个摄像头在连续时刻的图像,另一个是基于多个摄像头在同一时刻的图像。解决这类问题时有以下两个基本假设。

- 不同图像中的对应点都来自物理世界中同一点的成像,所以"外观"相似。
- 不同图像中的对应点集合的空间变换基本满足刚体条件,或者说空间上分割为多个刚体的运动。有了这个假设,我们自然得到光流的二维矢量场是片状平滑的结论。

使用深度学习的光流和立体视觉算法经过了几年的发展,在速度和估计精度上有了长足的进步。在速度方面,早期的算法基于的特征抽取网络计算量较大,使得端到端的延迟较长,不满足无人车场景的实时需求,通过使用更强大的计算硬件和更高效的网络结构,这方面已经有了很大的改善;在估计精度方面,进步主要来自对物体边界和运动边界等其他信息进行考虑,进一步提高图片细节处相似度计算,从而得到更加准确和密集的空间对应关系。

下面我们通过一个具体的例子说明这一类算法的基本框架。2016 年 6 月,在美国拉斯维加斯召开的 CVPR 大会上,Urtasun 教授和她的学生改进了深度学习中的 Siamese 网络,用一个内积层代替了拼接层,把处理一对图片的时间从 1 分钟左右降低到不到 1 秒。[6]

如图 5-7 所示,这个 Siamese 结构的深度神经网络分左右两部分,分别是一个多层的 CNN 和两个 CNN 共享网络权重。光流的偏移矢量估计问题转化为一个分类问题,输入是两个 9×9 的图片块,输出是 128 个或者 256 个可能的偏移矢量 y。通过使用图片对作为 Siamese 网络的输入,最小化网络输出和已知的偏移矢量的交叉熵损失函数。

$$\min_{w} \left[-\sum_{i,y_i} P_{\text{gt}}(y_i) \log P_i(y_i, w) \right]$$

5 基于计算机视觉的无人驾驶感知系统

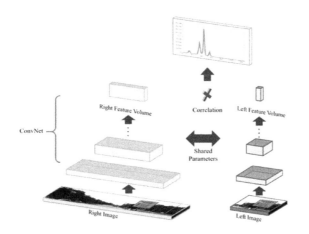

图 5-7　Siamese 结构的深度神经网络分层示意

我们可以用监督学习的方法训练整个神经网络。

- i 是像素的指标。
- y_i 是像素 i 可能的偏移矢量。
- P_{gt} 是经过平滑处理的目标分布,用来给一两个像素的预估误差反馈一个非 0 的概率,gt 表示 ground truth。
- $P_i(y_i, w)$ 是神经网络输出给定 w 时 y_i 的概率。

在 KITTI 的 stereo 2012 数据集上,这样的一个算法可以在 0.34s 的时间里完成计算,并达到相当出色的精度,偏移估计误差在 3~4 像素左右,对大于 3 像素的偏移,估计误差在 8.61 像素,表现优于其他低速度的算法。

在得到每个像素上 y_i 的分布后,我们还需要加入空间上的平滑约束,本节试验了如下三种方法:

- 最简单直接的 5×5 窗口平均。
- 加入了相邻像素 y 一致性的半全局块匹配（semi global block matching）。
- 超像素+三维斜面。

同时使用这些平滑方法,能把偏移估计的误差再降低大约 50%,从而得到一个比较准确的 2 位偏移矢量场。基于它,我们能够得到如图 5-8 所示场景的三维深度/距离估计。这样的信息对无人车自动驾驶非常重要。

图 5-8　深度信息图示意（见彩插）

5.5　物体的识别与追踪

获取像素层面的颜色、偏移、距离信息和物体层面的空间位置与运动轨迹，是无人车视觉感知系统的重要功能。无人车的感知系统需要实时地识别和追踪多个运动目标（Multi-Object Tracking，MOT），例如车辆和行人。[7] 物体识别问题是计算机视觉的核心问题之一，最近几年由于深度学习的革命性发展，计算机视觉领域大量使用 CNN，物体识别的准确率和速度得到了很大提升，我们将在第 6 章详细介绍。本节我们重点关注追踪问题。

追踪问题一般可以分成两步，第一步是生成多个追踪目标，第二步是关联不同时刻的目标为同一物体的多个实例，整个算法如此反复迭代。第一步的操作方式和物体检测问题相似，但又有所不同，因为通常追踪的物体不是经过提前设定的。第二步是通常的难点所在，因为物体在多帧视频中会有外形、外观、大小和姿态的变化，以及遮挡和相似物体的混淆，所以使用第一步生成的目标做关联是一个在不完美信息下的优化问题，各种追踪算法一般会同时使用合理的假设（运动平滑、局部特征稳定等）和一些学习算法来兼顾算法的速度和准确度。MOT 问题中流行的 tracking-by-detection 方法就是要解决这样一个难点：如何基于有不确定性的检测或者识别结果获得鲁棒的物体运动轨迹。由于追踪算法还在快速发展中，我们下面只能介绍诸多追踪算法中的一个，让大家对这个问题的难点有所了解。

在 ICCV 2015 会议上，斯坦福大学的研究者发表了基于马尔可夫决策过程（Markov

Decision Process，MDP）的 MOT 算法来解决追踪问题，整个算法的核心是将运动目标的追踪用一个 MDP 来建模，如图 5-9 所示。

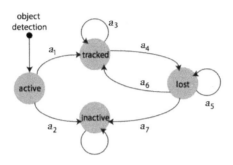

图 5-9　MDP 状态转化示意图

- 运动目标的状态：$s \in S = S_{active} \cup S_{tracked} \cup S_{lost} \cup S_{inactive}$，这几个子空间各自包含无穷多个目标状态。被识别的目标首先进入 active 状态，如果是误识别，目标进入 inactive 状态，否则进入 tracked 状态。处于 tracked 状态的目标可能进入 lost 状态；处于 lost 状态的目标可能返回 tracked 状态，或者保持 lost 状态，或者在足够长时间之后进入 inactive 状态。
- 作用 $a \in A$，所有作用都是确定的，也就是说 a 的效果是确定的。
- 状态变化函数 $T: S \times A \to S$ 定义了在状态 s 和作用 a 下目标状态变为 s'。
- 奖励函数 $R: S \times A \to R$ 定义了作用 a 之后到达状态 s 的即时奖励，这个函数是从训练数据中学习的。
- 规则 $\pi: S \to A$ 决定了在状态 s 采用的作用 a。

如图 5-10 所示，这个 MDP 的状态空间变化实例如下。

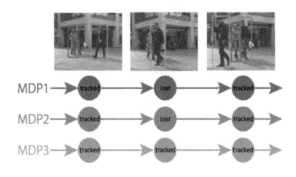

图 5-10　MDP 的状态空间变化实例

- 在 active 状态下，物体识别算法提出的物体候选通过一个线下训练的支持向量机（Support Vector Machine，SVM），判断下一步的作用是 a_1 还是 a_2，这个 SVM 的输入是候选物体的特征向量、空间位置大小等，它决定了在 S_{active} 中的 MDP 规则 π_{active}。
- 在 tracked 状态下，一个基于 tracking-learning-detection 追踪算法的物体线上外观模型被用来决定目标物体是保持在 tracked 状态还是进入 lost 状态。这个外观模型（Appearance Model）使用当前帧中目标物体所在的矩形（Bounding Box）作为模板（Template）。所有在 tracked 状态下收集的物体外观模板被使用在两个方面：在 tracked 状态下追踪物体的位置变化，通过判断基于光流和物体识别算法提供的候选物体和目标物体的重合比例决定是否保持在 tracked 状态，如果是，那么目标物体的外观模板将自动更新。
- 在 lost 状态下，如果一个物体保持 lost 状态超过一个阈值帧数，就进入 inactive 状态；物体是否返回 tracked 状态由一个基于目标物体和候选物体相似性特征向量的分类器决定，对应了 S_{lost} 中的 π_{lost}。

这个基于 MDP 的算法在 KITTI 数据集的物体追踪评估中达到了业界领先水平。

5.6 视觉里程计算法

基于视觉的定位算法有两大类：一类是基于拓扑与地标的算法，另一类是基于几何的视觉里程计算法。基于拓扑与地标的算法把所有的地标组成一个拓扑图，当无人车监测到某个地标时，便可以大致推断出自己所在的位置。基于拓扑与地标的算法与基于几何的视觉里程计算法相比容易些，但是要求预先建立精准的拓扑图，比如将每个路口的标志物做成地标。基于几何的视觉里程计算法计算比较复杂，但是并不需要预先建立精准的拓扑图，这种算法可以在定位的同时扩展地图。本节我们将着重介绍视觉里程计算法。

视觉里程计算法主要分为单目视觉里程计算法及双目视觉里程计算法两种。单目视觉里程计算法存在的主要问题是无法推算出观察到的物体大小，所以使用者必须假设或推算出一个初步的大小，或者通过与其他传感器结合（比如陀螺仪）进行准确的定位。双目视觉里程计算法通过左右图三角测量计算出特征点的深度，然后从深度信息中推算出物体的大小，步骤如下。

（1）双目摄像机抓取左右两图。

（2）双目图像经过三角测量产生当前帧的视差图。

（3）提取当前帧与之前帧的特征点，如果之前帧的特征点已经提取好了，那么我们可以直接使用之前帧的特征点。特征点提取可以使用 Harris 角点（Harris Corner Detector）。

（4）对比当前帧与之前帧的特征点，找出帧与帧之间的特征点对应关系。具体可以使用 RANSAC 算法。

（5）根据帧与帧之间的特征点对应关系，推算出两帧之间车辆的运动。这个推算是通过最小化两帧之间的重投影误差（reprojection error）实现的。

（6）根据推算出的两帧之间车辆的运动，以及之前的车辆位置，计算出最新的车辆位置。

通过以上视觉里程计算法，无人车可以实时推算出自己的位置，进行自主导航，但是纯视觉定位计算的一个很大的问题是算法本身对光线相当敏感，无法识别出不同的光线条件下同样的场景。特别在光线较弱时，图像会有很多噪点，极大地影响了特征点的质量。在反光的路面，这种算法也很容易失效。这也是影响视觉里程计算法在无人驾驶场景普及的一个主要原因。可能的解决方法是在光线条件不好的情况下，更加依赖根据车轮及雷达返回的信息进行定位，我们会在后面的章节中详细讨论这部分内容。

5.7 小结

本章，我们探索了基于视觉的无人驾驶感知方案。首先，要验证一个方案是否可行，需要一个标准的测试方法，为此，我们介绍了无人驾驶的标准 KITTI 数据集。在有了标准的数据集后，研究人员可以开发基于视觉的无人驾驶感知算法，并使用数据集对算法进行验证。然后，详细介绍了计算机视觉的光流和立体视觉、物体的识别和跟踪、视觉里程计算法等技术，以及这些技术在无人驾驶场景中的应用。视觉主导的无人车系统是目前研究的前沿，虽然目前各项基于视觉的技术还没完全成熟，但我们相信在未来 5 年，如果激光雷达的成本不能降下来，基于摄像机的视觉感知会逐步取代激光雷达的功能，为无人车的普及打好基础。

无人驾驶可能是计算机视觉发展的一次难得的机遇，无人车产业爆发带来的资源，无人车收集的大量真实世界的数据和激光雷达提供的高精度三维信息，可能意味着计算机视觉将要迎来"大数据"和"大计算"带来的红利，数据的极大丰富和算法的迭代提高相辅相成，会推动计算机视觉研究的前进，从而在无人驾驶中起到不可或缺的作用。

5.8 参考资料

［1］Andreas Geiger. Philip Lenz, Christoph Stiller,et al.Vision meets Robotics: The KITTI Dataset.International Journal of Robotics Research (IJRR), 2013.

［2］Andreas Geiger. Philip Lenz, Raquel Urtasun.Are we ready for Autonomous Driving? The KITTI Vision Benchmark Suite. CVPR 2012.

［3］Moritz Menze. Andreas Geiger.Object Scene Flow for Autonomous Vehicles. CVPR 2015.

［4］Jannik Fritsch, Tobias Kuehnl, Andreas Geiger.A New Performance Measure and Evaluation Benchmark for Road Detection Algorithms. International Conference on Intelligent Transportation Systems (ITSC), 2013.

［5］Florian Raudies.Optical flow. Scholarpedia, 2013, 8(7):30724.

［6］W. Luo, A. Schwing, R. Urtasun.Efficient Deep Learning for Stereo Matching. CVPR 2016.

［7］Yu Xiang, Alexandre Alahi, Silvio Savarese. Learning to Track: Online Multi-Object Tracking by Decision Making.ICCV 2015.

6 卷积神经网络在无人驾驶中的应用

本章着重介绍卷积神经网络（CNN）在无人驾驶中的应用。无人驾驶的感知部分作为计算机视觉领域的一部分，也不可避免地成为 CNN 发挥作用的舞台。本章将深入介绍 CNN 在无人驾驶 3D 感知与物体检测中的应用。

6.1 CNN 简介

CNN[1~5]是一种适合使用在连续值输入信号上的深度神经网络，比如声音、图像和视频。它的历史可以回溯到 1968 年 Hubel 和 Wiesel 在动物视觉皮层细胞中发现的对输入图案的方向选择性和平移不变性，这项工作为他们赢得了诺贝尔奖。时间返回到 20 世纪 80 年代，随着对神经网络研究的深入，研究人员发现对图片输入做卷积操作和生物视觉中的神经元接受局部（感受野）内的输入有相似性，那么在神经网络中加上卷积操作也就成了自然而然的事情。与通常的 DNN（Deep Neural Network，深度神经网络）相比，当前的 CNN 的主要特点如下。

（1）一个高层的神经元只接受某些低层神经元的输入，这些低层神经元处于二维空间中的一个邻域，通常是一个矩形。这个特点受了生物神经网络中感受野概念的启发。

（2）同一层中不同神经元的输入权重共享，这个特点利用了视觉输入中的平移不变性，不光大幅减少了CNN模型的参数数量，还加快了训练速度。

因为CNN在神经网络的结构上针对视觉输入本身的特点做了特定的设计，所以它是计算机视觉领域使用DNN时的不二选择。CNN在2012年一举打破了ImageNet这个图像识别竞赛的世界纪录，计算机视觉领域发生了天翻地覆的变化，各种视觉任务都放弃了传统方法，启用CNN构建新的模型。无人驾驶的感知部分作为计算机视觉的领域范围的一部分，也不可避免地成为CNN发挥作用的舞台。

6.2 无人驾驶双目3D感知

在无人车感知中，对周围环境的3D建模是重中之重。激光雷达能提供高精度的3D点云，但密集的3D信息就需要摄像头的帮助了。人用两只眼睛获得立体的视觉感受，同样的道理，能让双目摄像头提供3D信息。假设两个摄像头的间距为B，空间中一点P到两个摄像头所成图像上的偏移（disparity）为d，摄像头的焦距为f，那么我们可以计算P点到摄像头的距离为

$$z = \frac{B}{d}f$$

为了感知3D环境得到z，我们需要通过双目摄像头的两张图像I_l和I_r得到d，通常的做法是基于局部的图片匹配：

$$I_l(p) \Rightarrow I_r(p+d)$$

由于单个像素的值可能不稳定，所以需要利用周围的像素和平滑性假设$d(x,y) \approx d(x+\alpha, y+\beta)$（假设$\alpha$和$\beta$都较小），这样求解$d$就变成了一个最小化问题：

$$\min_d D(q,d) = \min_d \sum_{q \in N(p)} \| I_t(q) - I_r(q+d) \|$$

这和光流任务想要解决的问题非常类似，只不过(I_l, I_r)变成了(I_t, I_{t+1})。所以，下面将要介绍的算法对于两者都适用。

6.2.1 MC-CNN算法

我们先来介绍MC-CNN（Matching-Cost CNN）算法[6]，这个算法使用了一个CNN

来计算上式的右侧 matching cost，MC-CNN 的网络结构如图 6-1 所示。

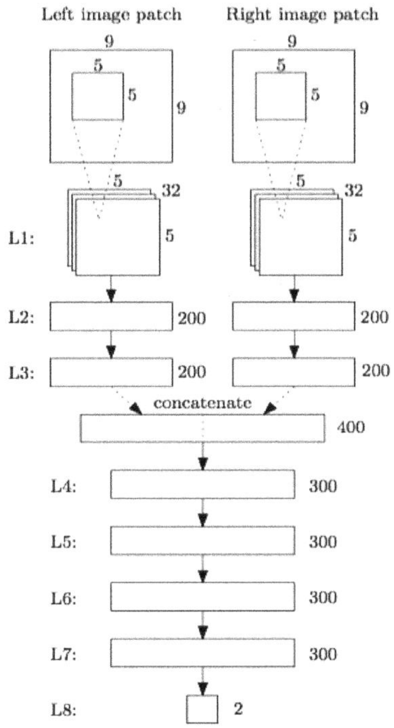

图 6-1　MC-CNN 的网络结构

这个网络的输入是两张图片的一小块，输出是这两块不匹配的概率，相当于一个 cost 函数，当两者匹配时为 0，不匹配时最大可能为 1。通过对一个给定的图片位置搜索可能的 d 取值，找到最小的 CNN 输出，就得到了这一点局部的偏移估算。MC-CNN 算法接下来做了如下后期处理。

（1）领域内的相似度代价和（Cross-based cost aggregation）：基本思想是对邻近的像素值相似的点的偏移求平均值，提高估计的稳定性和精度。

（2）半全局匹配（Semi-global matching）：基本思想是邻近的点的平移应该相似，加入平滑约束并求偏移的最优值。

（3）插值和图片边界修正：提高精度，填补空白。

MC-CNN 算法的效果如图 6-2 所示。

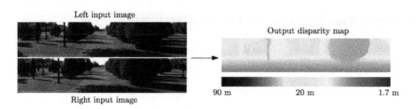

图 6-2　MC-CNN 算法的效果（见彩插）

MC-CNN 虽然使用了 CNN，但仅限于计算匹配程度，后期的平滑约束和优化都是必不可少的，那么有没有可能使用 CNN 一步到位呢？FlowNet 就是这样做的。

6.2.2　FlowNet 算法

为了实现端到端的模型结构，我们需要用 CNN 实现特征提取、匹配打分和全局优化等功能。FlowNet 采取了 encoder-decoder 的框架，把一个 CNN 分成了收缩和扩张两个部分[7]，如图 6-3 所示。

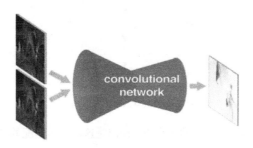

图 6-3　encoder-decoder 框架将 CNN 分成两部分

在收缩部分 FlowNet 提出了两种可能的模型结构。

（1）FlowNetSimple：把两幅图片叠起来输入到一个"线性"的 CNN 中，输出是每个像素的偏移量。这个模型的弱点是计算量大，而且无法考虑全局的优化手段，因为每个像素的输出是独立的。

（2）FlowNetCorr：先对两幅图片分别进行特征提取，然后通过一个相关层把两个分支合并起来并继续下面的卷积层运算。这个相关层的计算和卷积层类似，只是没有了学习到的特征权重，而是由两个分支得到的隐层输出相乘并求和，如图 6-4 所示。

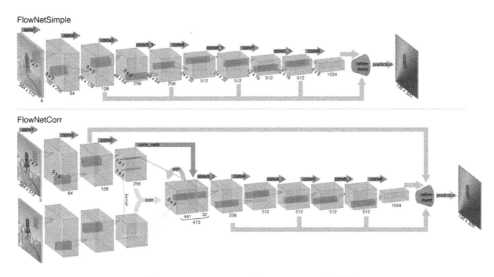

图 6-4 FlowNetSimple 与 FlowNetCorr 原理图

FlowNet 网络收缩部分不仅减少了 CNN 的计算量，同时起到了在图像平面上聚合信息的作用，但这也导致了分辨率的下降。于是 FlowNet 在网络扩张部分使用了"up convolution"来提高分辨率，注意这里不仅使用了上一层的低分辨率输出，还使用了网络收缩部分的相同尺度的隐层输出，如图 6-5 所示。

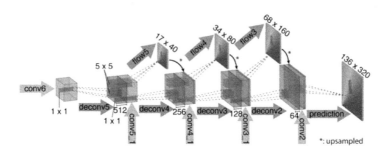

图 6-5 FlowNet 网络扩张原理图

FlowNet 算法在常见的公开数据集上都获得了不错的效果，尤其值得一提的是它的速度很快。

6.3 无人驾驶物体检测

物体检测技术是无人驾驶感知必不可少的部分。自 2012 年 CNN 在图片分类问题上取得突破，物体检测这个问题自然成了 CNN 应用的下一个目标。使用 CNN 的物体检测算法层出不穷，我们只挑选有代表性的几个算法做介绍。

在 CNN 在物体识别领域大行其道之前，通常采用类似于 DPM（Deformable Parts Model）这样的解决方案：在图像上抽取局部特征的组合作为模板，比如基于图像的空间梯度的 HOG 特征。为了能够处理形变、遮挡等变化，我们建立一个"弹性"的结构把这些"刚性"的部分组合起来，最后加上一个分类器判断物体是否出现。这样的算法一般复杂度较高，需要大量的经验，而且改进和优化难度较大。CNN 的到来改变了一切。

R-CNN 系列算法[8][9][10]是两段式的算法，它把物体识别这个问题分为以下两方面。

- 物体可能所在区域的选择：输入一张图片，由于物体在其中的位置大小有太多可能性，我们需要一个高效的方法找出它们，这里的重点是在区域个数的一定上限下，尽可能地找到所有的物体，关键指标是召回率。
- 候选区域的识别：给定了图片中的一块矩形区域，识别其中的物体并修正区域大小和长宽比，输出物体类别和更"紧"的矩形框。这里的重点在识别的精度。

在了解了算法的大致架构后，我们来看看算法的具体实现，这里我们主要描述 R-CNN 这一系列算法的最新版：Faster R-CNN，它对应上面的两步分为 RPN（Region Proposal Network，区域候选网络）和 Fast R-CNN，我们将分别介绍。

6.3.1 RPN 算法

我们称物体可能所在区域为候选区域，RPN 算法[8]的功能就是高效地产生这样一个候选列表。如图 6-6 所示，RPN 选择以 CNN 为基础，图片通过多个（比如 4 个）卷积层进行特征提取，在最后一个卷积层输出的特征图上使用一个 3×3 的滚动窗口连接到一个 256 维或者 512 维的全连接隐层，最后分支到两个全连接层：一个输出物体类别，另一个输出物体的位置大小。为了能够使用不同的物体大小和长宽比，我们在每一个位置上考虑三个尺度（128×128、256×256、512×512）和三个长宽比（1:1、1:2、2:1）的共 9 种组合。这样一张 1000×600 的图片上，我们考虑了 20,000 多种位置大小和长宽比的组合，我们使用 CNN 计算，因此这一步耗时不多。最后，我们根据空间重叠程度去掉冗余的候选区域，在一张图片上获得 2000 个左右的物体可能区域。

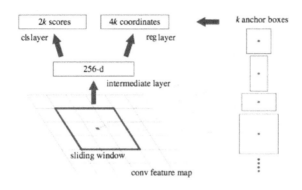

图 6-6　RPN 算法原理图

6.3.2　Fast R-CNN 算法

在候选区域分类阶段，我们使用的是基于全连接的神经网络，如图 6-7 所示的右侧部分。首先，ROI pooling 层将特征图中对应候选区域的特征抽出，经过数个全连接层后分别通过一个 softmax 层输出目标类型和一个连续输入层回归区域框的准确位置。通过一次性计算图 6-7 左侧的特征提取部分，所有后续区域重用 RPN 中的 CNN 计算结果，这大大节约了计算时间，能达到 5~17f/s 的速度。

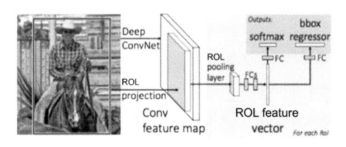

图 6-7　Fast R-CNN 算法原理图

6.3.3　MS-CNN 算法

虽然 Fast R-CNN 算法大名鼎鼎，但在物体尺度变化很大的场景（比如无人驾驶）中还有提升的空间，MS-CNN（Multi-Scale CNN）[11]正是针对这个问题的一个尝试。CNN 的层级结构由于 pooling 层的存在自然形成了和不同尺度的对应关系。那我们为什么不把对物体的检测放到 CNN 的不同层里去呢？这正是 MS-CNN 的思路。

在选择物体候选区域阶段，MS-CNN 使用了如图 6-8 所示的网络结构，我们看到如果把 CNN 网络里的卷积层看成一棵大树的"主干"，那么在 conv3、conv4 和 conv5 三个卷积层之后这个网络都长出了"分支"，每个"分支"都连接了一个检测层，负责一定的尺度范围，这样多个"分支"一起，就能覆盖比较宽的物体尺度范围，达到我们的目的。

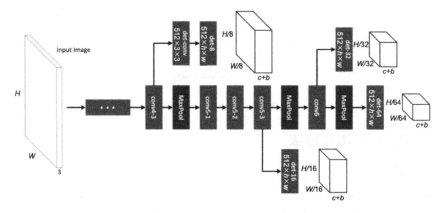

图 6-8　MS-CNN 分层模型示意图

在候选区域识别阶段，如图 6-9 所示，我们让上一阶段多个检测层的输出特征图分别输入到一个子网络里，这里有几个值得注意的细节。

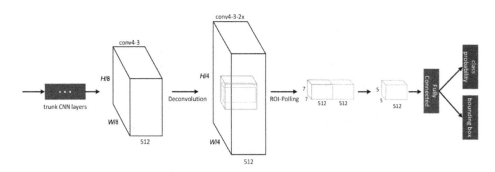

图 6-9　MS-CNN 算法原理图

（1）第一层是"Deconvolution"层，目的是提高特征图的分辨率，保证物体检测的准确率，特别是对尺度偏小的物体来说。

（2）Deconvolution 之后，在抽取物体特征的时候（外框），我们同时抽取了物体周边的信息（内框），这些"上下文"信息对识别准确率的提高有明显的帮助。

总的来说，MS-CNN 和 Faster R-CNN 相比，优势是识别的准确度有很大提高，尤其在物体尺度变化的情况下，比如 KITTI 数据集里的行人和自行车，但 Faster R-CNN 还是有速度优势。

6.3.4 SSD 算法

虽然 Fast R-CNN 的速度相比之前的 R-CNN 已经有了很大提高，但还是达不到实时的要求。SSD（Single Shot Detector）[12]就是一个能够实时运行，也有不错准确度的算法。SSD 沿用了滑动窗口的思想，通过离散化物体的位置、大小和长宽比，使用 CNN 高效计算了各种可能的物体情况，从而达到高速检测物体的目的，如图 6-10 所示。

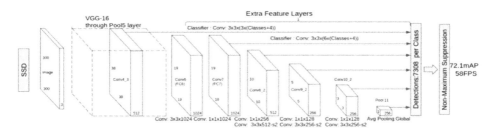

图 6-10　SSD 算法原理图

SSD 使用了 VGG-16 网络做底层的图片特征提取，通过取消生成候选区域、图片缩放和特征图采样的步骤，一步到位判断物体位置和分类，是一种高速的物体检测算法。

在 VGG 网络的基础上，加入了逐步变小的卷积层，这些不同尺度的卷积层分别使用 3×3 大小的卷积核进行物体位置偏移和分类的判断，使得 SSD 能够检测到不同大小的物体。

6.4　小结

无人驾驶的感知部分的主要功能，是计算机视觉领域相关的研究课题，因此将不可避免地成为 CNN 发挥作用的舞台。CNN 在无人驾驶中的应用主要包括 3D 感知与物体检测。在 3D 感知中使用的网络包括 MC-CNN 与 FlowNet，在物体检测中使用的网络包括 Fast R-CNN、MS-CNN 与 SSD。本章详细介绍了各种网络的优缺点，希望对读者选择网络有帮助。由于深度学习在计算机视觉领域的发展一日千里，本章介绍的算法可能不是最新的，但它们能够帮助读者了解算法背后的基本思想和根据问题特点所做的设计，为读者更好地了解新的算法打下基础。

6.5 参考资料

[1] Y. LeCun, L. Bottou, Y. Bengio, et al.Gradient-Based Learning Applied to Document Recognition.Proceedings of the IEEE, vol. 86, No.11, pp. 2278-2324, 1998.

[2] Shan Sung LIEW. Gender classification: A convolutional neural network approach.

[3] D.H.Hubel, T.N.Wiesel. Receptive fields, binocular interaction teraction, and functional architecture in the cat's visual cortex.

[4] Jake Bouvrie. Notes on Convolutional Neural Networks.

[5] Y. LeCun, L. Bottou, G. Orr, et al. Efficient BackProp. in Neural Networks: Tricks of the trade, (G. Orr and Muller K., eds.), 1998.

[6] Jure Zbontar, Yann LeCun. Computing the Stereo Matching cost with a Convolutional Neural Network, Computer Vision and Pattern Recognition(CVPR), IEEE Conference, 2015.

[7] Philipp Fischer, Alexey Dosovitskiy, Eddy Ilg, et al.FlowNet: Learning Optical Flow with Convolutional Networks, IEEE International Conference on Computer Vision (ICCV), Computer Vision and Pattern Recognition (CVPR), 2015 IEEE Conference, 2015.

[8] Shaoqing Ren, Kaiming He, Ross Girshick, et al. Faster R-CNN: Towards Real-Time Object Detection with Region Proposal Networks, arXiv:1506.01497.

[9] Ross Girshick. Fast R-CNN. arXiv:1504.08083.

[10] Ross Girshick, Jeff Donahue, Trevor Darrell, et al. Rich feature hierarchies for accurate object detection and semantic segmentation, CVPR, 2014.

[11] Zhaowei Cai, Quanfu Fan, Rogerio S. Feris, et al. A Unified Multi-scale Deep Convolutional Neural Network for Fast Object Detection.

[12] W Liu, D Anguelov, D Erhan, et al. SSD: Single Shot MultiBox Detector, ECCV 2016.

7 强化学习在无人驾驶中的应用

本章着重介绍强化学习在无人驾驶中的应用。强化学习的目的是通过和环境交互学习到如何在相应的观测中采取最优行为。相比传统的机器学习,强化学习有以下优势:首先,由于不需要监督学习中必需的数据标注,强化学习可以更有效地解决环境中存在的特殊情况。其次,强化学习可以把整个系统统一优化,从而使其中的一些模块能够更好地应对少见的对系统有挑战性的情况。最后,强化学习可以比较容易地学习到一系列的行为。这些特性十分适用于无人驾驶中的决策过程,本章将深入探讨强化学习如何在无人驾驶决策过程中发挥作用。

7.1 强化学习简介

强化学习(Reinforcement Learning)是最近几年机器学习领域的最新研究进展。强化学习的目的是通过和环境交互学会在相应的观测中采取最优行为。[1] 行为的好坏可以通过环境给的奖励确定。不同的环境有不同的观测和奖励。例如,驾驶中环境的观测是摄像头和激光雷达采集到的周围环境的图像、点云,以及其他传感器的输出(如行驶速度、GPS 定位和行驶方向)。驾驶中的环境的奖励根据任务的不同,可以通过到达终点的速度、舒适度和安全性等指标确定。

强化学习和传统机器学习的最大区别是,强化学习是一个闭环学习的系统,强化学习算法选取的行为会直接影响环境,进而影响该算法之后从环境中得到的观测。传统的机器学习把收集训练数据和模型学习作为两个独立的过程。以学习一个人脸分类的模型为例,传统的机器学习方法首先需要我们雇用标注者标注一批人脸图像的数据,然后在这些数据中学习模型,最后将训练出来的人脸识别模型在现实的应用中进行测试。如果发现测试结果不理想,则需要分析模型中存在的问题,并且试着从数据收集或者模型训练中寻找问题的原因,然后解决这些问题。同样的问题,强化学习采用的方法是尝试在人脸识别系统中进行预测,并通过用户反馈的满意程度调整自己的预测,从而统一收集训练数据和模型学习的过程。强化学习和环境交互示意图如图 7-1 所示。

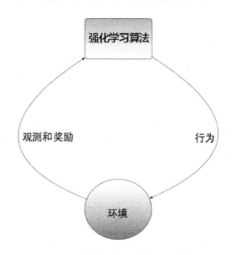

图 7-1　强化学习和环境交互示意图

强化学习面临着很多传统机器学习不具备的挑战。首先,因为在强化学习中没有确定的在每一个时刻应该采取哪个行为的信息,所以强化学习算法必须通过探索各种可能的行为判断出最优的行为。如何在可能行为数量较多的情况下有效地进行探索是强化学习中最重要的问题之一。其次,在强化学习中,一个行为不仅可能影响当前时刻的奖励,还可能影响之后所有时刻的奖励。在最坏的情况下,一个好行为不会在当前时刻获得奖励,而会在很多步都执行正确后才得到奖励。在这种情况下,强化学习判断出奖励和很多步之前的行为有关是非常难的。

无人驾驶中的感知模块不可能做到完全可靠。某无人驾驶车发生的事故就是感知模块在强光的环境中失效造成的。即使在某些模块失效的情况下，强化学习也能做出稳妥的行为。强化学习可以较容易地学习到一系列的行为。无人驾驶中，需要执行一系列正确的行为，驾驶才能成功。如果只有标注数据，学习到的模型每个时刻都偏移一点，到最后可能会偏移非常多，产生毁灭性的后果。强化学习能够学会自动修正偏移。

综上所述，强化学习在无人驾驶中有广泛的应用前景。本章会介绍强化学习的常用算法及其在无人驾驶中的应用，希望能够激发读者对这个领域的探索兴趣。

7.2 强化学习算法

在强化学习中，每个时刻 $t \in \{0,1,2,\cdots\}$，我们的算法和环境通过执行行为 a_t 进行交互，可以得到观测 s_t 和奖励 r_t。一般情况下，我们假设环境是存在马尔可夫性质的，环境的变化可以完全通过状态转移概率 $Pass'=Pr\{s_{t+1}=s'|s_t=s,a_t=a\}$ 刻画出来。也就是说，环境下一时刻的观测值与给定当前时刻的观测值和行为，以及与之前所有时刻的观测值和行为都没有关系。而环境在 $t+1$ 时刻返回的奖励，在当前状态和行为确定下的期望值可以表示为 $Ras=E\{r_{t+1}|s_t=s,a_t=a\}$。强化学习算法在每一个时刻执行行为的策略可以通过概率 $\pi(s,a,\theta)=Pr\{a_t=a|s_t=s;\theta\}$ 表示，其中 θ 是需要学习的策略的参数。我们需要学习到最优的强化学习策略，也就是学习到能够取得最高奖励的策略[2][3]。

$$\rho(\pi) = E\{\sum_{t=1}^{\infty} \gamma^{t-1} r_t | s_0, \pi\}$$

其中 γ 是强化学习中的折扣系数，用来表示在之后时刻得到的奖励的折扣。同样的奖励，越早获得，强化学习系统感受到的奖励越高。

同时，我们可以按照如下方式定义 Q 函数。Q 函数 $Q_\pi(s,a)$ 表示的是在状态为 s，执行行为 a 之后的时刻都使用策略 π 选择行为能够得到的奖励。如果我们能够学习到准确的 Q 函数，那么使 Q 函数最高的行为就是最优的行为。

$$Q_\pi(s,a) = E\{\sum_{k=1}^{\infty} \gamma^{k-1} r_{t+k} | s_t=s, a_t=a, \pi\} = E_{s'}[r + \gamma Q_\pi(s',a') | s,a,\pi]$$

强化学习的目的就是在给定的任意环境下，通过对环境进行探索，学习到最大化 $P(\pi)$ 的策略函数 π。下面的章节中我们会简单介绍常用的强化学习算法，包括 REINFORCE 算法和 Deep Q-Learning 算法。

7.2.1 REINFORCE 算法

REINFORCE 算法是最简单的强化学习算法，它的基本思想是在环境里执行当前的策略直到一个回合结束（比如游戏结束），根据得到的奖励计算当前策略的梯度。我们可以用这个梯度更新当前的策略，得到新的策略。在下面的回合中，我们再用新的策略重复这个过程，一直到计算出的梯度足够小为止。最后得到的策略就是最优策略。

假设我们当前的策略的概率是 $\pi_\theta(x)=Pr\{a_t=a|s_t=s;\theta\}$（$\theta$ 是策略的参数）。每个回合，算法实际执行的行为 a_t 是按照概率 $\pi(x)$ 采样得到的。算法在当前回合的时刻 t 获得的奖励用 r_t 表示。那么，策略的梯度可以通过以下公式计算：

$$\nabla_\theta \rho(\pi) = \sum_{t=1}^{T} \nabla_\theta \log\left[\pi(a_t | s_t;\theta)\right] R_t$$

其中，$\pi(a_t|s_t;\theta)$ 是策略在观测到 s_t 时选择 a_t 的概率。$R_t = \sum_{t'=t}^{T} \gamma^{t'-t} r_{t'}$ 是算法在采取了当前策略后获得的总的折扣后的奖励。为了减少预测出的梯度的方差，我们一般会使用 (R_t-b_t) 代替 R_t。b_t 一般等于 $E_\pi[R_t]$，也就是当前 t 时刻的环境下使用策略 π 之后能获得的折扣后奖励的期望值。

计算出方差之后，我们可以使用 $\theta=\theta+\nabla_\theta\rho(\pi)$ 更新参数，得到新的策略。

REINFORCE 算法的核心思想是通过从环境中获得的奖励判断执行的行为的好坏。如果一个行为执行之后获得的奖励比较高，那么算出的梯度也比较高，这样在更新后的策略中该行为被采样到的概率也会比较高。反之，对于执行之后获得奖励比较低的行为，因为计算出的梯度低，所以更新后的策略中该行为被采样到的概率也比较低。通过在这个环境中反复地执行各种行为，REINFORCE 算法可以大致准确地估计出各个行为的正确梯度，从而对策略中各个行为的采样概率做出相应的调整。

作为最简单的采样算法，REINFORCE 算法得到了广泛的应用，例如学习视觉的注意力机制和学习序列模型的预测策略都用到了 REINFORCE 算法。事实证明，在模型相对简单、环境的随机性不强的条件下，REINFORCE 算法可以达到很好的效果。

但是，REINFORCE 算法也存在一些问题。首先，在 REINFORCE 算法中，执行了一个行为之后的所有奖励都被认为是因为这个行为产生的。这显然是不合理的。虽然在执行了策略足够多的次数并对计算出的梯度进行平均之后，REINFORCE 算法有很大的概率计算出正确的梯度，但在实际中，出于效率的考虑，同一个策略在更新之前不可能在环境中执行太多次。在这种情况下，REINFORCE 算法计算出的梯度有可能会有比较大的误差。

其次，REINFORCE 算法有可能会收敛到一个局部最优点中。如果我们已经学到了一个策略，这个策略中大部分的行为都是以近似 1 的概率采样到的，那么即使这个策略不是最优的，REINFORCE 算法也很难学习到如何改进这个策略，因为我们完全没有执行其他采样概率为 0 的行为，无法知道这些行为的好坏。最后，REINFORCE 算法只有在环境存在回合概念时才能够使用。如果环境不存在回合的概念，REINFORCE 算法将无法使用。

DeepMind 提出了使用 Deep Q-Learning 算法的学习策略，克服了 REINFORCE 算法的缺点，在 Atari 游戏学习这样的复杂任务中取得了令人惊喜的效果。

7.2.2 Deep Q-Learning 算法

Deep Q-Learning 是一种基于 Q 函数的强化学习算法。该算法对于复杂的、每步行为之间存在较强相关性的环境有很好的学习效果。Deep Q-Learning 学习算法的基础是 Bellman 公式[4]。它要求最优的行为对应的 Q 函数 $Q(s,a)$ 满足下面的公式：

$$Q(s,a)=E_{s'}[r+\gamma\max_{a'}Q(s,a)|s,a]$$

另外，如果我们学习到了最优的行为对应的 Q 函数 $Q(s,a)$，那么我们在每一时刻得到了观察 s_t 之后，可以选择使得 $Q(s,a)$ 最高的行为作为执行的行为 a_t。

我们可以用一个神经网络计算 Q 函数，用 $Q(s,a;w)$ 来表示，其中 w 是神经网络的参数。我们希望我们学习出来的 Q 函数满足 Bellman 公式，因此可以定义下面的损失函数。这个函数的 Bellman 公式的 L2 误差如下：

$$L(w)=E\{[r+\gamma\max_{a'}Q(s',a';w)-Q(s,a;w)]^2\}$$

其中，r 是在 s 的观测执行行为 a 后得到的奖励，s' 是执行行为 a 之后下一个时刻的观测。这个公式的前半部分 $r+\gamma\max_{a'}Q(s',a';w)$ 也被称为目标函数。我们希望预测出的 Q 函数能够和通过这个时刻得到的奖励与下个时刻状态得到的目标函数尽可能接近。通过这个损失函数，我们可以计算出如下梯度：

$$\partial L(w)/\partial w=E\{[r+\gamma\max_{a'}Q(s',a';w)-Q(s,a;w)]\partial Q(s,a;w)\partial/w\}$$

我们可以通过计算出的梯度，使用梯度下降算法更新我们的参数 w。

使用深度神经网络逼近 Q 函数存在很多问题。首先，在一个回合内采集到的各个时刻的数据是存在相关性的。因此，如果我们使用了一个回合内的全部数据，那么计算出的梯度是有偏差的。其次，由于使 Q 函数最大化的这个操作是离散的，即使 Q 函数变化很小，我们得到的行为也可能差别很大。这个问题会导致训练时我们的策略出现震荡。最后，Q 函数的动态范围有可能很大，并且我们很难预先知道 Q 函数的动态范围。因为当我们对一个环境没有足够了解时，很难计算出这个环境中可能得到的最大奖励。这个问题可能会使 Q-Learning 的工程中的梯度很大，导致训练不稳定。

Deep Q-Learning 算法是使用了经验回放的算法。这个算法的基本思想是记住算法在这个环境中执行的历史信息。这个过程和人类的学习过程类似。人类在学习执行行为的策略时，不只会通过当前执行的策略的结果进行学习，还会利用之前的历史执行的策略的经验进行学习。因此，经验回放算法将算法在一个环境中所有的历史经验都存放起来。在学习的时候，可以从经验中采样出一定数量的跳转信息$(s_t,a_t,r_{t+1},s_{t+1})$，也就是当下所处的环境信息，然后利用这些信息计算出梯度学习模型。因为不同的跳转信息是从不同的回合中采样出来的，所以它们之间不存在强相关性。这个采样过程还可以解决同一个回合中各个时刻的数据相关性问题。

Deep Q-Learning 算法使用了目标 Q 网络解决学习过程中的震荡问题。我们可以定义一个目标 Q 网络 $Q(s',a';w-)$，这个网络的结构和用来执行的 Q 网络的结构完全相同，唯一的不同就是使用的参数 $w-$ 不同。我们的目标函数可以通过目标 Q 网络计算如下：

$$r+\gamma\max_a Q(s',a';w-)$$

目标 Q 网络的参数在很长时间内保持不变，每当在 Q 网络学习了一定的时间后，可以用 Q 网络的参数 w 替换目标 Q 网络的参数 $w-$，这样目标函数会在很长的时间里保持稳定，解决学习过程中的震荡问题。

最后，为了防止 Q 函数的值太大导致梯度不稳定，Deep Q-Learning 算法对奖励设置了最大值和最小值（一般设置为[-1, +1]）。我们会把所有的奖励缩放到这个范围，这样算法计算出的梯度会更稳定。

Deep Q-Learning 的算法原理图如图 7-2 所示。

使用深度神经网络来学习 Q 函数，Deep Q-Learning 算法可以直接以图像作为输入学习复杂的策略，其中一个例子是学习 Atari 游戏。Atari 游戏是计算机游戏的早期形式，图像一般比较粗糙，要玩好需要对图像进行理解，并且执行出复杂的策略，例如躲避、发射子弹、走迷宫等。Atari 游戏示例如图 7-3 所示，我们注意到其中包含了一个简单的赛车游戏。[5]

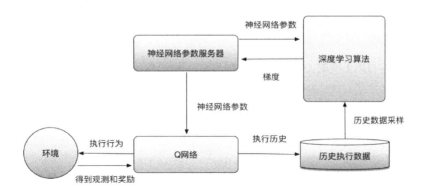

图 7-2 Deep Q-Learning 的算法原理图

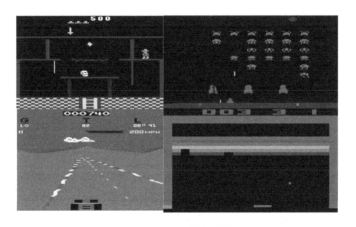

图 7-3 Atari 游戏示例

在没有任何额外知识的情况下，Deep Q-Learning 算法完全以图像和获得的奖励进行输入，在大部分 Atari 游戏中其性能都超过了人类。这在没有深度学习或者强化学习时完全是不可能完成的任务。Atari 游戏用 Deep Q-Learning 算法解决了其他算法无法解决的问题，充分显示了将深度学习和强化学习结合的优越性和前景。

7.3 使用强化学习帮助决策

现有的深度强化学习解决的问题中，我们执行的行为一般只对环境有短期影响。例如，在 Atari 的赛车游戏中，我们只需要控制赛车的方向和速度，让赛车沿着跑道行驶，并且躲避其他赛车就可以获得最优的策略，但是对于更复杂的决策情景，我们无法只通过短期的奖励得到最优的策略,一个典型的例子是走迷宫。在走迷宫这个任务中,无法通过得到短期的奖励判断一个行为是否是最优的行为,只有当走到终点时才能得到奖励。在这种情况下,直接学习出正确的 Q 函数是非常困难的。我们只有结合基于搜索的算法和基于强化学习的算法才能有效地解决这类问题。

基于搜索的算法一般是通过搜索树实现的。搜索树既可以解决一个玩家在环境中探索的问题(例如走迷宫),也可以解决多个玩家竞争的问题(例如围棋)。我们以围棋为例,讲解搜索树的基本概念。围棋游戏有两个玩家,分别由白子和黑子代表。一个围棋棋盘中线的交叉点是可以下子的地方。两个玩家分别在棋盘上下白子和黑子,一旦一片白子或黑子被相反的颜色的棋子包围,这片棋子就会被掉,重新成为空白的区域。游戏的最后,当所有的空白区域都被占领或者包围时,占领和包围的区域比较大的一方获胜。

在围棋这个游戏中,我们从环境中得到的观测 s_t 是棋盘的状态,也就是白子和黑子的分布。我们执行的行为是所下的白子或者黑子的位置。我们最后可以根据游戏是否取胜得到奖励。取胜的一方得到的奖励是+1,失败的一方得到的奖励是-1。这个游戏的进程可以通过如图 7-4 所示的搜索树示例表示。搜索树中的每个节点对应着一种棋盘的状态。每一条边对应着一个可能的行为。黑棋先行,树的根节点对应的是棋盘的初始状态 s_0。a_1 和 a_2 对应黑棋的两种可能的落子位置(在实际中,可能的行为远比两种多),每个行为 a_i 对应着一个新的棋盘的状态 s_{i+1}。接下来该白棋走,白棋同样有两种走法 b_1 和 b_2,对于每个棋盘的状态 s_{i+1},两种不同的走法又会生成两种不同的状态。如此往复,一直到游戏结束,我们就可以在游戏的叶子节点中获得游戏结束时黑棋获得的奖励。我们可以通过这些奖励获得最佳的状态。

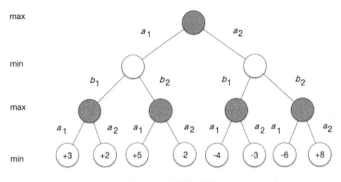

图 7-4 搜索树示例

如果给定黑棋和白棋的策略 $\pi=[\pi_1,\pi_2]$,则可以通过这个搜索树定义黑棋的值函数为黑棋在双方分别执行策略 π1 和 π2 时，黑棋最终能获得奖励的期望值。

$$v_\pi(s)=\mathrm{E}_\pi[G_t|S_t=s]$$

黑棋需要寻找的最优策略需要最优化最坏的情况下黑棋所能得到的奖励。我们定义这个值函数为最小最大值函数。黑棋的最优策略就是能够达到这个值函数的策略 π1。

$$v^*(s)=\max_{\pi 1}\min_{\pi 2}v_\pi(s)$$

如果能够穷举搜索树的每个节点，那么我们可以很容易地用递归的方式计算出最小最大值函数和黑棋的最优策略。但是，在真实情况下，每一步黑棋和白棋可以采用的行为的个数非常多，而搜索树的节点的数目是随着树的深度指数增长的。因此，我们无法枚举所有的节点计算出准确的最小最大值函数，而只能通过学习 $v(s;w)\sim v(s)$ 作为近似最小最大值函数。我们可以通过两种方法使用这个近似函数。首先，我们可以使用这个近似函数确定搜索的优先级。对于一个节点，白棋或者黑棋有可能有多种走法，我们应该优先搜索产生最小最大值函数比较高的节点的行为，因为真实的玩家一般会选择这些相对比较好的行为。其次，我们可以使用这个近似函数估计非叶子节点的最小最大值。如果这些节点的最小最大值超出一定的范围，那么这些节点几乎不可能对应着最优的策略。我们再搜索时也不用考虑这些节点。

因此，我们的主要问题是如何学习到近似最小最大值函数 $v(s;w)$。我们可以使用两个我们学习到的围棋算法自己和自己玩围棋游戏，然后通过强化学习的算法更新近似最小最大值函数的参数 w。在玩完了一局游戏之后，我们可以使用类似 REINFORCE 算法的更新方式：

$$\nabla w=\alpha[G_t-v(s_i;w)]\nabla_w v(s_i;w)$$

在这个式子中，G_t 表示的是在 t 时刻之后获得的奖励。因为在围棋这个游戏中，我们只在最后时刻获得奖励，所以 G_t 对应的是最后获得的奖励。我们也可以使用类似 Q-Learning 的方式用 TD 误差更新参数。

$$\nabla w=\alpha[v(s_{t+1};w)-v(s_i;w)]\nabla_w v(s_i;w)$$

在围棋这个游戏中，我们只在最后时刻获得奖励，一般使用 REINFORCE 算法的更新方式的效果比较好。在学习出一个好的近似最小最大值函数之后，我们可以大大地加快搜索的效率，这和人学习围棋的过程类似。人在学习围棋的过程中会对特定的棋行形成感觉，能够一眼就判断出棋行的好坏，而不用对棋的发展进行推理。这就是通过学习近似最小最大值函数加速搜索的过程。

通过学习近似最小最大值函数，DeepMind 公司在围棋领域取得了突飞猛进的进展。在 2016 年 3 月进行的比赛中，DeepMind 开发的机器人 AlphaGo 以 4 比 1 的比分战胜了围棋世界冠军李世石。AlphaGo 的核心算法就是利用历史棋局和自己对弈，从而学习近似最小最大值函数的算法[6]。AlphaGo 的成功充分展示了强化学习和搜索的结合使用在解决涉及长期规划问题时的潜力。需要注意的是，现有的将强化学习和搜索结合的算法只能用于确定性的环境中。在确定性的环境中给定一个观测和一个行为，下一个观测是确定的，并且这个转移函数是已知的。在环境非确定，并且转移函数未知的情况下，如何将强化学习和搜索结合是强化学习领域中没有解决的问题。

7.4 无人驾驶的决策介绍

无人驾驶的人工智能包含了感知、决策和控制三个方面。感知指的是如何通过摄像头和其他传感器的输入解析周围环境的信息，例如有哪些障碍物、障碍物的速度和距离、道路的宽度和曲率等。这个部分是无人驾驶的基础，是当前无人驾驶研究的重要方向。控制是指当我们有了一个目标，例如右转 30°，如何通过调整汽车的机械参数达到这个目标。本节，我们着重讲解无人驾驶的决策部分。

无人驾驶的决策是指给定感知模块解析出的环境信息，如何控制汽车的行为达到驾驶的目标。例如，汽车加速、减速、左转、右转、换道、超车都是决策模块的输出。决策模块不仅需要考虑汽车的安全性和舒适性，保证尽快到达目标地点，还需要在旁边的车辆恶意干扰的情况下保证乘客的安全。因此，决策模块一方面需要对行车的计划进行长期规划，另一方面需要对周围车辆和行人的行为进行预测。而且，无人驾驶中的决策模块对安全性和可靠性有严格的要求。现有的无人驾驶的决策模块一般是根据规则构建的。虽然基于规则的构建可以应付大部分的驾驶情况，但基于规则的决策系统不可能枚举所有驾驶中可能出现的突发情况。我们需要一种自适应的系统来应对驾驶环境中出现的各种突发情况。

基于规则的决策系统大部分可以用有限状态机表示。例如，无人驾驶的高层行为可以分为向左换道、向右换道、跟随和紧急停车 4 个状态，通过状态之间的转换建模无人车的决策过程。决策系统根据目标可以选择最优的高层行为，根据选定的需要执行的高层行为，决策系统可以用相应的规则生成更具体的行为序列。基于规则的决策系统的主要缺点是缺乏灵活性。对于所有的突发情况，基于规则的决策系统都需要写一个决策。这种方式很难对所有的突发情况面面俱到。

7.4.1 无人驾驶模拟器

无人驾驶的决策过程中，模拟器起着非常重要的作用。决策模拟器负责对环境中常见的场景进行模拟，例如车道情况、路面情况、障碍物分布和行为、天气等，还可以将真实场景中采集到的数据进行回放。决策模拟器的接口和真车的接口保持一致，这样可以保证在真车上使用的决策算法也可以直接在模拟器上运行。除了决策模拟器，无人驾驶的模拟器还包含了感知模拟器和控制模拟器，用来验证感知和控制模块。[7]这些模拟器不在本节的讨论范围之内。

无人驾驶模拟器的一个重要功能是验证功能。在迭代决策算法的过程中，我们需要能较容易地衡量算法的性能。例如，我们需要确保新的决策算法能够在常见的场景中正确安全地运行。我们还需要对新的决策算法在常见场景中的安全性、快捷性、舒适性进行打分。我们不可能每次更新算法时都在实际场景中进行测试，这时有一个能可靠反映真实场景的无人驾驶模拟器是非常重要的。

无人驾驶模拟器的另一个重要功能是进行强化学习。通过在模拟器里模拟各种突发情况，强化学习算法可以利用其在这些突发情况中获得的奖励学习如何应对这些突发情况。这样，只要我们能够模拟足够的突发情况，强化学习算法就可以学习到对应的突发情况的处理方法，而不用对每种突发情况都单独写规则处理。而且，我们的模拟器也可以根据之前强化学习对于突发情况的处理结果，优先产生对当前强化学习算法更有挑战性的突发情况，从而强化学习的效率。

综上所述，无人驾驶模拟器对决策模块的验证和学习都有着至关重要的作用，是无人驾驶领域的核心技术。创建能够模拟出真实场景、覆盖大部分突发情况，并且和真实的汽车接口兼容的模拟器是无人驾驶研发的难点之一。

7.4.2 应用和展望

强化学习在无人驾驶中有很广阔的应用前景。我们在TORCS模拟器中使用强化学习进行了探索性的工作。TORCS是一个赛车的模拟器。玩家在这个模拟器中的任务是超过其他AI车，以最快的速度达到终点。虽然TORCS中的任务和真实的无人驾驶任务还有很大的区别，但是由于其中算法的评估非常容易进行，TORCS常用于研究无人驾驶中的强化学习算法。TORCS模拟器运行状态截图如图7-5所示。强化学习算法一般可以以前方和后方看到的图像作为输入,也可以以环境的状态作为输入(例如自己的速度、离赛道边缘的距离和跟其他车的距离)。

图 7-5　TORCS 模拟器运行状态截图

我们使用环境的状态作为输入,使用 Deep Q-Learning 作为学习算法进行学习。环境的奖励定义为在单位时刻车辆沿跑道的前进距离。另外,如果车偏离了跑道或者和其他车辆相撞,则会得到额外的惩罚。环境的状态包括了车辆的速度、加速度、离跑道左右边缘的距离、与跑道的切线的夹角、在各个方向上最近的车的距离等。车的行为包括向上换挡、向下换挡、加速、减速、向左打方向盘、向右打方向盘等。

与普通的 Deep Q-Learning 算法相比,我们做了以下改进。首先,我们使用了多步的 TD 算法进行更新。多步的 TD 算法比单步的算法每次学习时看到更多的执行步数,因此能够更快地收敛。其次,我们使用了 Actor-Critic 的架构。Actor-Critic 将算法的策略函数和值函数分别用两个网络表示,这样的表示有两个优点:

(1)策略函数可以使用监督学习的方式进行初始化学习。

(2)在环境比较复杂时,学习值函数非常困难。把策略函数和值函数分开学习可以降低策略函数学习的难度。

使用了改进后的 Deep Q-Learning 算法,我们学习到的策略在 TORCS 中可以实现沿跑道行走、换道、超车等行为,基本达到 TORCS 环境中的基本驾驶的需要。DeepMind 公司直接使用图像作为输入,也获得了很好的效果,但是训练的过程要慢很多。

现有的强化学习算法在无人驾驶的模拟环境中获得了很有希望的结果,但是要强化学习能真正在无人驾驶的场景下应用,还需要对强化学习算法做很多改进。

第一个改进方向是提高强化学习的自适应能力。现有的强化学习算法在环境的性质发生改变时，需要试错很多次才能学习到正确的行为；而人在环境发生改变时，只需要很少的试错就可以学习到正确的行为。如何只用非常少量的样本学习到正确的行为是强化学习投入应用要面对的重要问题。

第二个改进方向是加强模型的可解释性。现在的强化学习中的策略函数和值函数都是由 DNN 表示的。DNN 的可解释性比较差。由于可解释性差，在实际使用中出了问题很难找到原因，也比较难排查。在无人驾驶这种人命关天的任务中，无法找到问题的原因是完全无法接受的。

第三个改进方向是培养推理和想象的能力。很多时候，人在学习的过程中不需要用到一定的推理和想象的能力。例如，在驾驶时，人们不用自己真正尝试，也知道危险的行为会带来毁灭性的后果，这是因为人类对这个世界有一个足够好的模型，可以推理和想象出相应行为可能产生的后果。这种能力不仅对强化学习算法在存在危险行为环境中的表现非常重要，在安全的环境中也可以大大加快算法收敛的速度。

只有在这些方向做出了实质性的突破，强化学习才能真正应用到无人驾驶或者是机器人这种重要的任务场景中。希望更多的有志之士能够投身于强化学习的研究，为人工智能的发展贡献出自己的力量。

7.5 参考资料

[1] Richard S. Sutton, Andrew G. Barto.Reinforcement Learning: An Introduction.First Edition, MIT Press, Cambridge, MA, 1998.

[2] Ronald J. Williams. A class of gradient-estimating algorithms for reinforcement learning in neural networks. In Proceedings of the IEEE First International Conference on Neural Networks, San Diego, CA, 1987.

[3] Ronald J. Williams. Simple statistical gradient-following algorithms for connectionist reinforcement learning. Machine Learning, 8(3):229-256, 1992.

[4] Bellman. On the Theory of Dynamic Programming. Proceedings of the National Academy of Sciences, 1952.

[5] Mnih, Volodymyr, et al. Playing atari with deep reinforcement learning. arXiv

preprint arXiv:1312.5602 (2013).

[6] Silver, David, Aja Huang, et al. Mastering the game of Go with deep neural networks and tree search. Nature 529, no. 7587 (2016): 484-489.

[7] Wymann, Bernhard, et al. TORCS, the open racing car simulator. Software available at http://torcs. sourceforge. net (2000).

8 无人驾驶的行为预测

从本章开始，我们对无人驾驶软件系统的核心决策规划控制部分展开详细介绍。本章介绍的无人驾驶规划控制，对应一个广义的决策规划控制概念，所以其不仅包括实际的无人车规划控制模块，还涵盖了其直接依赖的一些重要外围模块。

本章，我们重点介绍无人驾驶规划控制（Planning & Control，P&C）软件系统依赖的两个重要外围模块，行为预测（Behavioral Prediction，简称 Prediction）和路由导航（Lane-Level Routing，简称 Routing）。无人驾驶软件系统里的行为预测模块着重于行为预测，主要针对周边感知到的物体的短期意图进行预测。预测的结果以一条或若干条运动轨迹的形式呈现，并发送给下游的规划控制模块作为输入。而路由导航模块，则基于划分好的结构化道路（Lane & Road Level Map），其作用是计算一个从无人车当前位置到目标位置的参考道路序列（Lane & Road Sequence）。路由导航模块的输出类似于我们常见的智能手机的导航输出，是一个宏观意义上的无人车到达目的地的行进参考。与传统导航不同的是，由于基于高精地图，路由导航模块的输出结果粒度更精细，可以精确到基于高精地图划分的实际或者虚拟的道路（Lane）。

8.1 无人驾驶软件系统模块总体架构

在具体描述行为预测和路由导航两个模块需要解决的问题及解决方法之前，我们先总体阐述无人驾驶的核心软件系统模块划分及它们各自的职责。

无人驾驶软件系统由若干关键模块组成,如图 8-1 所示。无人驾驶软件系统的运作,就如同人类驾驶车辆一样,需要解决两个核心问题:一是解决认识外部世界的问题,即外部的客观世界是什么样的;二是解决自身的行为问题,即在基于对当前外部世界的认识下,无人驾驶系统如何决策规划和执行自身的行为动作。

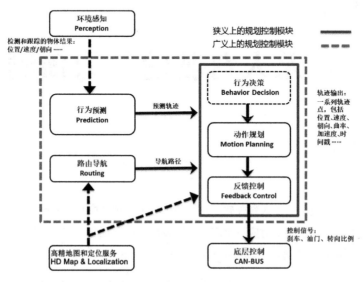

图 8-1 无人驾驶软件系统模块框架

对外部世界的感知广义上包括环境感知、行为预测、高精地图和定位服务等模块[1~3]。其中,定位模块解决无人车最基本的问题,即"无人车主车本身在哪里"的问题;无人车的定位往往需要高精地图的配合。高精地图除了能配合定位模块提供定位地图,还是对感知模块的重要先验补充。在无人车传感器、感知能力,以及车上计算资源都存在一定局限的状况下,高精地图可以对感知模块做出重要的补充。在这样的状况下,环境感知侧重于利用各种传感器得到的实时数据,检测和追踪各种静态或者动态的周边或路面物体。

与这些感知外围世界环境的模块相对应,广义的车辆规划控制软件系统,包括行为预测、路由导航、行为决策、动作规划,以及底层控制等核心模块[1][2];之所以称之为广义上的规划控制,原因在于预测模块的特殊性。预测模块是一个连接感知和规划的桥梁模块。预测模块往往基于感知模块的检测结果,对这些物体的短时间未来行为做出预测,以便规划控制模块更好地决策规划无人车的行为和运动。预测模块的客观性在于需要基于尽量客观准确的感知结果,而其主观性在于附加了无人车的预测模型对这些检测到的物体的短期行为预测判断[4~7]。这些判断往往需要结合物体的类别信息、历史运动轨迹,以及周边地图和环境的信息。在本书中，我们把预测模块归属于广义的规划控制大框架之中。其原因，一方面是规划模块并不直接接受感知模块的结果，而是接受预测模块的计算结果作为输入；另一方面，也是结合工业界开发预测模块的经验。通常，行为预测模块往往会作为广义规划模块的重要外围依赖和规划模块一同开发。

8.2 预测模块需要解决的问题

在前面的章节中，我们强调了环境感知技术在无人驾驶中的重要性。然而，无论是基于激光雷达还是视觉摄像头，无论是利用传统几何学还是神经网络的物体检测技术，单纯的感知结果并不足以满足无人驾驶车辆安全舒适运行的需要。在当前流行的各种无人驾驶技术方案中，下游的决策规划模块往往并不直接与感知模块的输出对接，而是与感知结果经过跟踪处理后的预测结果进行对接。

作为规划控制模块的直接上游，预测模块需要对每一个感知到的动态物体进行未来较短时间的行为预测，其结果以轨迹的形式附着在原始的物体感知结果中，一并发送给下游的规划控制。预测的轨迹，不仅在形状上需要和物体未来的运动路径形状相似，还需要在时间上相对吻合。感知结果中的物体，一般包含的属性有物体 ID、类别、位置、朝向、速度、加速度、角速度等。这些属性都是一些相对客观的物理属性。仅仅从这些属性出发，按照简单的运动学规律，对当前物体在极短时间内的运动状态进行线性预测，在较短的时间内也是比较准确的。然而，仅仅基于运动学规律的线性预测并不能对无人车周边的物体做出较长时间范围内的有效预测。如果想在更长的时间范围内，较准确地在行为层面预测周边物体的运动，我们需要考虑除感知到的物体本身的物理属性之外的更多因素，例如周边的道路和路况，该物体的历史运动轨迹，甚至和我们无人车自身的交互信息等。路口的预测问题示例如图 8-2 所示，假设当前时刻为 t，预测模块需要回答图中感知到的车辆是会右拐，还是会直行通过路口，路口处的行人是会穿过马路还是会保持静止等问题。可以看出，在行为层面的预测上，预测模块需要解决的问题很大程度上是一个离散的分类问题。由此，我们可以将行为预测的问题先转换成一个经典的机器学习中的分类问题（Classification Problem）。这些分类问题在参考资料[8~10]中都已经有非常成熟的解决方案。然而，仅仅在行为层面的分类上做出正确的预测是不够的。这是因为下游的规划控制模块需要的实际是带有时间空间信息的轨迹信息。因此，在行为层面分类正确的基础上，我们还需要实际计算该物体在当前的行为假设下的实际运动轨迹。综上所述，我们把无人车对周边物体的行为预测规范化地描述为解决如下两个子问题：

（1）行为层面的分类问题。例如，在图 8-2 所示的路口中，目标车辆将会直行还是右转的行为分类。

（2）在给定行为下通过回归拟合预测轨迹的问题。例如，当行人穿过路口时，是否会以匀速穿行？当车辆右转时，车辆的行进轨迹的形状如何？其曲线的长度、曲率等都是需要进行回归拟合的。另外，车辆转弯时，一般会先遵循"减速入弯，加速出弯"的准则，那么具体的加速度和减速度的大小是多少？这些行为预测的回归子问题都属于需要进行计算拟合的范畴。

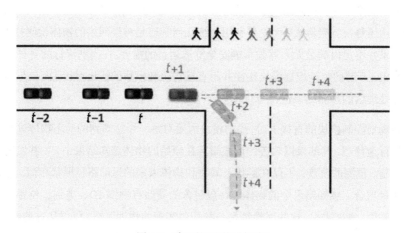

图 8-2　路口的预测问题示例

8.2.1　行为预测中的分类子问题

用"分类+回归"两个子问题拆解了行为预测需要解决的问题后，我们先来具体介绍分类子问题。首先，行为预测中的分类问题，和预测对象物体的种类非常相关。如果预测对象是一辆机动车，那么该对象的行为将服从机动车的典型行为，例如保持当前车道、转弯、换道等；如果该对象是自行车或者是行人，那么该对象的行为将会更加广泛而难以预测。因此，在实际的无人驾驶系统中，行为预测往往会针对不同种类的物体（机动车、三轮车、自行车、行人等）建立不同的模型。本章，我们将重点讨论针对机动车行为预测的建模方案。

针对机动车的行为预测问题不是一个简单的问题。在无人驾驶软件系统的开发初期，我们曾经尝试过针对不同的道路行为进行建模，例如针对"直行""右转""左转""换道"等行为进行建模。然而，在工程实践中，我们发现这种针对"直行""右转""左转"等行

8 无人驾驶的行为预测

为分别建模的方法无法扩展。原因如下：首先，不是所有的路口都是简单的规则四向路口。在有些情况下（如图 8-3 所示），保持当前车道的"直行"天然是一条向右转弯的"右转"车道，这会导致模型的区分度和适用性产生问题。更重要的是，如果针对"直行""右转""左转"等行为分别建模，则会导致我们收集的车辆行驶数据只适合于部分模型，降低了数据的利用率。

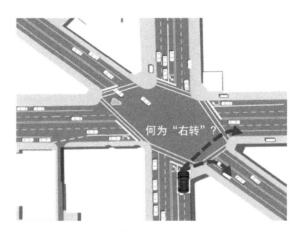

图 8-3 针对不同道路场景进行预测建模的局限性

为了建立更具泛化能力的统一车辆行为预测模型，我们将不再以各种地图场景分别建立模型，而是提出以"车辆是否会沿某一个特定道路序列行进"进行统一建模。这种统一的"给定特定道路序列，预测某个车辆是否会沿该道路序列行进"的问题描述方式，能够高效地利用数据，便于提高模型对车辆行为预测的泛化能力。这种对车辆行为预测问题的建模有一个较强的假设：车辆需要在很大程度上按照地图约束的道路序列行进。在这种情形下，高精地图将实际的道路划分成了一系列结构化的、互相联系的道路，而在正常情况下，车辆确实是按照交通规则，遵循这种划分好的道路序列来行驶的。如图 8-4 所示，在当前 t 时刻，车辆处于 Lane 1 的位置。按照结构化地图的划分，Lane 1 和 Lane 4 之间是平行车道关系，可以在一定区间内合法地换道。而其他 Lane 则为 Lane 1 和 Lane 4 向行进方向展开的后继 Lane。按照结构化地图的逻辑依赖关系，该车辆可以"合法"地遵循如下三条备选轨迹行驶，分别对应三种不同的行为：

（1）轨迹 1（Trajectory 1）：车辆沿着 Lane 1→Lane 2→Lane 3 行进，对应车辆右转。

（2）轨迹 2（Trajectory 2）：车辆沿着 Lane 1→Lane 6→Lane 8 行进，对应车辆直行通过路口。

（3）轨迹 3（Trajectory 3）：车辆沿着 Lane 1→Lane 4→Lane 5→Lane 7 行进，对应车辆先向左平行换道，再直行通过路口。

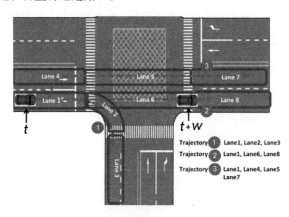

图 8-4　将行为预测问题拆解成道路序列的分类问题

假设在 t+w 时刻，无人车行进经过了 Lane 1、Lane 6 和 Lane 8，最终处在 Lane 8 的位置（如图 8-4 所示）。那么相对应地，轨迹 2 应该是一个正样本（Positive Example），而轨迹 1 和轨迹 3 被认为是负样本（Negative Example）。这种将无人车周边车辆的行为预测问题，创新性地拆解成"某个车辆是否会沿着某一个道路序列行驶"的二分类问题的做法，有利于我们从周边车辆的历史行为中提取大量的数据作为训练数据。通过回放和跟踪周边车辆的行为，我们可以精确地提取周边车辆实际遵循的行进道路序列，并将其标注为正样本；而在同一时刻，其他可能却没有被遵循行进的道路序列，可以标注为负样本。所有这些操作，可以通过录制感知追踪后的数据包（如 RosBag），配合离线计算和标注脚本产生行为预测所需要的训练数据。

总而言之，我们将车辆行为的预测问题，拆解成基于结构化道路序列的二分类问题，即"某车辆是否会遵循某个道路序列行进"。在这样的抽象下，我们无须为区分道路结构（直行、转弯、换道等）设计不同的模型，而是可以为"车辆遵循道路序列行进"这类更加普适的问题设计一个统一的二分类模型（Binary Classification Model）。

8.2.2　车辆行为预测的特征设计

在"特定车辆是否遵循特定的道路序列行进"这样的二分类机器学习问题的描述下，如何设计模型的特征成了我们能否有效解决预测问题的关键。与所有传统的机器学习问题一样，我们依据经验和验证数据进行特征工程。经过实际的工程和数据实践，我们发现，统一预测模型可以围绕如下几个方面进行相关特征工程（Feature Engineering）的建设。核心特征一般有如下几个方面：预测目标车辆的历史属性、预测目标道路序列的属性、周边物体的特征，以及无人车主车的规划结果。在详细介绍这些特征之前，我们先引入无人驾驶软件系统中的数据帧（Frame）概念。在实际的软件工程实现中，所有模块的计算和处理是基于一系列离散的时间点的。对于预测模块而言，在某一个时刻 t，对应的所有已知最新数据都属于这个 t 时刻的数据帧。如果把无人车的各个软件模块都看成相对独立的软件子系统，这些子系统在进行自身的核心计算处理时，其依赖的所有外部最新数据的集合，就构成了该子系统当前的数据帧。在这种概念下，每次计算，都针对当前最新的数据帧进行。相应地，预测模块每次进行核心运算，即输出周边我们感兴趣物体的预测轨迹时，也是逐帧进行的。因此，本节具体讨论的这些特征，都是指当前每帧的预测模型运行时，需要抽取的特征。

为了更好地理解这些特征的含义，我们考虑一个直观的例子。例如，一辆车即将在当前直行的道路结束时遇到一个路口，将面临两种选择：一种是继续直行通过，另一种是右转。假设该车辆在直行过程的末端已经开始逐渐向右偏移并且减速，且运动轨迹越来越契合于右转的道路序列，那么该车辆很可能将右转。在图 8-5 和表 8-1 中，我们具体描述了一套可行的特征设计方法，包括如下几个方面。

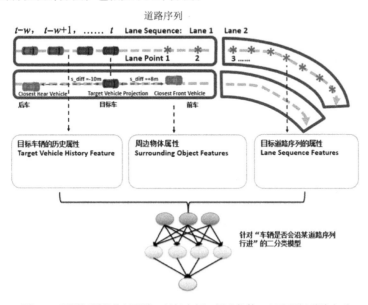

图 8-5 预测问题的特征设计：目标车辆、周边物体，以及目标道路序列

（1）**预测目标车辆的历史属性**（Target Vehicle Historical Features）：我们将预测问题规范化描述成针对"特定车辆和特定道路序列"（Per Vehicle Per Lane Sequence）的二分类问题。因此，预测目标车辆的历史行为是决定该车辆是否遵循某个道路序列行进的重要因素。在当前时刻 t 对应的数据帧里，预测的目标车辆都会有其当前的位置（Position）、速度（Velocity）、姿态（Pose）等属性。除了考虑当前的目标车辆运动姿态，其在$[t\text{-}w, t\text{-}1]$ 的历史时间窗内的运动属性，也是可以考虑的特征。不仅如此，预测的目标车辆在历史时间窗口内行驶所遵循的道路序列的形状特征，也可以归属在车辆相关的历史属性里。

（2）**预测目标道路序列的属性**（Target Lane Sequence Historical Features）：预测的目标道路序列的形状，也是一类重要的特征。如图 8-5 所示，我们对目标道路序列采取"撒点抽样"的方式。在该道路序列的纵向（s 方向，又称为 longitudinal 方向），我们可以均匀地选取抽样点。每个抽样点的属性，包括朝向（heading）、曲率（curvature）、与道路边界的距离等，都可以作为特征纳入模型的训练数据。

（3）**周边物体的特征**（Surrounding Object Features）：当我们考虑一个目标车辆是否会遵循某个道路序列行驶时，该目标车辆周边的物体，尤其是周边车辆的行为，也是需要考虑的因素。例如，如图 8-5 所示，当我们想预测周边的一辆车是会向左换道还是向右换道时，我们可以将目标车辆投影到其左右相邻车道，再计算在这些投影到的车道上的纵向前后是否有其他车辆占据换道的空间；周边物体的属性对预测目标的行为影响是一个重要但又比较难设计的特征类别，考虑目标道路序列上其他车辆占据的纵向位置是一个最简单而又不失一般性的尝试。

（4）**无人车主车的规划结果**（Planning Result of Ego Autonomous Vehicle）：实际上，无人车主车的规划结果也会影响我们要预测的目标车辆的行为。本质上，我们的无人车主车，也属于一种"周边的物体"。唯一不同的是，对于无人车主车自身的行为，我们是知道的。无人车主车的行为以规划结果的形式给出。当我们需要预测的目标车辆有可能与我们的无人车主车自身有互动时，我们自身的决策规划结果会对目标的决策行为产生重要的影响。在图 8-5 所示的例子中，我们预测目标车辆（假设目标车此时位于图 8-5 所示的上方车道中）会换道进入无人车主车（假设无人车主车为图中后车）所在车道。假设在上一帧，无人车主车（图 8-5 中的后车）已经规划保持速度不对预测目标进行让行（yield），那么无人车主车的规划结果的轨迹，将被投影在该目标车道上，从而占据一段纵向（s）的空间。这个占据空间。如果以特征（表 8-1）中的周边物体属性的形式纳入预测模型，则将很有可能使模型输出结果为否，即预测的目标车辆不会换道进入无人车主车所在车道，因为无人车主车已经规划不进行让行。

表 8-1 一套可行的行为预测问题的特征列表及其分类

预测目标车辆的历史属性	考虑$[t-w+1, t]$的时间窗口，对于每一帧提取如下特征： • 沿着道路的纵向和横向（l方向，又称为lateral方向）位置 • (x,y)位置 • 速度v、朝向，以及加速度 • 将车辆位置投影到对应的道路上，得到对应的指引点（Reference Point）：指引点的朝向及曲率 • 相对于左右车道边界的距离 除此之外，将车辆的长度、宽度和高度抽取作为特征
预测目标道路序列的属性	考虑沿着目标道路序列的中心指引线（central reference line）的纵向采样v个点，从每个点中提取相关道路形状特征： • 每个采样点在道路上的相对纵向及横向的位置 • 朝向和曲率 • 该点所在位置距离左右边界的垂直距离 • 道路的转弯属性，例如是否是直行，右转或者左转等，注意这是一个类别（categorical）属性，而非数值（numerical）属性
周边物体的特征	考虑两个道路序列：一个是目标道路序列（Target Lane Sequence），另一个是当前这个周边物体所在的道路及该道路的自然后继展开形成的道路序列。我们将需要预测的目标车辆投影到这两个道路序列上。在这两个道路序列上，我们分别找到距离投影位置在纵向最接近的前车（s位置大于目标车辆投影s位置的最接近的车辆）和后车（s位置小于目标车辆投影s位置的最接近的车辆）。提取的特征如下： • 前车和后车距离目标车辆投影位置的s距离 • 前车和后车的横向位置、速度及朝向
无人车主车的规划结果	主车规划结果对预测的目标车辆的影响的一种最简单的表征方式，就是把无人车主车也看成需预测的目标车辆的"周边物体"之一，使用相同的特征

8.2.3 行为预测的模型选择

尽管表 8-1 给出了一套全面的无人车行为预测模型所需要的特征列表，这些特征涵盖了大部分与目标车辆的行为紧密相关的信息，但值得指出的是，这并不是唯一的特征设计方法。在机器学习领域，往往会针对不同模型的特点设计一些更合适的特征。在行为预测领域，我们通常考虑如下两种机器学习模型。

1. 无记忆模型

例如，常用的 SVM[11]或者 DNN[12]等模型。这些模型的特点是，当训练结束后，模型便不再变化。确定模型后，模型的输出只取决于输入的数据。使用这类模型时，如果我们需要考虑历史数据行为对模型输出的影响，就需要显示地将历史行为也设计成特征。事实上，图 8-5 和表 8-1 中的特征设计，就是将预测目标车辆的历史行为结合道路形状，根据不同时间抽样点设计成为特征的。

2. 有记忆模型

例如，使用 RNN（Recursive Neural Network）的 LSTM（Long Short Term Memory）模型[13][14]，这些模型带有记忆，意味着当前模型的输出不仅取决于当前的输入数据，还和以前的输入数据相关。也就是说，模型内部的状态会随着输入数据的变化而变化，这意味着模型随着历史数据而带有记忆。这种记忆结果通过 LSTM 的独特的各种"门"结构进行存储和遗忘。

模型本身不分优劣，只是特点不同。我们需要结合整个无人驾驶系统的软件能力，综合考虑在行为预测中使用哪种模型。当结构化地图及周边物体的环境并不十分复杂时，往往可以直接使用较简单的无记忆模型。当整体交通状况十分复杂时，尤其是周边物体的运动经常变化时，往往带有记忆的模型会更准确，因为记忆模型可以根据历史数据调整模型本身的状态。开源框架 Apollo[15]中带记忆的 RNN 预测模型结构如图 8-6 所示。其中，最终的输出不仅包括特定道路序列的输出概率（prob），还增加了一个对预测目标车辆在此道路序列上的加速度预测（acc），该加速度可用在填充最终预测轨迹的速度时间信息时，作为匀加速运动的加速度。

```
RnnModel::RnnModel() {}

void RnnModel::Run(const std::vector<Eigen::MatrixXf>& inputs,
                   Eigen::MatrixXf* output) const {
  Eigen::MatrixXf inp1;
  Eigen::MatrixXf inp2;
  layers_[0]->Run({inputs[0]}, &inp1);
  layers_[1]->Run({inputs[1]}, &inp2);

  Eigen::MatrixXf bn1;
  Eigen::MatrixXf bn2;
  layers_[2]->Run({inp1}, &bn1);
  layers_[3]->Run({inp2}, &bn2);

  Eigen::MatrixXf lstm1;
  Eigen::MatrixXf lstm2;
  layers_[4]->Run({bn1}, &lstm1);
  layers_[5]->Run({bn2}, &lstm2);

  Eigen::MatrixXf merge;
  Eigen::MatrixXf dense1;
  Eigen::MatrixXf act1;
  layers_[6]->Run({lstm1, lstm2}, &merge);
  layers_[7]->Run({merge}, &dense1);
  layers_[8]->Run({dense1}, &bn1);
  layers_[9]->Run({bn1}, &act1);

  Eigen::MatrixXf dense2;
  Eigen::MatrixXf prob;
  layers_[10]->Run({act1}, &dense2);
  layers_[12]->Run({dense2}, &bn1);
  layers_[14]->Run({bn1}, &prob);

  Eigen::MatrixXf acc;
  layers_[11]->Run({act1}, &dense2);
  layers_[13]->Run({dense2}, &bn1);
  layers_[15]->Run({bn1}, &acc);

  output->resize(1, 2);
  *output << prob, acc;
}
```

图 8-6 开源框架 Apollo 中带记忆的 RNN 预测模型结构

综上所述，当考虑工程实现时，在线上的计算和预测部分（online inference），无记忆模型比有记忆模型复杂，这是为了更好的模型表现，无记忆模型往往需要将历史数据表征和抽样成某些特征，直接导致我们线上运行的预测模块需要存储一段时间的历史数据并在每一帧进行更新处理和特征处理，加大了线上运算的复杂度；而对于有记忆模型，历史数据的影响被以更新模型内部状态的方式隐含地处理和保存，预测模块不再需要存储和维护历史数据。在线下部分，考虑模型训练和调试（training and tuning），无记忆模型要比有记忆模型简单。

8.2.4 预测轨迹的生成

当目标车辆的行为被预测模块确定后,行为预测剩下的工作就是根据我们已经决定的车辆所遵循的道路序列,实际产生一条车辆的行进轨迹(spatial-temporal trajectory)。本节,我们介绍两种实际产生预测轨迹的方法。第一种是基于一定的模型,使用卡尔曼滤波器法跟踪基于选定道路序列上的车辆运动姿态。基于卡尔曼滤波器绘制的预测轨迹往往需要进行一定的轨迹范式假设。在这里,我们提出的假设是"车辆会逐渐回归到按照遵循道路的指引线(reference line)进行行驶"。在这种假设下,我们使用一个卡尔曼滤波器来跟踪在道路坐标系(s,l)下的车辆坐标,并逐步外推来绘制预测轨迹。在(s,l)坐标系下,s代表了沿着道路中心线的方向;而l代表了垂直于道路中心线的横向方向。在这种假设下,卡尔曼滤波器对应的动作转移矩阵为

$$\begin{pmatrix} s_{t+1} \\ l_{t+1} \end{pmatrix} = A \cdot \begin{pmatrix} s_t \\ l_t \end{pmatrix} + B \cdot \begin{pmatrix} \Delta t \\ 0 \end{pmatrix}, \text{其中 } A = \begin{pmatrix} 1 & 0 \\ 0 & \beta_t \end{pmatrix}, B = \begin{pmatrix} v_s & 0 \\ 0 & 0 \end{pmatrix},$$

其中A和B分别代表状态转移矩阵,A中的β_t代表我们预测车辆在横向会以多快的速率"衰减"至完全遵循中心指引线行驶;而B中的v_s代表我们对纵向速度的预测。在每一帧的预测结果中,对于某个目标车辆,可能会输出多条遵循的道路序列,对每一个预测出的道路序列结果,我们都可以维护一个上述的卡尔曼滤波器进行对预测速度和预测轨迹形状的估计。当上述滤波器中的核心参数β_t和v_s确定后,我们就可以依据上述状态方程,逐步外推出未来一系列时间点的预测目标车辆在该道路序列上的(s,l)坐标,并将其转换为(x,y)的地图坐标进行输出。

上述基于特点运动状态转移方程的轨迹产生方法,可以认为是基于特定规则(rule-based)的。另一种产生预测轨迹的方式是利用机器学习建立轨迹形状和速度的模型。在这里,我们需要的不再是类似确定"某车辆是否会遵循某道路序列"的分类模型,而是能够根据当前对预测目标车辆的状态,直接产生其未来时刻坐标和姿态的回归模型(Regression Models)[18]。这类模型的优点是能够有效利用历史的轨迹形状和速度特征,在类似的场景下产生类似的预测轨迹。笔者认为,无人驾驶行为预测的核心在于给下游的决策规划模块提供安全可靠的"保护边界",并非要输出绝对准确的未来预测。事实上,预测本身是一件不可能做到完美的事情,就如同人在驾驶时,对周边物体的判断也经常是不准确的,更不可能精确到对长远未来的具体量化指标预测,但这并不影响人类驾驶员的安全高效驾驶。因此,无人驾驶预测模块在行为层面的准确率,远远大于其在轨迹层面的精确性。

8.2.5 预测和规划的相通之处

值得一提的是，随着无人驾驶技术的发展，行为预测和决策规划之间的共性被逐渐发掘。一种最新的绘制预测轨迹的方法，是利用无人车主车系统规划模块的简单版本，直接计算输出周边目标车辆的预测轨迹。这是因为，从输出数据的要求看，规划输出的是"无人车主车将要如何动作"，而预测输出的是"周边其他车辆如何动作"。二者的本质不同是对于无人车主车，我们自主掌握自身的行为，也就是有"确定"的道路序列，而对于周边车辆，我们需要"猜测"一个它们将遵循的道路序列。一旦目标车辆的行为确定，从算法上，直接使用无人车自身的规划算法，可以使输出的轨迹更逼真且符合运动学限制。这种方法唯一的局限在于，无人车主车的规划算法可能相比基于规则或者其他简单模型的预测轨迹生成算法更耗费计算资源。因此，即使我们使用无人车主车自身的规划算法，一般也会使用一个简化版本来计算。

8.3 小结

本章，我们以对车辆的行为预测为例，重点介绍了如何将行为预测问题抽象成针对道路序列的分类，以及后续的轨迹生成回归计算问题。在实际的无人驾驶系统中，除了对周边车辆的行为预测，对其他类型的物体（例如，行人和自行车），也可以借鉴我们在本章提出的"先分类，再回归"的拆解思路进行建模。以对自行车的行为预测为例，自行车不完全遵照严格的道路序列前进，其运动行为在结构化地图上受到的约束较小。因此，我们可以适当放宽"物体严格按照地图逻辑上前后相连的道路序列行进"这一假设和限制，允许物体的可能运动轨迹并不是严格遵循地图上的道路逻辑关系甚至交通规则。在放宽后的假设下，我们预测对象的可能的行进道路序列，将扩大为一个更加丰富且并不需要满足地图逻辑约束的道路序列集合。这种"先分类，再回归"的建模方法仍然适用，甚至在分类阶段的很多特征也可以一并沿用。

8.4 参考资料

[1] B. Paden, M. Cap, S.Z. Yong, et al. A Survey of Motion Planning and Control Techniques for Self-Driving Urban Vehicles. IEEE Transactions on Intelligent Vehicles, vol. 1, no. 1, pp. 33-55, 2016.

[2] Buehler,Martin,Iagnemma, et al.The DARPA Urban Challenge: Autonomous Vehicles in City Traffic. 2009.

[3] M. Montemerlo, J. Becker, S. Bhat, et al. Junior: The Stanford Entry in the Urban Challenge. Journal of Field Robotics: Special Issue on the 2007 DARPA Urban Challenge. Volume 25, Issue 9, pp. 569-597, 2008.

[4] T.Gindele, S.Brechtel, R.Dillmann. A probabilistic model for estimating driver behaviors and vehicle trajectories in traffic environments. In Proceedings of the 13th International IEEE Conference on Intelligent Transportation Systems(ITSC), Madeira island, Portugal, pp. 1625–1631, 2010.

[5] G.S.Aoude, V.R. Desaraju, L.H.Stephen. How, J.P. Driver behavior classification at intersections and validation on large naturalistic data set. IEEE Trans. Intell. Transp. Syst, 13, pp. 724–736, 2012.

[6] S.Lefevre,Y.Gao, D.Vasquez, et al. Lane keeping assistance with learning-based driver model and model predictive control. In Proceedings of the 12th International Symposium on Advanced Vehicle Control, Tykyo, Japan, 2014.

[7] V. Gadepally, A.Krishnamurthy, U. Ozguner. A framework for estimating driver decisions near intersections. IEEE Trans. Intell. Transp. Syst. 2014, 15, pp. 637–646.

[8] V. Gadepally, A.Krishnamurthy, U. Ozguner. A Framework for Estimating Long erm Driver Behavior. arXiv, 2016; arXiv:1607.03189. 19.

[9] S. Bonnin, T.H. Weisswange, F.Kummert, et al. General behavior prediction by a combination of scenario-specific models. IEEE Trans. Intell. Transp. Syst. 2014, 15, pp.1478–1488.

[10] P.Kumar, M.Perrollaz, S.Lefevre, et al. Learning-based approach for online lane change intention prediction. In Proceedings of the IEEE Intelligent Vehicles Symposium (IV 2013), Gold Coast City, Australia, 23–26 June 2013; pp. 797–802.

[11] C.W.Hsu, C.C. Chang, C.J.Lin. A practical guide to support vector classification,2003.

[12] A.Krizhevsky, I.Sutskever, G.E.Hinton, Imagenet classification with deep convolutional neural networks. In Advances in neural information processing systems.pp. 1097-1105, 2012.

[13] L.R. Medsker, L.C. Jain. Recurrent neural networks. Design and Applications, 5.2001.

[14] H.Sak, A. Senior, F. Beaufays. Long short-term memory recurrent neural network architectures for large scale acoustic modeling. In Fifteenth Annual Conference of the International Speech Communication Association,2014.

[15] 开源框架 Apollo Auto。

9 无人驾驶的决策、规划和控制（1）

9.1 决策、规划和控制模块概述

第 8 章，我们以车辆的行为预测为例，重点介绍了广义决策规划控制框架中的重要外围模块：行为预测。从本章起，我们介绍核心规划控制部分。

作为一个复杂的软、硬件结合系统，无人车的安全可靠运行需要车载硬件、传感器集成、感知预测，以及控制规划等多个模块的协同配合工作。笔者认为这其中最关键的是感知预测和控制规划的紧密配合。这里指的广义规划控制，除了预测模块，可以划分成无人车路由寻径、行为决策、动作规划，以及反馈控制等几个部分（读者可以回顾第 8 章的图 8-1）。

控制规划模块的最上游是路由寻径模块，其作用可以简单理解为实现无人驾驶软件系统内部的导航功能，即在宏观层面上指导无人驾驶软件系统的控制规划模块按照什么样的道路行驶，从而实现从起始点到目的地点的目的。值得注意的是，这里的路由寻径虽然在一定程度上与传统的导航类似，但其在细节上紧密依赖于专门为无人车导航绘制的高精地图，所以和传统的导航有本质不同。

路由寻径模块产生的路径信息，直接被下游的行为决策模块所使用。这里的行为决策模块，可以直观地理解成无人车的"副驾驶"。行为决策接收路由寻径的结果，也接收感知预测和地图信息。综合这些输入信息，行为决策模块在宏观上决定了无人车如何行驶。这些行为层面的决策包括在道路上的正常跟车、在遇到交通灯和行人时的等待避让，以及在路口和其他车辆的交互通过等。例如，路由寻径要求无人车保持在当前车道行驶，当感知到前方有一辆正常行驶的车辆时，行为决策的决定便很可能是下达跟车（follow）命令。根据具体实现的不同，行为决策模块在宏观上定义的输出指令集合也多种多样。实现行为决策模块的方法相对较多，而且没有非常严格的规则可循。实际上，在无人车系统设计中，行为决策模块有时被设计成独立的逻辑模块[1-3]。有时，行为决策模块的功能在某种程度上和下游的动作规划模块融合，一起实现[4-7]。

本章，我们将重点介绍一种将行为决策和动作规划设计成两个独立模块进行实现的方式。在这种设计思路下，行为决策和动作规划需要紧密协调配合。因此，在设计实现两个模块时的基本准则是：行为决策模块的输出逻辑需要和下游的动作规划模块的逻辑配合。在图 9-1 所示的划分中，行为决策在更为宏观的层面决策车辆的行为，而无人车本身如何进行自动动作规划则是动作规划模块解决的问题。其功能可以理解为，在一个较小的时空区域内，具体解决无人车从 A 点到 B 点如何行驶的问题。这里动作规划模块和相对行为决策需要解决的问题，更加具体了。动作规划需要对一个短暂时间 t 内从 A 到 B 的中间路径点做规划，包括选择途经哪些具体的路径点，以及到达每个路径点时，无人车需要达到的速度、朝向、加速度、车轮转向等。不仅如此，动作规划还需要保证两点：一是在后续时间内，生成从 A 到 B 的时空路径需要保持一定的一致性；二是这些生成的 A 到 B 之间的路径点，包括到达每个点的速度、朝向、加速度等，在下游反馈控制的车辆和道路的物理属性范围内，是可以实际操作的。

从图 9-1 中可以看出，为了了解所处的周围路况环境并做出行为决策，担当"副驾驶"角色的行为决策模块需要将感知和地图定位的输出作为输入（图中实线）。由于行为决策和动作规划模块的紧密联系，一般在系统设计时，我们也会让感知和地图定位结果接入动作规划模块。这样相对冗余的设计有两点好处：一方面，如果仅仅依赖行为决策模块作为中继（relay）传递感知结果，那么在行为决策模块计算完成前出现的新感知物体将被忽略，给无人车的安全带来隐患；另一方面，如果行为决策模块出现了问题，这时的动作规划虽然没有了对交规和四周环境行为层面的决策，但仍然拥有感知和完整的地图信息，也能实现最基本的避让，保证无人车的安全性。

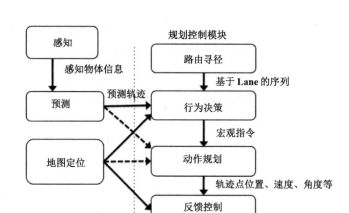

图 9-1 无人驾驶的决策、规划和控制模块

规划控制最下层的模块是反馈控制模块。这是一个直接和无人车底层控制接口 CAN-BUS 对接的模块，其核心任务是消化上层动作规划模块的输出轨迹点，通过一系列结合车身属性和外界物理因素的动力学计算，转换成对车辆的线控信号（Drive-By-Wire Signals，如油门、刹车、方向盘转角等），尽可能地控制车去实际执行这些轨迹点。反馈控制模块主要涉及对车辆自身控制，以及和外界物理环境交互的建模。

上述 4 个模块便是无人车控制规划软件系统最主要的功能模块。这种模块的划分方法（见参考资料[4]），将无人车控制规划这样一个复杂问题，按照计算逻辑从抽象到具体做出了非常合理的划分。这样的划分使得每个模块可以各司其职专注解决本层次的问题，使得复杂软件系统的开发工作实现并行化和模块化，大大提高了开发效率，这是这一划分方法的优势所在。当然，随之而来的是模块之间的协调一致问题，其中最重要的便是模块之间计算结果的一致性问题。本质上，行为决策、动作规划和反馈控制都是在不同层面解决同一个问题。同时，由于它们之间存在上下游关系，其计算结果又互相依赖，在具体设计实现各个模块时的一个最重要的准则便是尽可能保证计算结果的一致性和可执行性。行为决策模块在做出决定时，要尽可能保证结果前后一致且让下游动作规划模块可以执行。动作规划模块规划的轨迹速度也应控制在下游反馈控制模块可以执行的范围内。当冲突出现时，一个普遍的解决冲突的准则是尽可能让上游模块解决问题，迁就下游模块，而不是去推动下游模块到达极限。

随着无人驾驶技术的发展，这种将行为决策和动作规划分开设计并进行相对独立运算的模式，逐渐展现出一定的局限性。第 10 章，我们将以两种具体的规划器为例，介绍将决策和规划融为一体的统一动作规划解决方案。

接下来，我们就按照图 9-1 中的模块划分，按照从上游到下游的顺序，详细介绍每个模块需要解决的问题。同时，我们结合每个模块需要解决问题的具体场景，详细介绍一到两种常见算法的具体实现，从而使读者对整套无人驾驶控制规划软件系统的解决方案有一个全面又具体的体验。

9.2 路由寻径

在控制规划模块最上游的是路由寻径模块（也称为寻径模块）。这里的路由寻径和我们常见的谷歌或者百度的地图导航有着显著不同。普通的谷歌或者百度导航解决的是从 A 点到 B 点的道路层面的路由寻径问题。普通导航的底层导航元素最小可以具体到某一条路的某一个车道。这些道路和车道都是符合自然的道路划分和标识的。无人车路径规划的寻径问题，虽然也是要解决从 A 点到 B 点的路由问题，但由于其输出结果并不以为实际的驾驶员所使用为目的，而是给下游的行为决策和动作规划等模块作为输入的，其路径规划的层次要更加深入到无人车使用的高精地图的车道级别。如图 9-2 所示，其中的箭头线段代表高精地图级别的道路划分和方向。$Lane_1, Lane_2, \cdots, Lane_8$ 构成了一条路由导航输出的路由片段序列。可以看到，无人车地图级别的 Lane 划分并非和实际的自然道路划分对应。例如 $Lane_2$、$Lane_5$、$Lane_7$ 都代表了由地图定义绘制的"虚拟"转向 Lane。类似地，一条较长的自然道路也可能被划分为若干个 Lane（例如 $Lane_3$ 和 $Lane_4$）。

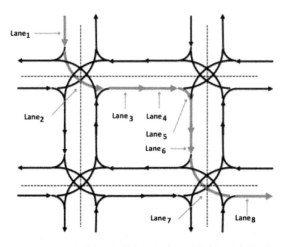

图 9-2　无人车路由寻径模块的高精地图道路级别路由寻径

路由寻径模块的输出严格依赖无人车高精地图的绘制。在高精地图定义的路网（Road Graph）划分的基础上，以及在一定的最优策略定义下，路由寻径模块需要解决的问题是计算出一个从起点到终点的最佳道路行驶序列：

{(lane,start_position,end_position)}

我们将(lane,start_position,end_position)称作一个路由片段（Routing Segment），所在的道路由 Lane 标识，start_position 和 end_position 分别代表在这条路由上的起始纵向距离和结束纵向距离。

9.2.1 无人车路由寻径的有向带权图抽象

和普通的谷歌或者百度导航不同，无人车路由寻径所考虑的不仅是路径的长短、拥塞情况等，还需要考虑无人车执行某些特定行驶动作的难易程度。例如，无人车路由寻径可能会尽量避免在短距离内进行换道，出于安全考虑，短距离内需要的换道空间可能比正常的驾驶距离所需要的换道空间更大。从安全第一的原则出发，无人车路由寻径模块可能会给"换道"路径赋予更高的权重（cost）。

我们可以把无人车在高精地图的 Lane 级别寻径问题，抽象成一个在有向带权图上的最短路径搜索问题。路由寻径模块首先会基于 Lane 级别的高精地图，在一定范围内所有可能经过的 Lane 上进行分散"撒点"，我们称这些点为"Lane Point"。这些点代表了对无人车可能经过的 Lane 上的位置的抽样。这些点与点之间，由有向带权的边进行连接，如图 9-3 和图 9-4 所示。一般来说，在不考虑倒车情况时，Lane Point 之间是沿着 Lane 行进方向单向可达的关系。连接 Lane Point 之间边的权重，代表了无人车从一个 Lane Point 行驶到另一个点的潜在代价。Lane Point 的采样频率需要保证即使是地图上被分割比较短的 Lane，也能得到充分的采样点。Lane Point 之间的连接具有局部性。同一条 Lane 上面的点是前后连接的，值得注意的是，不同 Lane 之间的 Lane Point 也有相互连接的关系。一个明显的例子是，在转弯时，转弯 Lane 的第一个 Lane Point 和其前驱 Lane 的最后一个 Lane Point 自然连接在一起。另外，两条相邻的平行 Lane，在可以合法进行换道的位置（比如虚线位置），其对应位置的 Lane Point 也可能互相连接。图 9-3 给出了换道场景中 Lane Point 间 cost 的设置：在任何一个 Lane 的内部采样点 Lane Point 之间，我们把 cost 设置为 1；考虑到右转的代价低于左转，我们把直行接右转的 cost 设置为 5，直行接左转的 cost 设置为 8，右转 Lane 内部 Lane Point 连接 cost 设置为 2，左转 Lane 内部 Lane Point 连接 cost 设置为 3。在图 9-3 所示的换道场景中，两条平行可以换道的 Lane，每条 Lane 内部的连接 cost 依然为 1，但为了突出换道的代价，我们把相邻 Lane 之间的连接权重设置为 10。

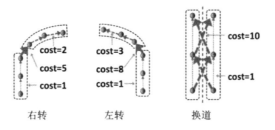

图 9-3　换道场景中 Lane Point 间 cost 的设置

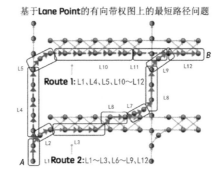

图 9-4　无人车寻径基于 Lane Point 的有向带权图上的最短路径问题抽象

按照图 9-3 设置的 cost，在图 9-4 所示的一个路网（Road Graph）下，对比从 A 到 B 两个可能不同的路由路径 Route 1 和 Route 2。其中 Route 1 对应从 L1 出发，在左下角的路口处直行接 L4，之后右转（L5），再继续直行经过 L10 和 L11，最后直行经过 L12 到达目的地；Route 2 对应同样从 A 出发的 L1，但在左下角的第一个路口处右转接 L2，然后直行并且从 L3 换道至 L6，在右下角路口处经过 L7 左转接直行（L8），最后在右上角的路口处右转（L9）进入最后目的地 B 所在的 L12。即使 Route 2 的实际物理长度小于 Route 1，按照图 9-3 设置的 cost，无人车路由寻径也会偏向于选择总 cost 较小的 Route 2（假设属于不同 Lane 的 Lane Point 之间的连接 cost 除了图 9-3 所示外均为 1，读者可以验证 Route 1 的总 cost 为 22，Route 2 的总 cost 为 44）。

9.2.2　典型的无人车路由寻径算法

针对 9.2.1 节介绍的无人车路由寻径有向带权图的最短路径问题，我们介绍两种常见的无人车路由寻径算法：Dijkstra 算法[8]和 A*算法[9]。

1. Dijkstra 算法在无人车路由寻径中的应用

Dijkstra 算法是一种常见的图论中的最短路径算法，由 Edsger W. Dijkstra 在 1959 年发表。给定一个图中的源节点（Source Node），Dijkstra 算法会寻找该源节点到所有其他节点的最短路径。结合无人车路由的 Lane Point 场景，算法的描述如下。

（1）从高精地图的路网数据接口中读取一定范围的地图 Lane 连接数据，按照 9.2.1 节所述进行 Lane Point 抽样并构建 Lane Point Graph。无人车主车（也称作 Master Vehicle）所在 Lane 上最接近无人车主车的 Lane Point 为源节点，目的地所在 Lane 上最接近目的地的 Lane Point 为目的节点。设置源节点到其他节点（包括目的节点）的距离为无穷大（inf），源节点到自身的距离为 0。

（2）当前节点设置为源 Lane Point，设置其他所有 Lane Point 为 unvisited（未访问）并将它们放到一个集合中（Unvisited Set），同时维护一个前驱节点的映射 prev_map，保存每一个 visited 的 Lane Point 到其前驱 Lane Point 的映射。

（3）从当前 Lane Point 节点出发，考虑相邻能够到达的所有未访问的 Lane Point，计算可能的距离（Tentative Distance）。例如，假设当前 Lane Point X 被标记的距离为 3，Lane Point X 到 Lane Point Y 的距离为 5，那么可能的距离为 3+5=8。比较该 Tentative Distance 和 Lane Point Y 的当前标记距离。如果 Lane Point Y 的当前标记距离较小，那么保存 Lane Point Y 的当前标记距离不变，否则更新 Lane Point Y 的当前标记距离为这个新的 Tentative Distance 并且更新 prev_map。

（4）对当前 Lane Point 的所有连接的 unvisited Lane Point 重复步骤（3）的操作，当所有相连接的 Lane Point 均被操作过之后，标记当前的 Lane Point 为 visited，从 unvisited 的集合中去除。被 visited 的 Lane Point 的标记距离将不再被更新。

（5）不断从 unvisited 的 Lane Point 集合中选取 Lane Point 作为当前节点并重复步骤（4），直到我们的目标 Lane Point 从 unvisited 集合中被去除；或者在一定范围内的 Lane Point 均无法到达（unvisited 集合中最小的 Tentative Distance 为无穷大，代表从源 Lane Point 无法到达剩下的所有 unvisited Lane Point）。此时，需要向下游模块返回没有可达路径（寻径失败），或者重新读入更大范围的地图路网数据，重新开始寻径的过程。

（6）当找到从 A 到 B 的最短路径后，根据 prev_map 进行 Lane 序列重构。

基于 Dijkstra 算法的 Lane Point 有向带权图上的路由寻径算法的伪码如图 9-5 所示。

其中第 2~16 行是典型的用 Dijkstra 算法构建每个源 Lane Point 到其他 Lane Point 的最小距离表。第 17~22 行，根据得到的每个节点标记的最小距离映射，通过不断查找前驱的 prev_map 映射重建最短路径。注意这里的最短路径是一个 Lane Point 的序列，在第 23 行，我们对 Lane Point 按照 Lane 进行聚类合并，最终生成如 {(lane,start_position, end_position)$_i$} 格式的路由寻径输出。

```
1  function Dijkstra_Routing(LanePointGraph(V,E), src, dst)
2      create vertex set Q
3      create map dist, prev
4      for each lane point v in V:
5          dist[v] = inf
6          prev[v] = nullptr
7          add v to Q
8      dist[src] = 0
9      while Q is not empty:
10         u = vertex in Q s.t. dist[u] is the minimum
11         remove u from Q
12         for each connected lane point v of u:
13             candidate = dist[u] + cost(u, v)
14             if candidate < dist[v]:
15                 dist[v] = candidate
16                 prev[v] = u;
17     ret = empty sequence
18     u = dst
19     while prev[u] != nullptr:
20         insert u at the beginning of ret
21         u = prev[u]
22     insert u at the beginning of ret
23     merge lane point in ret with same lane id and return the merged sequence
```

图 9-5　基于 Dijkstra 算法的 Lane Point 有向带权图上的路由寻径算法

假设根据 9.2.1 节所描述的 Lane Point 有向带权图生成方法的图有 V 个节点和 E 条边。在使用最小优先队列（minimum priority queue）来优化第 10 行的最小距离查找的情况下，Dijkstra 的路由寻径算法复杂度可以达到 $O(|E|+|V|\log|V|)$。

2．A*算法在路径规划上的应用

另一种在无人车路由寻径中常用的算法是 A* 算法。A* 算法是一种启发式的搜索算法。A* 算法在某种程度上和广度优先搜索（BFS）、深度优先搜索（DFS）类似，都是按照一定的原则确定如何展开需要搜索的节点树状结构。A* 可以认为是一种基于"优点"（best first/merit based）的搜索算法。

A* 算法首先会维护一个当前可能需要搜索展开的节点集合（openSet）。每次循环，A* 会从这个 openSet 中选取 cost 最小的节点进行展开来继续深入搜索，这个 cost 由 $f(v)=g(v)+h(v)$ 两部分组成。在 A* 算法的搜索树结构中，每个节点 v 都有一个由源点到该节点的最小 cost，记为 $g(v)$；同时，每个节点 v 还对应一个启发式的 cost（称之为

heuristic），记为 $h(v)$；其中 $h(v)$ 作为一个 heuristic，用来估计当前节点 v 到目的节点的最小 cost。当该 $h(v)$ 满足一定的属性时，A*能够保证找到源节点到目的节点的最短路径。A*算法的搜索树在每次循环中都会展开 $f(v) = g(v) + h(v)$ 最小的节点，直到到达目的节点。A*算法的伪码如图9-6所示，其中算法第11行的 reconstruction_route 部分类似于 Dijkstra 算法最后的路由重构部分。reconstruction_route 从最后的目的节点出发，通过前驱节点的映射 prev_map 向前重构出最终的路由寻径输出。

```
1  function AStar_Routing(LanePointGraph(V,E), src, dst)
2      create vertex set closedSet          // set of already visited nodes
3      create vertex set openSet            // set of nodes to be expanded
4      insert src into openSet
5      create map gScore, fScore with default value inf
6      create prev_map with default value nullptr
7      fScore[src] = h(src, dst)
8      while openSet is not empty:
9          current = the node v in openSet s.t. fScore[v] is minimum in openSet
10         if current = dst
11             return reconstruction_route(prev_map, current)
12         remove current from openSet
13         insert current into closedSet
14         for each neighbor u of current:
15             if u is in closedSet:
16                 continue;  // ignore the neighbor who has already been evaluated
17             candidate_score = gScore[current] + h(current, u)
18             if u not in openSet:        // discovered a new node
19                 insert u into openSet
20             else if candidate_score >= gScore[u]:  // this is not a better path
21                 continue;
22             prev[u] = current
23             gScore[u] = candidate_score
24             fScore[u] = gScore[u] + h(u, dst)
```

图9-6　A*算法的伪码

A*算法作为一种启发式的搜索算法，当 $h(v)$ 的定义满足 admissible 属性[9]，即 $h(v,dst)$ 不会超过实际的 $h(v,dst)$ 之间的最小 cost 时，总是能找到最短的路径。当 $h(v)$ 不满足这一条件时，A*并不能保证找到最短路径。在9.2.1节描述的 Lane Point 有向带权图场景下，对于任意两个 Lane Point A 和 B，一种 heuristic 启发函数的定义为

$$h(u,v) = \text{dist}(u,v)$$

其中，dist() 代表两个 Lane Point 之间在地球经纬度或者墨卡托[10]坐标系下的距离。

A*作为一种最优优先算法（Best First），可以看作 Dijkstra 算法的一种扩展。Dijkstra 算法可以看作 A*算法中启发函数 $h(u,v) = 0$ 的一种特例。

9.2.3　路由寻径的 cost 设置和强弱路由寻径

在实际的无人车路由寻径计算问题中，更重要的往往不是算法的选择，而是 cost 的

设置策略。9.2.1 节中描述的 cost 调整是整个路由寻径策略的精髓,而具体的算法实现(Dijkstra 或者 A*)并不是最重要的。例如,从地图信息我们得知某一条道路的某一条 Lane 非常拥堵,就可以把进入这条 Lane 上的 Lane Point 之间的连接权重 cost 提高;类似地,如果某条 Lane 被交通管制不能通行,我们可以相应地把这条 Lane 上的 Lane Point 设置为互相不可达,从而使得算法不会去选择某条特定的 Lane。路由寻径的 Lane Point 之间的 cost 可以根据不同策略实时灵活调整,为无人车路由寻径提供支持。考虑到实际的路网数据往往较大,基于 Lane Point 有向带权图的最短路径往往是在提前预先加载(preload)的部分地图路网数据上进行的。如果出现在较小范围内不可达的情况,则可能需要重新读入更大的路网和地图数据重新进行路由寻径。

对路由寻径模块产生路由计算的请求,有两种情况:一种情况是当无人车开始行驶时,由用户来设置起点和终点,从而触发路由寻径请求;另一种情况是,请求是由下游模块发起的。这里我们讨论"强 Routing"和"弱 Routing"两种系统设计思想。"强 Routing"指的是下游模块(如行为决策及动作规划)严格遵守路由寻径模块的输出。例如,路由寻径模块要求按照某条 Lane X 行驶,但感知发现 Lane X 上有一辆行驶非常慢的障碍车,在强路由的设计下,无人车会严格执行在 Lane X 上行驶;但在"弱 Routing"的设计下,无人车可能会短暂跨越到相邻的 Lane,超过障碍车辆,再回到 Lane X 继续行驶。无论是"强 Routing"还是"弱 Routing",当出现需要紧急避让,或者周围交通情况导致无人车无法执行当前的路由寻径结果时,无人车会按照安全第一的原则继续行驶,并且发起重新路由寻径的请求。

9.3 行为决策

行为决策层在整个无人车规划控制软件系统中扮演着"副驾驶"的角色。这个层面汇集了所有重要的车辆周边信息,不仅包括无人车本身的当前位置、速度、朝向及所处车道,还收集了无人车一定距离以内所有重要的感知相关的障碍物信息。行为决策层的工作,就是在知晓这些信息的基础上,决定无人车的行驶策略。这些信息具体包括以下几点。

(1)所有的路由寻径结果:例如,无人车为了到达目的地,需要进入的车道(target lane)。

(2)无人车的当前自身状态:车的位置、速度、朝向,以及当前主车所在的车道、按照寻径路由需要进入的下一个车道等。

（3）无人车的历史信息：在上一个行为决策周期，无人车所做的决策是什么？是跟车、停车、转弯还是换道？

（4）无人车周边的障碍物信息：无人车周边一定距离范围内的所有障碍物信息。例如，周边的车辆所在的车道，邻近的路口有哪些车辆，它们的速度、位置，以及在一个较短的时间内它们的意图和预测的轨迹，周边是否有自行车或者行人，以及他们的位置、速度、轨迹等。

（5）无人车周边的交通标识信息：一定范围内 Lane 的变化情况。例如，假设路由寻径的结果是在 Lane 1 的纵向位移 10m 处换道进入相邻 Lane 2 的纵向位移 20m 处，那么 Lane 1 的合法纵向位移换道空间是多大呢？例如，一个直行 Lane 行驶结束，进入下一个左转 Lane，两条 Lane 的交界处是否有红绿灯或者人行道？

（6）当地的交通规则：例如道路限速、是否可以红灯右拐等。

无人车的行为决策模块，就是要在上述所有信息的基础上，做出如何行驶的决策。可以看出，无人车的行为决策模块是一个信息汇聚的地方。由于需要考虑如此多种不同类型的信息及受到非常本地化的交规限制，行为决策问题往往很难用一个单纯的数学模型解决。更适合行为决策模块的解决方法，是利用一些软件工程的先进观念来设计一些规则系统。例如，在 DARPA 无人车竞赛中，斯坦福大学的无人车系统"Junior"利用一系列 cost 设计和有限状态机（Finite State Machine）设计无人车的轨迹和操控指令。类似地，卡耐基梅隆大学的无人车系统"Boss"[10][11]通过计算分析 Lane 之间的空隙（gap），并且按照一定规则和一些预设的阈值比较决定换道这一行为的触发。其他很多的参赛系统如 Odin 和 Virginia Tech 也都利用了规则引擎来决定无人车的驾驶行为。Carolo 团队则是结合了规则引擎和行为模型，建立了一个混合的无人车决策系统。随着对无人车研究的深入，越来越多的研究结果[9]开始使用 Bayesian 模型对无人车行为进行建模。其中 MDP 和 POMDP（Partially Observable Markov Decision Process，部分可观察的马尔可夫决策过程）都是在学术界最流行的无人车行为决策建模方法，本节将简单介绍几种基于 MDP 的无人车行为决策方式。虽然 MDP 类的非决定性（non-deterministic）概率模型在学术界渐渐流行，但笔者从工业界的实际应用经验出发，认为基于规则的决定性（Deterministic）行为决策系统仍然是目前工业界的主流。本节将介绍一种利用分治（Divide and Conquer）思想来设计的基于规则的行为决策实现。事实上，如果能够用先进的软件工程实现结合交规和周边路况的行为决策，笔者认为决定性的规则系统甚至可能在安全可靠性上优于基于概率模型的实现方式。设想现实中人类驾驶员是如何按照一个固定的路线从 A 点开到 B 点的。因为交通规则是明确且可以具体执行的,所以笔者认为宏观层面的驾驶行为,在给定的周边路况下,按照交规要求和自身的意图,可以看成完全基于规则的决定性行为。

9.3.1 有限状态马尔可夫决策过程

一个马尔可夫决策过程,由(S, A, P_a, R_a, r)五元组定义。

(1)S代表无人车所处的有限的状态空间,状态空间的划分可以结合无人车当前位置及其在地图上的场景进行设计。例如,在位置维度可以考虑将无人车按照当前所处的位置划分成等距离的格子;参考地图的场景,可以将无人车所处的车道和周边道路情况归纳到有限的抽象状态中。

(2)A代表无人车的行为决策空间,即无人车在任何状态下的所有行为空间的集合:例如,可能的状态空间包括当前 Lane 跟车、换道(Change Lane)、左/右转(Turn Left/Right)、路口的先后关系(Yield/Overtake)、遇到行人或者红绿灯时的停车(Stop)等。

(3)$P_a(s,s')=P(s'|s,a)$是一个条件概率,代表了无人车在状态s和动作a下,到达下一个状态s'的概率。

(4)$R_a(s,s')$是一个激励函数,代表了无人车在动作a下,从状态s到状态s'所得的激励。该激励函数的设计可以考虑安全性、舒适性,以及下游动作规划执行难度等因素。

(5)$\gamma \in (0,1)$是激励的衰减因子,下一个时刻的激励便按照这个因子进行衰减;在任意时间,当前的激励系数为1,下一个时刻的激励系数为γ,下两个时刻的激励系数为γ^2,依此类推,其含义是当前的激励总是比未来的激励重要。

无人车行为决策层面需要解决的问题,在上述 MDP 的定义下,可以正式描述为寻找一个最优"策略",记为$\pi: S \to A$。在任意给定的状态S下,策略会决定产生一个对应的行为$a = \pi(s)$。当策略确定后,整个 MDP 的行为可以看成一个马尔可夫链。行为决策的策略π的选取目标是优化从当前时间点开始到未来的累积激励(如果 Reward 是随机变量,则优化累积 Reward 的期望):

$$\sum_{t=0}^{\infty} \gamma^t R_{a_t}(s_t, s_{t+1})$$

其中a由策略π产生,$a = \pi(s)$。在上述 MDP 定义下,最优策略π通常可以用动态编程(Dynamic Programming)的方法求解。假设转移矩阵P和激励分布R已知,最优策略的求解通常基于不断计算和存储如下两个基于状态 s 的数组：

$$\pi(s_t) \leftarrow \underset{a}{\mathrm{argmax}} \left\{ \sum_{s_{t+1}} P_a(s_t, s_{t+1})(R_a(s_t, s_{t+1}) + \gamma V(s_{t+1})) \right\},$$

$$V(s_t) \leftarrow \sum_{s_{t+1}} P_{\pi(s_t)}(s_t, s_{t+1})\left(R_{\pi(s_t)}(s_t, s_{t+1}) + \gamma V(s_{t+1})\right)$$

其中，数组 $V(s_t)$ 代表未来衰减叠加的累积（期望）激励，$\pi(s_t)$ 代表需要求解的策略。具体的求解过程是在所有可能的状态 s 和 s' 之间进行重复迭代计算，直到二者收敛为止。在 Bellman 的 Value Iteration 算法中，$\pi(s_t)$ 不需要进行显式计算，而是可以将其必要的计算包括在 $V(s_t)$ 的计算中，因此可以得到如下 Value Iteration 的单步迭代计算：

$$V_{i+1}(s) \leftarrow \max_a \{ \sum_{s'} P_a(s, s')(R_a(s, s') + \gamma V_i(s')) \}$$

其中 i 代表迭代步骤，在 $i=0$ 时使用一个初始猜测 $V_0(s)$ 开始迭代，直到 $V(s)$ 的计算趋于稳定为止。由于利用 MDP 建模解决无人车行为决策的方法比较多样，本书不赘述所有基于 MDP 的行为决策方法，读者可以参考参考资料[2][3]来了解具体的状态空间、动作空间，以及转移概率和 Reward 函数的实现举例。需要强调的是，利用 MDP 解决无人车行为决策的最关键部分在于 Reward 函数的设计。在设计 Reward 函数时需要尽可能考虑如下因素：

（1）到达目的地："鼓励"无人车按照既定的路由寻径路线行进到达目的地，也就是说，如果选择的动作 $a = \pi(s)$ 会使无人车有可能偏离既定的路由寻径路线，那么应当给予对应的惩罚。

（2）安全性和避免碰撞：按照前文所述，如果将无人车周边的空间划分成等间距的方格，那么远离可能有碰撞的方格应当得到奖励，接近碰撞发生时，应当加大惩罚力度。

（3）乘坐的舒适性和下游执行的平滑性（smoothness）：这两个因素对奖励或代价的影响往往是一致的。乘坐的舒适意味着安全顺畅的操作。例如，从某一个速度状态到一个比较接近的速度状态的 $a = \pi(s)$，其 cost 应该较小；反之，如果猛打方向盘或者猛然加速，则 $a = \pi(s)$ 对应的 cost 应该比较高（负向 Reward）。

MDP 需要如此细致地设计诸如状态空间、转移概率和 Reward 函数等参数,因此笔者认为基于规则的宏观行为决策系统是一种更可靠的设计。

9.3.2 基于场景划分和规则的行为决策设计

本节,我们介绍一种基于规则的无人车行为决策层的设计,其核心思想是利用分治的原则对无人车周边的场景进行划分。在每个场景中,独立运用对应的规则计算无人车对每个场景中元素的决策行为,再将所有划分的场景的决策进行综合,得出一个综合的总体行为决定。我们先引入几个重要概念:综合行为决策(Synthetic Decision)、个体行为决策(Individual Decision)、场景(Scenario)划分构建和系统设计。

1. 综合行为决策

综合的行为决策代表无人车行为决策层面的整体最高层的决策,例如按照当前 Lane 跟车保持车距行驶,换道至左/右相邻 Lane,立刻停车到某一停止线后等待;作为最高层面的综合决策,其所决策的指令状态空间定义,需要和下游的动作规划协商一致,使得做出的综合决策指令是下游可以直接用来执行规划路线轨迹的。为了便于下游直接执行,综合决策的指令集往往带有具体的指令参数数据。表 9-1 中列出了一些综合决策的指令集定义及其可能的参数数据。例如,当综合决策是在当前车道跟车行驶时,传给下游动作规划的不仅是跟车这一宏观指令,还包含如下参数数据:前方需要跟车的车辆的 ID(一般从感知输出获得),跟车需要保持的车速(该限速往往是当前车道限速和前车车速两种中的较小值),以及需要和前车保持的距离(例如前车尾部向后 3m)等。下游的动作规划基于宏观综合决定及伴随指令传来的参数数据,结合地图信息(如车道形状)等,便可以直接规划出安全无碰撞的行驶路线。

表 9-1 行为决策中的综合决策及其参数

综合决策	参 数
行驶	当前车道 目的车速
跟车	当前车道 跟车对象 目的车速 跟车距离

续表

综合决策	参　　数
转弯	当前车道 目的车道 转弯属性 转弯速度
换道	当前车道 换道车道 加速并道 减速并道
停车	当前车道 停车对象 停车位置

2. 个体行为决策

与综合行为决策相对应的是个体行为决策。在本节开始处我们便提到过，行为决策层面是所有信息汇聚的地方。因此，最终的综合行为决策必须是考虑了所有重要的信息元素后得出的。这里，我们提出对所有重要的行为决策层面的输入个体，都产生一个个体决策。这里的个体，可以是感知检测到的路上车辆和行人，也可以是结合了地图元素的抽象个体，例如红绿灯或者人行横道对应的停止线等。事实上，最终的综合决策是先经过场景的划分，产生每个场景下的个体决策，再综合考虑归纳这些个体决策得出的。个体决策和综合决策相似的地方是除了其指令集本身，个体决策也带有参数数据。个体决策不仅是产生最后的综合决策的元素，而且和综合决策一起被传递给下游动作规划模块。这种设计虽然传递了更多的数据，但根据工业界的经验，笔者认为，传递作为底层决策元素的个体决策能够非常有效地帮助下层模块更有效地实现路径规划。同时，当需要调试解决问题时，传递过来的个体决策能够大大提高调试的效率。表9-2列出了一些典型的个体决策及其可能的附带参数数据。例如，在做出针对某个感知物体 X 的超车这一个体决策时，附带的参数数据包括超车的距离和时间限制。距离代表本车车身至少要超过物体 X 的车头的最小距离，同样，时间代表这段超车安全距离至少要对应物体 X 行驶一个最小安全时间间隔。注意，这种超车个体决策往往发生在两车轨迹有所交互的场景中。典型的场景包括换道和路口的先行后行。下面，我们会结合红绿灯路口右转这一具体例子，描述如何结合分割场景产生不同的个体决策，并最终融合成综合决策输出。

表 9-2　行为决策中的个体决策及其参数

个体决策		参　　数
车辆	跟车	跟车对象
		跟车速度
		跟车距离
	停车	停车对象
		停车距离
	超车	超车对象
		超车距离
		超车时间
	让行	让行对象
		让行距离
		让行时间
行人	停车	停车对象
		停车距离
	躲避	躲避对象
		躲避距离

3. 场景划分构建和系统设计

个体决策的产生依赖于场景的构建。这里我们可以将场景理解成对一系列具有相对独立意义的无人车周边环境的划分。利用这种分而治之思想的场景划分，我们将无人车行为决策层面汇聚的众多无人车主车周边属于不同类别的信息元素，聚类到不同的富有实际意义的场景实体中。在每个场景实体中，我们通过交规，结合主车的意图，计算出对每个信息元素的个体决策，再通过一系列准则和必要的运算，将这些个体决策综合输出给下游。

图 9-7(a)和图 9-7(b)所示为两个非常典型的场景划分。

在图 9-7(a)中，车辆 a 和 d 出现在"左侧车道"这一场景①中。此时无人车主车的意图是向左换道。在计算了主车相对 a 和 d 的位置和速度后，"左侧车道"这一场景计算的结果是需要让 a 车先通过，然后在 d 车之前进行换道；与此同时，一个相对独立的场景是"前车"场景②，此时主车虽然在考虑向左换道，但仍然需要注意当前车道的前车，所以场景②对前车（即车辆 b）做出了需要注意（Attention）这么一个个体决策；相对主车当前的意图而言，右侧车道场景③和后方车辆场景④与当前的主车轨迹没有冲突，所以可以做出对车辆 c 和 e 的 Ignore 决策。

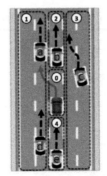

(a) 主车+左右侧车道+前方车辆+后方车辆

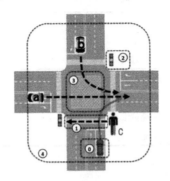

(b) 第一层：主车+人行横道+红绿灯+Keep Clear Zone 第二层：路口场景

图 9-7　行为决策场景

值得一提的是，前方和后方车辆、两侧车道这些场景是基本的场景。有一些场景的基本元素本身就可以是这些基本场景。图 9-7(b)中给出了"路口"这么一个"复合场景"。可以看出，我们的场景定义是分层次的（Layered）。每个层次中间的场景是互相独立构建的。其中，主车可以认为是最基本的底层场景其他所有场景的构建都需要以无人车主车在哪里这么一个基本场景为基础；在此之上的第一层场景包括红绿灯、前后方车辆，以及左右两侧车道车辆等。图 9-7(b)所示的路口场景是第二层的复合场景，其中的元素包括第一层的人行横道、红绿灯、主车等。结合这些场景路口场景本身的元素是车辆 a 和 b。假设此时无人车的意图是右转，路口红灯可以右转，但由于没有道路优先权，需要避让其他车辆，此时感知发现一个行人在人行横道的场景横穿马路，那么结合所有这些场景元素和意图，得到的最终指令是针对行人在人行横道前停车。

综上所述，每个场景模块利用自身的业务逻辑（Business Logic）计算其不同元素个体的决策。通过场景的复合，以及最后对所有个体的综合决策考虑，无人车得到最安全的最终行为决策。这里的一个问题是会不会出现不同场景对同一个物体（例如某个车辆）通过各自独立的规则计算出矛盾的决策？从场景的划分可以看出，一个物体出现在不同场景里的概率是很小的。事实上，我们提出的这种场景划分的方法本身就尽可能地避免了这一情况的出现。即使这种矛盾出现，在图 9-8 所示的系统框架的中间层，也会对所有的个体决策进行汇总和安全无碰撞的验证。

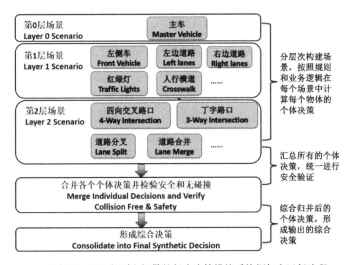

图 9-8　基于规则和场景的行为决策模块系统框架和运行流程

首先，结合主车信息、地图数据及感知结果构建不同层次的场景。在路由寻径的指引下，每个场景结合自身的规则（例如交规或者安全避让优先原则），计算出属于每个场景物体的个体决策。在所有的个体决策计算完毕后，我们会检查有无冲突的个体决策（虽然发生的概率极其微小）。在对冲突的个体决策进行冲突解决（往往是根据优先避让原则）后，我们会在一个统一的时空里，推演当前的所有个体决策能否汇总成一个安全行驶无碰撞的综合决策。如果这样的安全无碰撞综合决策存在，我们便将其和个体决策一起输出给下层的动作规划模块，计算从当前位置到下一个位置的时空轨迹。

9.4　动作规划

在行为决策层下游的模块是动作规划，其任务是将行为决策的宏观指令解释成一条带有时间信息的轨迹曲线，而底层的反馈控制则根据该轨迹对车辆进行操控。这里无人车的动作规划，可以看作是普通机器人动作规划（Robotic Motion Planning）的一种特殊场景。

事实上，作者认为无人车的动作规划问题是整个机器人动作规划领域相对简单的一个问题。这是因为车辆的轨迹是依附于一个二维平面的。在方向盘、油门的操控下，车辆行驶轨迹的物理模型相对于普通的机器人姿态的动作轨迹更简单。从 DARPA 无人车比赛开始，无人车动作规划便逐渐成为一个相对独立的模块[10]，尝试在城市道路行驶及停车等综合条件下解决路径规划的问题。除此之外，动作规划模块也提供一些特定场景下的路径规划解决方案。参考资料[4]和[12]列出了近年来动作规划的很多不同方向的研究工作，读者可以作为参考。随着这些研究的进展，路径模块需要解决的问题也逐渐明晰：几乎所有动作规划都试图解决在一定的约束条件下优化某个范围内的时空路径问题。这里所谓的"时空路径"指车辆在一定时间段行驶的轨迹。该轨迹不仅包括位置信息，还包括整条轨迹的时间信息和车辆姿态，即到达每个位置的时间、速度，以及任何可能的和时间相关的运动变量如加速度、曲率、曲率的高阶导数等信息。由于车辆控制是一个不和谐的系统[13]，车辆的实际运行轨迹总是呈现类似螺旋线的平滑曲线簇的特性。因此，轨迹规划这一层面需要解决的问题，往往可以非常好地抽象成一个在二维平面上的时空曲线优化问题。动作规划这个层面的优化问题需要考虑两个要素：一是需要优化的函数/代价目标；二是边界条件的限制（Constraint）。结合图 8-1 所示的整个系统框架，这里的优化目标函数，往往以 Cost 函数的形式呈现，优化的目标是找到满足边界条件限制的最小 Cost 的曲线。这里的 Cost 和如下几个重要因素紧密相关。首先是与上游的行为决策输出的决策结果相关。作为下游直接规划无人车路线曲线的动作规划，其优化目的必须满足达到行为层面的要求。这些要求往往体现在曲线的长度不能超过某一停止线，曲线横向位移不能触碰到需要避让的物体等；其次，由于我们着重考虑在城市综合道路（Urban Road）上的行驶，车辆行驶的曲线要考虑和道路的关系，即动作规划的曲线要满足能够沿道路行驶的基本要求，这些要求也会被转化成曲线的不同代价来体现；在动作规划的边界条件限制层，更要考虑如图 9-8 所示的下游反馈控制模块。例如，车辆的转向由方向盘控制，导致车辆的曲率和曲率二阶导变化受到一定的限制。车辆的油门加速同样限制车辆的加速度的变化率，使其不可能过大。

这里我们借鉴参考资料[12]中的动作规划算法，提出一种更简单明确地将动作规划问题拆分成两个问题——路径规划和速度规划（Speed Planning）的解决思路。其中路径规划只解决在二维平面上，根据行为决策和地图信息定义的 Cost 函数下优化路径的问题。这里的路径不考虑速度因素，只是单纯的不同长度的路径曲线；而速度规划问题则是在选定了一个或者若干个路径（Path）之后，解决用什么样的速度行驶的问题。相比参考资料[12]中的联合优化带有时间和速度信息的时空轨迹，这样的方法使得每个层次定义的问题更清晰且相对易于建模解决。虽然分开优化不一定能保证达到联合意义上的最优解，但是在实际的工程实践中，作者认为分开优化是更实际有效的解决方案。下面我们就分别详细介绍路径规划和速度规划的算法。

9.4.1 路径规划

1. 车辆模型、道路定义，以及候选路径生成

我们首先介绍车辆和道路的数学模型。对于车辆，我们考虑车辆的姿态向量 $\bar{x}=(x,y,\theta,\kappa,v)$，其中 x 和 y 表示车辆在二维平面的位置，θ 表示车辆的朝向，κ 表示曲率（即朝向 θ 的变化率），v 表示车辆的速度（即轨迹任意点的切线速度）。车辆的这些姿态变量的标量大小满足如下关系：

$$\dot{x} = v\cos\theta$$
$$\dot{y} = v\sin\theta$$
$$\dot{\theta} = v\kappa$$

其中，曲率 κ 的大小往往由系统的输入限制条件决定。在此基础上，考虑一条由车辆运动产生的连续轨迹。我们称沿着轨迹的方向的位移为 S 方向。轨迹相对于车辆姿态的系统关系由下列偏微分方程给出：

$$dx/ds = \cos(\theta(s))$$
$$dy/ds = \sin(\theta(s))$$
$$d\theta/ds = \kappa(s)$$

注意，我们并没有对 κ 和 θ 之间的关系做出特定限制，即车辆可以在任意朝向 θ 上任意改变其曲率 κ。在实际的车辆模型中，车辆的曲率 κ 和朝向 θ 之间是有一定限制的，但这个微小的模型偏差并不影响动作规划算法的一般性和实用性。

我们的路径规划算法依赖于地图中对道路中心线（Center Line）的定义。我们认为道路是由道路的采样函数定义的。采样函数为 $r(s) = [r_x(s), r_y(s), r_\theta(s), r_\kappa(s)]$，其中 s 代表道路的中心线切向方向的位移（也称为纵向位移 s）。与此对应的是道路的中心线垂直方向位移 l，也称为横向位移。如果考虑一个车辆的姿态点的具体关系，则其各个分量由道路坐标系下的 (s,l) 坐标，以及道路采样函数 (s,l) 决定，满足：

$$x_r(s,l) = r_x(s) + l\cos(r_\theta(s) + \pi/2)$$
$$y_r(s,l) = r_y(s) + l\sin(r_\theta(s) + \pi/2)$$
$$\theta_r(s,l) = r_\theta(s)$$
$$\kappa_r(s,l) = (r_\kappa(s)^{-1} - l)^{-1}$$

其中曲率 κ_r 在道路转弯的内侧加大（随纵向位移 l 加大），在道路转弯的外侧减小。我们使用右手坐标系，如图 9-9 所示，在靠近原点处朝 x 轴的正方向，纵向位移 l 朝 y 轴正方向加大。假设对于某条道路 Lane(k)，其纵向宽度 l_k 保持不变，那么该条道路可以表示为一个随着中心线横向位移 s 的点集 $\{p(s,l_k) : s \in \boldsymbol{R}^+\}$。我们称这样的坐标系统为 SL 坐标系统。

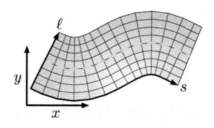

图 9-9　xy 平面下的 SL 坐标系统及其网格划分

在上述车辆模型和道路模型下，我们讨论路径规划所产生的路径曲线。首先，我们定义车辆的路径为一个从[0,1]区间到车辆姿态向量集合 $C = \{\vec{x}\}$ 的连续映射：$\boldsymbol{\rho} : [0,1] \to C$。其中，车辆的初始姿态向量为 $\vec{x} = (x, y, \theta, \kappa)$。SL 坐标系下道路的分割采样及可能的轨迹如图 9-10 所示，轨迹 1 的终点姿态向量为 $\rho_1(1) = q_{end1}$，轨迹 2 的终点姿态向量为 $\rho_2(1) = q_{end2}$，初始姿态为 $\rho_1(0) = \rho_2(0) = q_{init}$。轨迹优化的目标是在所有可能的路径曲线中，筛选出满足边界条件的路径曲线，再寻找一条/若干条最平滑且 Cost 函数最低的曲线。其中，路径的候选曲线我们用类似在路由寻径模块中介绍的"撒点"的采样方式生成。参考图 9-10 在某条 Lane 的 SL 坐标系下，均匀切分的 S 和 L 方向的方格内，在固定 S 和 L 间隔下，考虑每个 (s_i, l_j) 区域的中心点。一条候选的路径可以看作沿着 Lane 的中心线纵向位移 s 方向连接不同 Path Point 的平滑曲线。在图 9-10 所示的道路 SL 分割和采样下，可能的 Path Point 有 16 个（4 个 s 位置，4 个 l 位置），从车辆的初始位置出发，我们只考虑在 s 方向单调增大的可能，不考虑城市综合道路行驶中的倒车情况，那么总的候选曲线的条数为 $4^4 = 256$ 条。轨迹优化便是要在这 256 条候选的曲线中找出最平滑且 Cost 最优的轨迹。

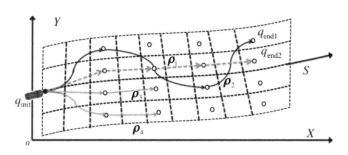

图 9-10　SL 坐标系下道路的分割采样及可能的轨迹

我们采用多项式螺旋线[14]连接轨迹点,从而生成候选的曲线。多项式螺旋线,如图 9-11 所示,代表了一类曲率可以用弧长(对应我们轨迹中的 s 方向)的多项式函数来表示的曲线簇。我们使用三阶(Cubic)或者五阶(Quintic)的多项式螺旋线,其曲率 k 和轨迹弧长 s 的关系 $k(s)$ 为

$$k(s) = k_0 + k_1 s + k_2 s^2 + k_3 s^3$$

或者

$$k(s) = k_0 + k_1 s + k_2 s^2 + k_3 s^3 + k_4 s^4 + k_5 s^5$$

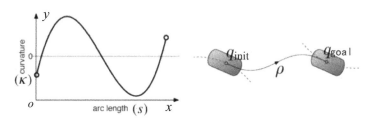

图 9-11　多项式螺旋线及车辆姿态的螺旋线示意图

这里我们使用三阶或者五阶的多项式螺旋线拟合,是遵循常见的已有动作规划方面工作的惯例。曲线的阶数对于其曲线连续性并没有本质的影响,其他阶数(如四阶甚至更高阶)的多项式曲线簇也能作为轨迹点之间的连接曲线。三阶和五阶多项式在满足边界条件约束上有一个重要的区别:三阶多项式螺旋线会导致曲率的二阶导 $d\kappa^2/ds^2$(对应方向盘转速)的不连续;而五阶多项式则可以同时保证 dk/ds 和 dk^2/ds^2 的连续性。三阶和五阶多项式螺旋线在速度较低时,该差别在反馈控制上引入的误差体现并不明显,但在速度较快时该误差不可忽略。

基于这种使用三阶(五阶)多项式螺旋线连接的轨迹,其参数可以快速有效地通过梯

度下降（Gradient Descent）的方法搜索。以三阶多项式为例，我们考虑从车辆初始姿态 $q_{\text{init}} = (x_I, y_I, \theta_I, \kappa_I)$ 到目标姿态 $q_{\text{goal}} = (x_G, y_G, \theta_G, k_G)$，且具有连续曲率的三阶多项式螺旋线：$k(s) = k_0 + k_1 s + k_2 s^2 + k_3 s^3$。在初始状态 $s = 0$ 时，考虑曲率的一阶导数和二阶导数均需要满足初始状态的限制，我们可以得到

$$\kappa_0 = \kappa_I$$
$$\kappa_1 = \mathrm{d}\kappa(0) / \mathrm{d}s$$
$$\kappa_2 = \mathrm{d}^2\kappa(0) / \mathrm{d}s^2$$

这样使得实际未知参数减少到 2 个（κ_3, s_G），利用梯度向量我们可以快速寻找到非常接近初始状态限制的三阶螺旋线的参数。

2. 基于路径点的有向图构建和搜索

在之前描述的车辆道路模型、轨迹点及连接路径点的多项式螺旋线等的设定之下，轨迹规划简化成针对 $|l_{\text{total}} / \Delta l| \times |s_{\text{total}} / \Delta s|$ 个轨迹点连接成的 $|l_{\text{total}} / \Delta l|^{|s_{\text{total}} / \Delta s|}$ 条潜在候选曲线的搜索问题。考虑这些路径点构成的图 $G = (V, E)$。其中，每个路径点都是图中的一个节点，$v \in V, v = (x, y, s, l)$；对于任意两个节点 $v, u \in V$，当其对应的 s 坐标满足 $s_v < s_u$ 时，$e(v, u) \in E$ 代表从 x 到 y 的三阶/五阶多项式螺旋曲线。最优的曲线搜索问题转化为在上述有向带权图上的"最短路径"搜索问题。需要注意，较为特殊的是，这里的最短路径不仅包含沿着路径的累积 Cost，还包括当路径确定后这条路径的整体 Cost。考虑由路径点 $n_0, n_1, \cdots, n_k$ 连接成的曲线 τ，其中初始路径点为 n_0，路径终点为 n_k，那么该路径的 Cost 可以写成

$$\Omega(\tau) = c(\tau) + \Phi(\tau)$$

其中，$c(\tau)$ 代表沿该曲线行驶累积的 Cost，$\Phi(\tau)$ 代表这条曲线在此终点终结而引入的 Cost。如果将 $\Phi(\tau)$ 函数写成按照路径点的增量形式，那么：

$$\Omega(\tau(n_0, n_1, \cdots, n_k)) = g(n_k) + \Phi_C(\tau(n_{k-1}, n_k))$$

其中，函数 $g(n)$ 表示"到达"节点 n 的最小 Cost，该 Cost 包含沿途路径螺旋线的 Cost 累积，但并不包括以 n 为终点引起的整体路径曲线的 Cost 增长。那么，考虑以 n_{k-1} 为倒数第二个节点的所有路径中，最小 Cost 路径曲线的最后一个轨迹点 n_k 的选取。该节点 n_k 需要满足：

（1）存在节点 n_{k-1} 到节点 n_k 的有向边 $e(n_{k-1}, n_k)$，也记为 $\tau(n_{k-1}, n_k)$。

（2）所有节点 n_{k-1} 能够到达的节点集合 $\{\tilde{n}_k\}$（即存在有向边 $e(n_{k-1}, \tilde{n}_k)$）中，以 n_k 结束的路径曲线的总 Cost 最小：

$$n_k \leftarrow \arg\min_{\tilde{n}_k} g(n_{k-1}) + c(\tau(n_{k-1}, \tilde{n}_k)) + \Phi_c(\tau(n_{k-1}, \tilde{n}_k)),$$

这样，我们可以更新 $g(n_{k-1})$ 为 $g(n_k) \leftarrow g(n_{k-1}) + c(e(n_{k-1}, n_k))$。

基于动态编程的轨迹点最小 Cost 轨迹算法如图 9-12 所示，我们可以用它计算从车辆的初始位置 n_0 节点起始，经过任意个可能的路径点，且保持在道路 Lane 的 s 方向递增的最小 Cost 的路径曲线。从图 9-12 可以看出，最小 Cost 路径所经过的路径点之间的连接是可以在进行图的遍历搜索的同时构建的。算法中 $g(n)$ 代表了到达节点 n 的 Cost，而 $\phi(n)$ 代表了整个路径的 Cost，其中包括到达 n 的 Cost 及以 n 为路径终点带来的附加 Cost。图 9-12 中第 13 行代码中的 $g(n)$ 是选择从当前节点展开到后续节点所增加 Cost 的依据；而当选择从哪一个前驱节点到达当前节点时，则考虑用 $\phi(n)$ 作为评价标准（图 9-12 第 11 行）。当整个 $g(n)$ 和 $\phi(n)$ 都计算完毕后，很容易通过我们的前驱节点映射 prev_node 倒推出整个最小 Cost 的轨迹点序列。我们只需要增加一个虚拟的节点 n_f，且对 n_f 构建连接 n_f 的虚拟边。这样我们的任务便成为寻找一条连接 n_0 至 n_f 的路径点构成的最小 Cost 路径曲线。根据图 9-12 所示的算法，$g(n)$ 已经计算完毕，最后一个实际的路径点可以从 $n_{\text{last}} = \arg\min_n g(n) + \Phi(n)$ 中找出。

```
1  function Search_DP(TrajectoryPointMatrix(V, E), {s}, {l})
2    Initialize map g : ∀n ∈ V, g(n) ← inf
3    Initialize map prev_node : ∀n ∈ V, g(n) ← null
4    for each sampled s_i ∈ {s} :
5        ∀n ∈ V s.t. s(n) = s_i : φ(n) ← inf
6        for each lateral direction Trajectory Point n = [s_i, l_j] :
7            if g(n) ≠ inf :
8                Form the vehicle pose vector x̂_n = [x(n), y(n), θ(n), κ(n)]
9                for each outgoing edge ẽ = (n, n')
10                   Form the polynominal spiral τ(ẽ(n, n'))
11                   if g(n) + Φ_c(n) < φ(n') :
12                       φ(n') ← g(n) + Φ_c(n)
13                       g(n') ← g(n) + c(τ)
14                       prev_node(n') ← n
15                   end if
16               end for
17           end if
18       end for
19   end for
```

图 9-12　基于动态编程的轨迹点最小 Cost 轨迹算法

我们简单介绍具体的路径曲线的 Cost 函数设计。考虑路径 $\text{Cost}(\Omega(\tau) = c(\tau) + \Phi(\tau))$，其中 $c(\tau)$ 部分的 Cost 代表连接曲线路径点的部分代价。设计基于路径的 Cost 函数时可以考虑如下因素。

（1）道路层面：规划的路径曲线应当尽可能和道路的中心线切合。例如，当行为决策的输出是直行时，路径曲线的 Cost 会随着规划路径曲线偏离道路中心线的横向位移 l 的加大而加大。

（2）障碍物层面：规划的路径曲线需要避让静态障碍物。例如，图 9-10 所示的 SL 坐标系下，我们将道路分割成若干离散的块状网格。每一个候选的可能轨迹，都会穿过一系列分割后的网格。该条轨迹在障碍物层面的 Cost 将由其穿过的这些网格及其附近网格的障碍物 Cost 累加而成；我们需要将静态障碍物所占领的网格及其附近的网格的 Cost 调整到非常高。

（3）控制和舒适度层面：这个层面的 Cost 和操控的限制及乘客的舒适性紧密相关。规划的曲线应该尽量避免曲率（包括曲率导数）变化较大，保障乘客的舒适性。

再考虑整体曲线 Cost 的 $\Phi(\tau)$ 部分，由于我们将速度规划的部分作为一个单独的问题来解决，$\Phi(\tau)$ 的 Cost 函数可以仅考虑轨迹曲线的纵向位移 s 部分。

$$\Phi(\tau) = -\alpha s_f(\tau) + h_d(s_f(\tau)),$$
$$h_d(s) = \begin{cases} -\beta & \text{如果 } s \geqslant s_{\text{threshold}} \\ 0 & \text{否则} \end{cases}$$

其中第一项是线性 Cost，代表了整体路径曲线偏向于纵向位移 s 较长的路径［Cost 项为负，代表对 Cost 进行打折（discount）减小］，第二项是一个非线性 Cost，只有当整体的纵向位移 s 超过一定门限时才会触发。

9.4.2 速度规划

当路径规划给定了一条或者若干条选出的路径曲线后，动作规划模块需要解决的后续问题是在此路径的基础上加入速度相关的信息。这一问题我们称为速度规划。速度规划的目标是在给定的路径曲线上，在满足反馈控制的操作限制及符合行为决策的输出结果这两个前提下，将轨迹点赋予速度及加速度信息。我们已经在 9.4.1 节的轨迹规划中考虑了静态障碍物的规避部分，速度规划主要考虑的是对于动态障碍物的规避。本节，我们引入

S-T 图这一概念，并且把无人车速度规划问题归纳成 S-T 图上的搜索问题进行求解。顾名思义，S-T 图是一个关于时间和给定轨迹纵向位移的二维关系图。任何一个 S-T 图都是基于一条已经给定的**路径曲线**的。根据无人车预测模块对动态障碍物的轨迹预测，每个动态障碍物都会在这条给定的路径上有所投影，从而产生对于一定 S-T 区域的覆盖。这里我们结合一个例子阐述基于 S-T 图的速度优化算法。

如图 9-13 所示，考虑一条路径规划选取的换道轨迹。此时，在需要换至的目标车道中有 a 和 b 两辆障碍车。简单而不失一般性，假设预测模块对这两辆车的预测轨迹都是沿着当前的左侧车道匀速直线行驶，那么 a 和 b 在这条选定的轨迹上的投影如图中的两块阴影区域所示。在某一个固定时刻，a 和 b 在路径上的投影都是平行于 s 轴的线段。随着 t 的延伸，障碍物 a 和 b 在轨迹曲线上的投影为阴影四边形并不断延伸。我们将 S-T 图类似于路径规划的地图，也将其切割成小网格（Lattice Grid），并对每个网格赋予 Cost，那么速度规划问题也可以归纳成在这个网格图上的最小 Cost 路径搜索问题。主车在 $t=0$ 时刻在 $s=0$ 位置，主车需要最终到达 $s=s\_end$ 位置且经过网格的累计 Cost 最低。

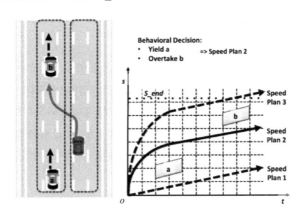

图 9-13　基于 S-T 图的速度规划搜索图

基于 S-T 图的速度规划搜索图如图 9-13 所示，我们比较其中的三种速度规划方案：第一种方案（Speed Plan 1），在任意 t 时刻，主车在路径上的 s 方向一直落后于 a 和 b，注意主车还有一个等于 Speed Plan 1 对应直线斜率的速度，最终可以到达 $s=s\_end$ 位置（图中的路径没有画出），在实际行驶中，这个方案对应于让 a 和 b 都先通过主车换道需要经过的轨迹部分，再进行换道；第二种方案（Speed Plan 2），从某一时刻开始，主车在轨迹上的 s 位移便一直领先于车辆 a，但一直落后于车辆 b，在实际行驶中对应先加速，在 a 进入选定的换道轨迹前进入换道轨迹，但等待位置较为靠前的 b 先进入轨迹；第三种方案

（Speed Plan 3）对应加速超过 a 和 b，在它们之前进入选定的换道轨迹，超过 a 和 b 后保持匀速行驶。此时，假设上游的行为决策模块的输出是针对障碍车辆 a 进行让先（Yield），对障碍车辆 b 进行抢先（Overtake），那么速度规划算法应当结合 Cost 选出第二种方案。

结合上游行为决策输出的信息，动作规划模块的速度规划可以灵活设置障碍物体周边的 Cost，达到调整速度方案的目的。例如，当上游决定对物体 a 进行抢先决策时，在 S-T 图上物体 a 的运动轨迹上方的网格的 Cost 就可以调成偏小；假设需要对一个动态障碍物体让先，那么可以将该物体下方的网格的 Cost 调小。同时，为了避免任何潜在的碰撞（Collision），所有动态障碍物体的轨迹经过的网格的 Cost 都需要调大。除此之外，还需要考虑给定速度方案在加速度等控制方向的 Cost。例如，S-T 图上过"陡峭"的曲线代表加速度大甚至不连续，这样很有可能导致反馈控制模块无法实际执行。所以，每条曲线所代表的速度方案均有一个整体的 Cost。实际上，如何根据上游输出和下游限制调整 Cost，是速度规划中 S-T 图算法的关键设置。在设置好 Cost 的基础上，最小 Cost 轨迹的产生可以用类似 A*或者 Dijkstra 等简单的搜索算法实现，本节不再赘述。在得到了最小 Cost 的 S-T 路径后，可以简单算出任何一个轨迹位置的速度（对应 S-T 图任意点斜率）和加速度（斜率的导数），从而完成速度规划的计算。

至此，结合 9.4.1 节和 9.4.2 节中的内容，我们已经能够将无人车在基于周边环境和行驶目的地下做出的行为层面决策，通过一系列模块的计算转化成具体的带有位置、速度信息的时空轨迹点。为了下游控制模块计算方便，我们将这一系列带有位置、速度、加速度等信息的时空轨迹点，处理成均匀时间间隔（例如 0.1 秒）。这些带有速度、加速度、角加速度的时空轨迹点将被发给下游的反馈控制模块，进行无人车控制规划流程中的最后实际车辆执行的步骤。

9.5 反馈控制

单独从车辆的姿态控制的角度看，无人车反馈控制部分和普通的车辆反馈控制并无本质不同。二者都是基于一定的预设轨迹，考虑当前车辆姿态和此预设轨迹的误差并进行不断的跟踪反馈控制。参考资料[13]中列出了很多关于无人车反馈控制的工作，参考资料[10][13][15]中提到的工作和传统的车辆反馈控制的不同之处在于，在传统的反馈控制中加入了基于无人车对障碍物的避让和路径的优化选择。在本书提出的整个无人车规划控制的体系架构下，我们的无人车反馈控制部分可以很大程度上借鉴传统的车辆姿态反馈控制的工作。由于这部分工作较为传统和成熟,本节不将其作为重点来介绍。我们向读者介绍最重要和基本的两个概念:基于车辆的自行车模型,以及 PID 反馈控制[16][17]。关于其他车辆姿态反馈控制的工作,读者可以参考其他资料。

9.5.1 自行车模型

为了更清楚地描述动作规划中的轨迹生成算法,我们对车辆的模型做了简单的介绍。这里我们更加详细地介绍一种无人车反馈控制中常用的车辆控制模型:自行车模型。自行车模型所代表的车辆姿态处于一个二维的平面坐标系内。车辆的姿态(pose)可以由车辆所处的位移(position)及车身和坐标平面的夹角(heading)完全描述。在该模型下,我们认为车辆前后轮由一个刚性(rigid)不变的轴连接,其中车辆的前轮可以在一定的角度范围内自由转动,而车辆的后轮保持和车身的平行关系,不能转动。前轮的转动对应实际车辆控制中方向盘的转动。这种自行车模型的一个重要特征是:车辆无法在不做出向前移动的情况下进行横向位移。这种特征又称作非完整性约束(nonholonomic constraint)。在车辆模型中,这种约束根据坐标系的选择不同,往往以不同形式的车辆动作姿态微分方程呈现。读者需要注意的是,为了使模型的计算简单,我们忽略车辆的惯性及轮胎接触地面点的打滑。在速度较低的情况下,惯性效应带来的误差较小可以忽略;但是在高速运动时,惯性效应对反馈控制的影响往往是不能忽略的。高速状态下考虑惯性的车辆动力学模型更复杂,不在本书讨论的范围之内。

车辆的自行车模型所代表的车辆姿态如图 9-14 所示。这里使用一个基于 x-y 的二维平面,其中 $\hat{e}_x$ 和 $\hat{e}_y$ 分别代表其 x 和 y 方向的单元向量。向量 $\boldsymbol{p}_r$ 和向量 $\boldsymbol{p}_f$ 分别代表车辆后轮和前轮与地面的接触点。车辆的朝向角 θ 代表车辆和 x 轴的夹角(即向量 $\boldsymbol{p}_r$ 和单元向量 $\hat{e}_x$ 的夹角)。方向盘转角 δ 定义为前轮朝向和车辆朝向角的夹角。其中前后轮与地面接触点的向量 $\boldsymbol{p}_f$ 和 $\boldsymbol{p}_r$ 之间满足:

$$(\dot{\boldsymbol{p}}_r \cdot \hat{e}_y)\cos(\theta) - (\dot{\boldsymbol{p}}_r \cdot \hat{e}_x) = 0$$
$$(\dot{\boldsymbol{p}}_f \cdot \hat{e}_y)\cos(\theta+\delta) - (\dot{\boldsymbol{p}}_f \cdot \hat{e}_x)\sin(\theta+\delta) = 0$$

其中 $\dot{\boldsymbol{p}}_f$ 和 $\dot{\boldsymbol{p}}_r$ 分别代表车辆前后轮在和地面接触点处的瞬时速度向量。考虑车辆的后轮速度在 x-y 轴的投影标量 $x_r := \boldsymbol{p}_r \cdot \hat{e}_x$ 和 $x_y := \boldsymbol{p}_r \cdot \hat{e}_y$,以及后轮的切向速度 $v_r := \dot{\boldsymbol{p}}_r \cdot (\boldsymbol{p}_f - \boldsymbol{p}_r) / \|\boldsymbol{p}_f - \boldsymbol{p}_r\|$,那么上述的向量 $\boldsymbol{p}_f$ 和 $\boldsymbol{p}_r$ 之间的关系限制在后轮相关分量上的表现形式为

$$\dot{x}_r = v_r \cos(\theta)$$
$$\dot{y}_r = v_r \sin(\theta)$$
$$\theta = v_r \tan(\delta)/l$$

其中 l 代表车辆前后轴中心间距。类似地，车辆前轮相关分量的表现形式为

$$\dot{x}_f = v_r \cos(\theta + \delta)$$
$$\dot{y}_f = v_r \sin(\theta + \delta)$$
$$\theta = v_f \sin(\delta)/l$$

这里前后轮的切向速度标量大小满足：$v_r = v_f \cos(\delta)$。

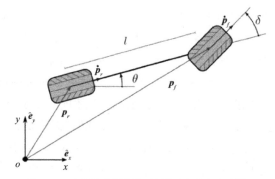

图 9-14 车辆的自行车模型所代表的车辆姿态[4]

在上述车辆模型下，反馈控制需要解决的问题之一便是找到满足车辆动态姿态限制的方向盘转角 $\delta \in [\delta_{\min}, \delta_{\max}]$ 及前向速度 $v_r \in [\delta_{\min}, \delta_{\max}]$。值得一提的是，为了简化计算，往往直接考虑朝向角的变化率 ω 而非实际的方向盘转角 δ。这样便有 $\tan(\delta)/l = \omega/v_r = \kappa$，问题简化为寻找满足条件的朝向角变化率，而这样的近似常常被称为独轮车模型（Unicycle Model），其特点是前进速度 v_r 被简化为只与朝向角度变化率和轴长相关。

9.5.2 PID 反馈控制

一个典型的 PID 反馈控制系统的结果如图 9-15 所示。其中 $e(t)$ 代表当前的跟踪误差，而这个跟踪的变量误差可以是轨迹的纵向/横向误差、角度/曲率误差或者是若干车辆姿态状态变量的综合误差。其中 P 控制器代表对当前误差的反馈，其增益由 K_P 控制；I 和 D 控制器分别代表积分项和微分项，其增益分别由 K_I 和 K_D 控制。

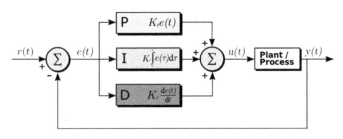

图 9-15 基于 PID 的反馈控制系统[15]

具体到无人车的反馈控制模块,我们需要解决的问题是控制车辆尽可能遵循上游动作规划所输出的时空轨迹。这里我们借鉴参考资料[12]中的思路,使用两个基于 PID 反馈控制的控制器分别控制方向盘转角 δ 及前进速度 v_s。在 n 采样时刻,控制方向盘转角的 PID 控制器如下:

$$\delta_n = K_1\theta_e + K_2 l_e / V_s + K_3 \dot{l}_e + K_4 \sum_{i=1}^{n} l_e \Delta t$$

其中 θ_e 代表当前车辆朝向和动作规划输出的基准轨迹点(Reference Point)之间的跟踪角度误差,l_e 代表在横向位置相对于基准轨迹点的误差,V_s 代表车辆在纵向的速度。车辆纵向的 PID 控制器主要考虑车辆的轨迹曲率 k_{Vehicle} 和动作规划输出的基准点曲率 $k_{\text{Reference}}$。根据曲率,我们可以设计一个跟踪速度误差的函数 $f(k_{\text{Vehicle}}, k_{\text{Reference}})$,则在纵向的目标速度变为 $V_{\text{desired}} = V_s - f(k_{\text{Vehicle}}, k_{\text{Reference}})$。根据此目标速度和当前车辆姿态的前进速度 V_s,前进速度的 PID 控制器可以写成

$$V_e = V_{\text{desired}} - V_s$$
$$U_V = K_P V_e + K_I \sum V_e \Delta t + K_D \Delta V_e / \Delta t$$

其中 K_P、K_I 和 K_D 分别代表当前比例项、积分项和微分项的增益,U_V 代表该采样周期输出的油门控制反馈。

以上两种对于方向盘和油门分别设计的 PID 控制器可以认为是最基本的无人车反馈控制的实现单元。为了使行驶过程更加平滑顺畅舒适,往往在曲率误差较大时,设计更复杂的反馈控制系统对车辆进行控制。对车辆按照预设轨迹的精确控制并不是无人驾驶的特有问题,且已经有很多可行的解决方案,感兴趣的读者可以参考参考资料[12][16]。

9.6 小结

笔者认为整个无人车广义规划控制范畴下的路由寻径、行为决策、动作规划及反馈控制等几大模块，在当前的学术界和工业界都有一些较成熟的解决方案可以借鉴。这些解决方案有些有着牢固的理论基础和数学推导，有些在实际的无人车相关工程实践中有着出色的表现。事实上，单独看控制规划每个层面需要解决的问题都不是非常困难的。如何将整个无人车规划控制的问题有效清晰地划分到不同的模块，并且将各个上下游模块的解决方案配合起来达到整体的协调效果，才是无人车广义规划控制的难点和挑战所在。从这个角度讲，本书并不着力于以调研的形式介绍所有模块层面的现存解决方案，而是着眼于提供一套有效划分无人车控制规划这一复杂问题到不同层面子问题的方法。我们试图向读者展示，如何有效地将无人车控制规划这样一个复杂问题自上而下地进行分割，并且明确每个层面需要解决的具体问题的范围和限制。在此基础上，我们再详细介绍每个模块的一种或几种可行的解决算法。我们希望通过展示这样的"分而治之"的控制规划解决思路，增加读者对整个无人驾驶控制规划系统运作的了解。

9.7 参考资料

[1] D. Osipychev, D. Tran, W. Sheng, et al. Proactive MDP-based Collision Avoidance Algorithm for Autonomous Cars. IEEE International Conference on Cyber Technology in Automation, Control and Intelligent Systems (CYBER), 2015.

[2] S. Brechtel, R. Dillmann. Probabilistic MDP-Behavior Planning for Cars. IEEE Conference on Intelligent Transportation Systems. October 2011.

[3] S. Ulbrich, M. Maurer. Probabilistic Online POMDP Decision Making for Lane Changes in Fully Automated Driving. 16th International Conference on Intelligent Transportation Systems (ITSC), 2013.

[4] B. Paden, M. Cap, S.Z. Yong, et al. A Survey of Motion Planning and Control Techniques for Self-Driving Urban Vehicles. IEEE Transactions on Intelligent Vehicles, vol. 1, no. 1, pp. 33-55, 2016.

[5] Buehler, Martin, Iagnemma, et al. The DARPA Urban Challenge: Autonomous

Vehicles in City Traffic, 2009.

[6] M. Montemerlo, J. Becker, S. Bhat,et al. Junior: The Stanford Entry in the Urban Challenge. Journal of Field Robotics: Special Issue on the 2007 DARPA Urban Challenge. Volume 25, Issue 9, pp. Pages 569-597,2008.

[7] https://en.wikipedia.org/wiki/PID_controller.

[8] Dijkstra's Algorithm.

[9] A* Algorithm.

[10] T.Gu, J. Snider, J.M. Dolan, et al. Focused Trajectory Planning for Autonomous On-Road Driving.IEEE Intelligent Vehicles Symposium (IV), 2013.

[11] C. Urmson, J. Anhalt, D. Bagnell, et al. Autonomous Driving in Urban Environments: Boss and the Urban Challenge. Journal of Field Robotics: Special Issue on the 2007 DARPA Urban Challenge. Volume 25, Issue 9,pp. 425-466,2008.

[12] Matthew Mcnaughton. Parallel Algorithms for Real-time Motion Planning. Doctoral Dissertation. Robotics Institute, Carnegie Mellon University, 2011.

[13] M.A. Zakaria, H. Zamzuri, S.A. Mazlan.Dynamic Curvature Steering Control for Autonomous Vehicle: Performance Analysis. IOP Conference series: Materials Science and Engineering 114(2016) 012149.

[14] Polynomial Spiral. http://web.calstatela.edu/curvebank/waldman4/waldman4.htm.

[15] J. Connors and G.H. Elkaim.Trajectory Generation and Control Methodology for an Ground Autonomous Vehicle. AIAA Guidance, Navigation and Control Conference.

[16] Christos Katrakazas, Mohammed Quddus, Wen-Hua Chen, et al. Real-time motion planning methods for autonomous on-road driving: State-of-the-art and future research directions. Elsevier Transporation Research Park C: Emerging Technologies. Volume 60, November 2015, Pages 416-442.

[17] 陈成，何玉庆，卜春光，等. 基于四阶贝塞尔曲线的无人车可行轨迹规划. 自动化学报，2015, 41(3): 486-496.

10 无人驾驶的决策、规划和控制（2）

10.1 其他动作规划算法

在第 9 章中，我们详细介绍了经典无人驾驶系统中的广义行为决策和动作规划模块。在这种经典设计中，行为决策和动作规划作为两个模块分开进行了工程实现。行为决策的结果传输给动作规划作为输入的数据。随着自动驾驶技术的发展和工程实践经验的增多，我们发现在实际的系统中，动作规划并不能完全遵照所有行为决策的结果执行，在这种情况下，如果一味强求动作规划模块去遵守行为决策的结果，会产生我们并不愿意看到的规划失败（Planning Failure）的场景。随着无人驾驶技术的发展和实践，行为决策和动作规划两个模块之间的界限渐渐模糊，并且出现了一些弱化决策，将行为决策隐含于动作规划的设计之中。本章，我们介绍一种业界广为使用的规划器，即栅格规划器（Lattice Planner）[1][2]。作为先路径规划再速度规划的分层规划器的补充，栅格规划器使用了同时进行路径和速度规划，再联合过滤和排序的做法。栅格规划器具有易于并行化计算，且求解空间远远大于分层迭代的规划器的优势，因此近些年在结构化道路的动作规划中，它也被越来越广泛地采用。栅格规划器本质上是基于一种对不同空间的终点姿态的搜索。随着对这类规划器的工程实践和应用的加深[3],行为决策被渐渐弱化而隐含到了对于终点姿态的撒点抽样（Sampling）中。在这个意义上,我们介绍的栅格规划器,实现了将行为决策作为一种策略上的倾向（Preference）而非强硬的限制（Constraints）传递给了动作规划。这种做法有效地提高了规划的成功率,也解决了规划和决策之间的不一致问题。

除了在结构化道路中的动作规划,自由空间（Free Space）的动作规划问题,在诸如室内机器人及低速物流或者园区车的应用场景中,也变得越来越重要。自由空间场景中的动作规划问题,与结构化道路（Structured Roads）中的动作规划问题有着显著的不同。在结构化道路的场景中,最明显的特征是具有"道路"这样一个结构化的概念,并由此派生出道路坐标系（即(s, l)坐标系）的概念。在道路坐标系下,可以很方便地表达很多交规和道路驾驶行为层面的语义;而在自由空间的场景中,动作规划的目标往往是从某一个起始的姿态,到达较远距离的另一个姿态;在这种问题设置下,我们并没有预先设置的结构化的"道路"的概念,也因此无须考虑过多交规层面的约束。除了没有预设道路这一区别,自由空间的动作规划和结构化道路的行驶还有一个重要不同：自由空间的行驶中,前进和倒退往往可以交替进行。例如,在室内环境中的机器人动作规划往往需要灵活地进行前进和倒车的切换,来达到脱困或者躲避障碍物的目的;而在结构化道路的场景中,随着行车速度的增加,动作规划往往只考虑车辆前进行驶的问题,而禁止车辆进行倒退。本章,我们介绍一种 ROS 开源框架下常用的动作规划器,称为"计时皮筋"（Timed Elastic Band）规划器[4~7],下文简称其为 TEB 规划器。TEB 规划器具有灵活且易于实现的特点,并且可以灵活规划出前进或者倒退的行进轨迹,是一种非常适用在低速园区这种自由空间场景下的规划器。

在笔者看来,规划算法本身不存在优劣,且大部分都可以归为两种流派：一种在时间和空间的维度或者其子维度内,将规划问题转化为一定的优化问题,并辅助以某些约束。其典型代表为第 9 章介绍的分层规划器、近年来开源代码中的多次迭代分层优化器[3],以及 TEB 规划器等[4][5];另一种在时间和空间的维度或其子维度内,根据一定的启发（heuristic）进行抽样,在丰富的抽样结果中,设计特定的排序目标,并辅助以某些过滤的条件（对应某些强约束）,以一种分层过滤和排序的方式选取最终的最优解,其典型代表为本章中的栅格规划器。

在介绍广义无人驾驶决策规划控制的最后一章中,笔者希望通过引入和介绍这些基于不同理念、适用于不同场景的动作规划器,将读者带入一个丰富多彩的动作规划解决方案的领域。笔者并不致力于让本章内容覆盖全部的动作规划算法,而是希望通过介绍一些有代表性的动作规划算法，使读者充分领会在不同场景和假设下，动作规划需要解决的本质问题。

10.2 栅格规划器

1. 起源和设计思路

栅格规划器最初来源于美国 DARPA 竞赛中的斯坦福大学的参赛方案，并在 2010 年的 ICRA 会议上发表。在第 9 章中，我们介绍的决策规划算法是一种分层进行优化的算法，即首先进行行为层面的决策计算，再优化动作路径，最后填充优化动作的速度（Speed）。与之形成鲜明对比的是，作为一种联合在路径(s,l)和速度(s,t)维度进行规划的特殊规划器，栅格规划器具有易于并行化且搜索优化空间更全面的特点。其核心思想是同时在道路坐标系（即(s,l)坐标系），以及(s,t)的维度上对终点姿态进行抽样，获取大量在(s,l,t)子空间的抽样曲线，然后通过一系列排序和过滤合并成最优解。例如在纵向，即(s,t)方向，我们可以在不同的时间 t 位置，抽样终点姿态点的零阶位置量 s，或者抽样终点姿态的一阶量$\dot{s}$（对应纵向速度）。这些大量抽样的终点姿态，都会和无人车主车当前在该子空间的投影姿态连接成平滑的子空间轨迹。如图 10-1 所示，往往最简单的终点姿态抽样就是按照一定的栅格点进行均匀抽样，这也就是栅格规划器的名称由来。

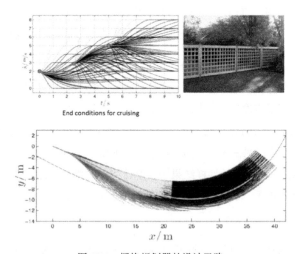

图 10-1 栅格规划器的设计思路

栅格规划器，和其他类似于 Apollo 中的 EM 规划器的规划器一样，都需要在(s,l,t)的三维空间中，寻找到一条满足各种约束条件的最优轨迹。这些约束和优化目标往往包括：

（1）满足运动学约束（Kinematics Constraints）：规划的轨迹结果要满足车辆的运动学限制。

（2）遵守交规（Traffic Rules）：需要遵守交通规则，例如路口的减速、红灯时的停止，以及道路限速等。

（3）安全性（Safety）：需要避免和静态及动态障碍物的碰撞。

（4）稳定性（Stability）：从短期来看，需要尽量使得每一帧的规划结果，和前一帧相比变化不宜过大，除非有紧急的安全需要；从稍长期的时间维度看，车辆规划在行为层面的结果，也应当保持稳定。例如，规划结果是换道时，如果侧方平行车道的路况允许换道，那么车辆的规划应该与规划结果保持一致地换道过去，而不是在中途又出现重新规划回原来车道的结果。

值得注意的是，以上 4 种约束或者规划目标中：第 1、3 条都应当在 (x, y) 空间内进行计算和检验；而第 2 条往往在 (s, l) 空间内实现；这是由于 (s, l) 空间是一个具有丰富语义信息的非线性的坐标空间。在 (s, l) 坐标系下，可以方便地表达出周边车辆和物体相对于主车的前后左右关系。由于 (s, l) 坐标系具有非线性，在计算距离和速度时，往往有一定的误差。所以我们在精确考虑运动学约束及与障碍物间距离的时候，往往在绝对的 (x, y) 空间进行计算以避免误差。在考虑第 4 条的稳定性约束或目标的时候，我们仍然可以基于 (s, l) 坐标系进行计算。

2. 道路坐标系 (s, l)

无论是第 9 章描述的分层优化的规划器，还是本章重点介绍的栅格规划器，在规划轨迹的形状即路径时，往往都选择在道路坐标系空间内进行计算求解。这是因为面向乘用车的无人驾驶往往依据于一个很强的"结构化道路"的假设，即我们所使用的动作规划算法都是在结构化道路的 (s, l, t) 空间内进行动作的优化的。在这种假设下，我们规划的依据都是一条指引线。指引线代表了车辆行驶的默认路径，一条指引线可以是某条道路，也可以是由若干条道路的中心线连接而成的。指引线对应的坐标系即称为 (s, l) 坐标系，也称为道路坐标系（如图 10-2 所示）。其中 s 方向代表了指引线的延展方向，l 方向（在很多文献中也称为 d 方向）代表了和指引线垂直的方向。显而易见，道路坐标系 (s, l)，是一个非线性的坐标系。在这个坐标系下，基于道路指引线的"语义信息"可以被表达出来。例如，在

xy空间中,"前车"和"左侧的车"很难被简易统一地描述出来。在(s, l)坐标系中,"前车"可以是其s位置比无人车当前所在s位置大,且l位置接近无人车当前l位置的车辆;同样地,"左侧的车"可以是其l位置比无人车当前所在l位置大,且s位置接近无人车当前s位置的车辆。

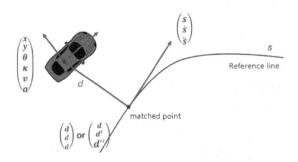

图 10-2 基于指引线的道路坐标系

(s, l)和(x, y)坐标之间的转换并不复杂,具体推导和实现可以参考参考资料[1]和[2],较为复杂的是非零阶量,例如速度v可以由如下公式计算得出[1]:

$$v = \dot{s}\frac{1-k_r l}{\cos \Delta\theta}$$

其中,在指引线代表的道路坐标系(s, l)下的纵向速度为$\dot{s}$;$\Delta\theta = \theta - \theta_r$,其中零阶量$\theta$代表无人车主车在$(x, y)$空间的朝向;$\theta_r$代表将无人车投影到指引线上的位置,其对应投影点的朝向,由下标r方向代表;类似地,k_r代表无人车在指引线投影点的曲率,l则代表在(s, l)坐标系下的横向位移;同样地,(x, y)空间的二阶量加速度a可以写成

$$a = \dot{v} = \ddot{s}\frac{1-k_r l}{\cos \Delta\theta} + \dot{s}\frac{\mathrm{d}}{\mathrm{d}s}\frac{1-k_r l}{\cos \Delta\theta}\dot{s} = \ddot{s}\frac{1-k_r l}{\cos \Delta\theta} + \frac{\dot{s}^2((1-k_r l)\tan\Delta\theta\Delta\theta' - (k_r' l + k_r l'))}{\cos \Delta\theta}$$

虽然参考资料[1]中给出了详细的理论推导,但是在实际的工程实现和计算时,往往可以针对低速或者高速做一些简化和特殊处理。另外,值得一提的是,(s, l)和(x, y)坐标系之间的有效相互转换,是建立在对指引线形状的假设之上的。如果指引线的曲率过大或者曲率极为不连续,那么基于指引线的道路坐标系相对于(x, y)几何坐标系的转换关系就会在数值上不稳定,甚至变得没有意义。因此,在运用任何基于道路指引线(s, l)坐标系的规划算法时,都需要考虑指引线的平滑性。在必要的时候,我们可以事先使用离线的平滑算法对指引线进行平滑,一些指引线的平滑算法可以参考参考资料[3]。

10 无人驾驶的决策、规划和控制（2）

3. 栅格规划器子空间轨迹规划

在每一帧里，栅格规划器算法的核心规划步骤如图 10-3 所示。首先，我们需要将当前主车的姿态投影到指引线代表的道路(s,l)坐标系，得到主车在道路坐标系的姿态为$(s_0, \dot{s}_0, \ddot{s}_0)$及$(l_0, \dot{l}_0, \ddot{l}_0)$；然后，我们分别在$(s,l)$及$(s,t)$两个空间内抽样终点姿态；在每个子空间内，我们生成平滑的轨迹并初步过滤；最后，我们合并两个子空间内的候选平滑轨迹，生成二维空间的轨迹，即三维(s,l,t)空间的曲线。

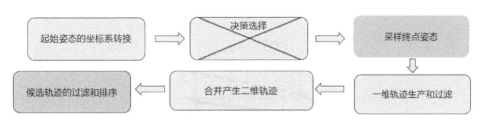

图 10-3 栅格规划器算法的核心规划步骤。注意，其中的决策部分可以被消除，并隐含表达在对终点姿态的抽样策略中

在(s,l)的子空间上，我们希望通过选取一系列不同的s间隔$\{s_k\}$处的终点姿态$\{(l_k, \dot{l}_k, \ddot{l}_k)\}$，建立起$l(s)$的关联轨迹。给定一个终点姿态$(l_k, \dot{l}_k, \ddot{l}_k)$，我们用平滑的五次多项式曲线连接当前无人车主车的起始姿态$(l_0, \dot{l}_0, \ddot{l}_0)$和终点姿态$(l_k, \dot{l}_k, \ddot{l}_k)$。这样对于每一个$(s,l)$抽样的终点姿态，问题都转化为求解五次多项式：$l(s) = as^5 + bs^4 + cs^3 + ds^2 + es + f$，其中边界条件为在$s_0$处，满足$l(s_0) = l_0, \dot{l}(s_0) = \dot{l}_0, \ddot{l}(s_0) = \ddot{l}_0$，而在$s_1$处，满足$l(s_k) = l_k, \dot{l}(s_k) = \dot{l}_k, \ddot{l}(s_k) = \ddot{l}_k$。依据边界条件及抽样的选取值，可以求解出该五次多项式。值得注意的是，由于五次多项式的极点数较多，我们认为$l(s)$只在从s_0到抽样值s_1处遵守该五次多项式。而在$s > s_k$时，我们认为$l(s)$满足沿曲线在s_k处按照瞬时的斜率进行延伸的线性关系。考虑到(s,l)空间代表了车辆行进的实际轨迹的形状，即路径，我们在抽样时一般选择$\dot{l}_k = 0$且$\ddot{l}_k = 0$，即我们一般希望在一段路径的终点处——车辆在横向没有非零的 0 阶量，也就是希望车辆的朝向处于和指引线的纵向延伸一致的方向。

在(s,t)的子空间上，类似于(s,l)子空间，我们尝试通过抽样不同的t间隔$\{t_k\}$处的终点姿态$\{(s_k, \dot{s}_k, \ddot{s}_k)\}$，建立$s(t)$的关联轨迹（如图 10-4 所示）。我们依然可以采用对终点姿态大量抽样的方法获取一系列(s,t)空间上的候选曲线。(s,t)空间上值得注意的有三点：一是在乘用车自动驾驶的情形中，我们尤其不希望车辆在s方向出现倒退，所以任何在一定(t_0, t_k)区间内出现s减小的轨迹都会被过滤，而在(s,l)空间上的候选曲线选取时，我们可以允许l围绕一个固定偏移上下波动；二是有时我们只关心无人车在纵向上能够达到某个速度,并不关心在哪个位置达到该速度,因此我们也可以只对s_k, $\dot{s}_k$抽样并使用四阶(Quartic)的多项式来拟合(s,t)空间的曲线;三是当车辆处于一个初始的纵向位置s及纵向初速度$\dot{s}$时,车辆可能的速度轨迹空间会被自然地限制在图10-4所示的两条虚线曲线之间。其中最上方的虚线曲线代表无人车主车在每个时刻的最大可能的纵向s位置,是以最大油门进行加速,直到速度达到最大值(此时加速度为0)时得到,对应上方的虚线曲线;无人车主车的最小位移则在使用最大的刹车减速到停止时得到,对应位移s不再增加,即下方的虚线曲线。

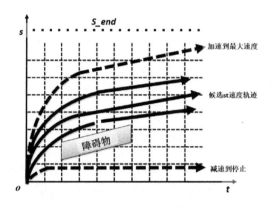

图10-4 (s,t)子空间中对于速度轨迹的抽样

在图10-3中,按照原始的栅格规划器的算法,会先进行一个决策过程,对应可能的三种决策有跟随(Follow)、巡航(Cruise)及停止。这些不同的决策结果,对应了不同的子空间抽样逻辑。随着实际的工程进展,我们发现如果先进行决策,往往会极大地限制子空间的轨迹抽样可能,从而出现规划无法实现决策的规划失败的状况。例如,当决策是巡航时,在速度(s,t)空间的抽样只会围绕在$\dot{s}_k$进行,有可能会丢失一些更合适的速度曲线,甚至出现无法获得满足约束条件的速度曲线的可能。因此,在实际的工程实践中[3],我们索性不进行"强"决策,而是使用"弱"决策,这也是图10-3中决策部分被显示删除的原因。这意味着我们会对各种可能的终点姿态进行大量抽样。当然,使用弱决策并不意味着我们毫无策略地进行终点姿态抽样。抽样逻辑仍然需要考虑如下几个因素:

(1)交通规则:在(s,l)方向上,我们会按照交规尽量保持在指引线上行驶,即沿路中心行驶,所以在l方向的抽样偏移不应该偏离中心位置过多;在(s,t)方向上,如果在当前s方向出现必须停止的情形,例如红灯、人行道等,我们会根据需要,考虑需要停车或者减速的位置,并结合当前的自身速度,选取合适的终点位置(s位置)作为终点抽样。

（2）障碍物因素：在(s,l)方向上，我们主要考虑路径对于静态障碍物的避让，所以采样点会避让或者围绕静态物体在(s,l)方向上的投影进行；在(s,t)方向上，除了考虑图10-4所示的运动学极限，我们的采样点也会避让和围绕动态物体在(s,t)上的投影区域进行。

按照上述的抽样终点姿态和连接起点终点姿态的方法，在(s,l)和(s,t)两个子空间中，我们可以得到大量的子空间内的候选轨迹。对于每个子空间的轨迹，我们还可以做一些初步的过滤。栅格规划器的最后一步就是考虑结合这两个子空间内的轨迹，产生大量候选的(s,l,t)空间轨迹，并进行过滤和排序。最后排序最高的轨迹，我们通过前文所述的(s,t)到(x,y)空间转换，将其转化为(x,y)空间的实际时空轨迹输出给下游控制模块。

4．栅格规划器轨迹过滤和排序

考虑(φ_i,σ_j)组成的一对(s,l)和(s,t)曲线，其中φ_i代表(s,l)子空间抽样后获取的一条轨迹，而σ_j代表(s,t)子空间抽样后获取的一条轨迹。对所有的(φ_i,σ_j)轨迹对，我们主要进行过滤和排序（Ranking）两项工作。其中过滤一对(s,l)和(s,t)曲线的标准包括：

（1）运动学限制：我们需要保证规划的最终结果在时空上满足车辆的运动学约束。因此，我们可以按照t进行抽样，使用这些抽样点计算诸如曲率、角速度、线速度，以及加速度等指标。如果这项指标超出了预设的车辆运动学限制，则可以过滤当前的轨迹对(φ_i,σ_j)。

（2）安全壁障的限制：和障碍物保证一定的安全距离也是我们需要用来过滤轨迹的标准。这些过滤指标的计算既可以用于过滤，也可以用于排序，我们在下面的排序部分进行详细描述。

可以看到，过滤是去除我们一定不能接受的轨迹对（Trajectory Pair）。为了精确选出这些一定要滤除的轨迹对，我们需要精确计算。因此我们对计算的精度要求较高，上述指标都是在(x,y)空间进行的。过滤后，我们将为每一个(φ_i,σ_j)的曲线对进行打分排序。每个曲线对的打分$\text{Score}(\varphi_i,\sigma_j)$可以表示为$\text{Score}(\varphi_i,\sigma_j) = \text{Score}_{\text{lateral}}(\varphi_i,\sigma_j) + \text{Score}_{\text{safety}}(\varphi_i,\sigma_j) + \text{Score}_{\text{stability}}(\varphi_i,\sigma_j)$。其中，每个得分项的意义为：

（1）$\text{Score}_{\text{lateral}}$代表贴近中心线的程度，即横向偏移的分数：这项得分主要针对(s,l)坐标系进行，考虑的是希望尽量按照道路的中心线进行行驶。我们可以在s方向进行抽样，然后计算出平均l方向的值，将这个数值进行归一化等调制处理后作为横向偏移的分数。

（2）$\text{Score}_{\text{safety}}$代表轨迹和周边障碍物的安全距离：由于前文提及的$(s,l)$和$(x,y)$坐标系之间的转换精度问题，这项得分需要在$(x,y)$空间内进行。具体做法是：按照一定解析度的$t$间隔进行抽样，对于每一个抽样点，计算无人车主车和周边物体预测结果在该时刻的距离。如果出现碰撞，应当直接进行过滤，舍弃这个轨迹对(φ_i, σ_j)。在每一个抽样时刻的距离都大于一定的最小安全距离的前提下，计算平均距离并进行归一化即可。

（3）$Score_{stability}$代表上一帧的相似程度：这项分数指标可以直接在(s,l)及(s,t)空间进行计算，具体方法是：将上一帧的轨迹曲线投影到这一帧的(s,l,t)空间内，对时间t进行抽样，计算在s及l方向的平均距离；值得注意的是，我们也可以不显示计算这项指标分数。取而代之地，我们可以将上一帧的规划轨迹结果，投影到这一帧，并且直接参与这一帧的过滤和排序。

综上所述，在经过子空间的策略性抽样，子空间的曲线拟合，以及合并子空间结果并进行过滤和排序后，栅格规划器便完成了一帧的完整计算。相比于我们在第9章中介绍的分层迭代的规划器，栅格规划器的求解空间更大。这是因为对于在子空间内的轨迹结果，我们并不做出特定的偏好选择，而是全部保留到进行轨迹合并的阶段。而在类似先进行路径规划再进行速度规划的规划器中（例如第9章的分层规划器，以及Apollo中的EM规划器），规划器在子空间内进行优化求解，只保留最优解传递给下一层的子空间优化。因此栅格规划器这种子空间联合求解的方式，会有可能搜寻出更适合的规划结果，且由于其在运动学上做了过滤保障，也更易于下层的控制算法执行。伴随而来的代价则是计算复杂度有所提高。在栅格规划器中，往往最为耗时的计算是最后的两个子空间轨迹的联合过滤和排序。考虑到每个轨迹对的过滤和排序打分都是独立的，我们可以使用并行化计算的方式来解决。

以上便是栅格规划器的基本实现步骤和算法思路。笔者希望再次强调，规划器本身没有优劣之分，只是各有特点，适合不同的场景。事实上，不同的结构化道路规划器，其在子空间的优化求解都是相通的：栅格规划器的(s,l)部分可以看作第9章中分段多项式连接的路径规划算法的退化版；而栅格规划器部分的(s,t)部分的求解，则完全可以参考甚至直接借鉴第9章中使用动态规划进行的速度规划求解。

10.3 自由空间 TEB 规划器

自由空间的动作规划和结构化道路的最大不同有两点。一是自由空间中往往没有"道路"的概念。一般来说，对一个时间帧而言，自由空间规划的任务是从一个起始姿态（一般称为 configuration）到达某一个终点姿态。在这个过程中，所有传感器可见区域的无遮挡无障碍物区域都是可以通过的。由于没有"道路"的概念，自由空间中的动作规划，往往也很少考虑交规层面的约束。二是在自由空间的规划中，往往无人车主车的速度较慢。在进行轨迹规划时，到达时间直接作为一个优化目标进行考虑。

TEB 规划器的思想是将自由空间的轨迹看成一个弹性的"皮筋"。在外界没有任何影响力的状态下，该"皮筋"的形状服从一个事先计算的全局路径规划结果。全局的路径规划结果，以一系列途径点的形式呈现。每个途径点，都会对应于给皮筋施加的一个"吸引力"；类似地，外界的障碍物或者不可行区域，对应将"皮筋"向外拉扯的"外力"。同样，车辆本身的运动学约束，也是皮筋本身的一种"力"，它会使得皮筋的形状变化受到一些限制。在各种互相矛盾的外力作用下，最终优化求解出来的"皮筋"，就代表了 TEB 规划器的轨迹结果。如图 10-5 所示，在地图中有 Obstacle A 和 Obstacle B，它们给"皮筋"施加了斥力；而全局路径规划的途径点 WP1-4 则吸引着"皮筋"靠近甚至经过这些点，最终呈现的结果是如图 10-5 所示的一条扭曲的轨迹。

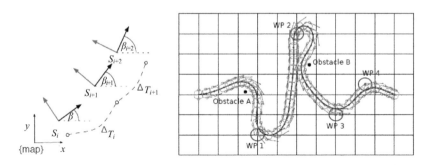

图 10-5　TEB 规划器的 configuration 空间，以及避让障碍物的规划结果[5]

如图 10-5 所示，TEB 自由空间规划器的轨迹点由一系列 configuration 组成，每个 configuration 对应无人车主车的位置 (x_i, y_j) 及朝向 β_i。这些 configuration 序列记为 $Q = \{(x_i, y_i, \beta_i)\}$，其中 $i = 0, ..., n$。从一个 configuration 到达下一个的时间序列记为 $\tau = \{\Delta T_i\}, i = 0, ..., n-1$。我们需要求解的轨迹可以表达为一个时间序列，记为 $B := (Q, \tau)$。TEB 规划器可以规范化描述为一个加权的多目标的优化问题，如下所示：

$$f(B) = \sum_k \gamma_k f_k(B)$$

$$B^* = \mathrm{argmin}_B f(B)$$

其中B^*代表使得加权多目标优化函数（即惩罚函数f）最小的轨迹，$f(B)$代表全局的加权的优化目标结果。

TEB 规划器的最大特点是将约束（constraints）转换为惩罚性的优化目标函数（Objectives）来求解。本质上，TEB 规划器是一个"**纯优化，无约束**"的运动规划器。TEB 规划器将约束转化为优化目标，这样的做法大大简化了求解。将约束转化为优化目标后，我们的优化目标基本有如下几类：

（1）规划的路径长度，运动的总时间：这些优化目标具有一些"全局性"，即每个时刻的 configuration 都对优化目标有影响。

（2）距离障碍物的距离，以及贴近全局规划路径的程度：这些优化目标具有很强的"局部性"，在一个位置(x_i, y_i, β_i)处，只需要考虑距离其最近的一个或者几个障碍物或者途径点即可。

（3）运动学限制转换的优化目标：运动学限制，例如最大速度、加速度，以及最大角速度等，都是可以在数值上利用相邻的两个或者三个 configuration 点进行计算的。所以这部分的优化也具有很强的局部性。

在上述优化目标下，TEB 规划器需要求解的参数矩阵，呈现出一种由于其内在局部性导致的稀疏性。这样的稀疏矩阵，可以由一种叫作"hyper-graph"的图来呈现和代表。在代表 TEB 参数矩阵的 hyper-graph 中，图中的节点对应了我们上文所述的 configuration 序列Q及间隔时间的序列τ，以及一些不会进行变化的固定节点（如图 10-6 左图中的o_1代表的障碍物）；这些节点之间由 hyper-edge 进行连接。每个 hyper-edge 代表某个需要优化的目标的分量。与传统的图（conventional graph）不同，一个 hyper-graph 中的 hyper-edge 可以连接多个节点，代表了多个 TEB 求解参数都会对同一个优化目标分量有所影响。如图 10-6 所示，左图对应$(s_0, s_1, \Delta T_0)$这三个节点对于优化f_{vel}的影响，从s_0到达s_1经历ΔT_0时间，我们可以计算出对应的速度，从而得到这两个 configuration 转换之间产生的对于优化速度分量的贡献值，由f_{vel}表示；类似地，在s_1配置下，o_1代表距离s_1最近的障碍物，这两个状态(s_1, o_1)对于优化物体距离分量的贡献，也可以由 hyper-edge 连接表示。我们将 TEB 规划器的整体优化目标$f(B) = \sum_k \gamma_k f_k(B)$做整体展开，就可以得到图 10-6 右图所示的 hyper-graph。这样，TEB 需要解决的优化问题就转换成在图 10-6 所示的右图的 hyper-graph 上的求解问题，从而可以清晰地转换为 general-(hyper)-graph（简称 g2o）框架下的优化问题。

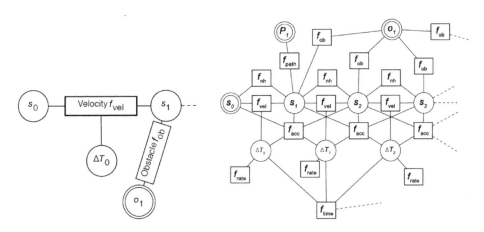

图 10-6 TEB 规划器在 hyper-graph 上的表达：左图代表状态 configuration 的 $(s_0, s_1, \Delta T_0)$ 会对优化目标中的速度分量 f_{vel} 有所影响，而 (s_1, o_1) 会对惩罚性的障碍物优化分量 f_{ob} 产生影响；右图代表一个整体的由 TEB 优化目标 $\sum_k \gamma_k f_k(B)$ 产生的 hyper-graph[5]

在上述优化目标下，TEB 规划器有效地将该优化问题转换为一个基于 hyper-graph 的稀疏矩阵求解问题。这种稀疏矩阵的多目标优化求解，可以有效利用开源的 g2o 框架进行求解计算。g2o 是一个开源的非线性优化工具，可以在数值上高效地进行基于图的非线性优化问题求解。g2o 帮助简化了 TEB 规划器的工程实现，并且加速了迭代效率。利用 g2o 非线性优化的框架，TEB 规划器在 hyper-graph 上的求解过程如图 10-7 所示。首先，我们需要提供一个初始化的轨迹 $B(Q,\tau)$ 开始迭代的过程。这个初始的 $B(Q,\tau)$ 可以是先用匀速直线连接各个途径点的轨迹。在建立好初始轨迹后，我们将轨迹代表的 TEB 规划器在 hyper-graph 上的状态映射成 hyper-graph 上的节点。同时，将这些节点关联到我们的优化目标函数，从而产生代表优化目标分量的 hyper-edge。在 hyper-graph 建立完成后，我们使用 g2o 算法在这个产生的 hyper-graph 上进行优化，经过若干次的迭代，计算出最终的轨迹 $B^*(Q,\tau)$。

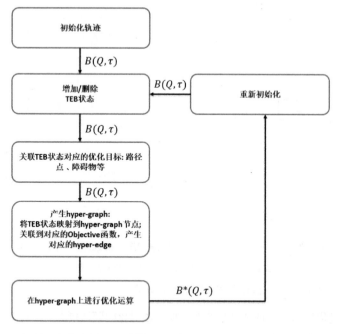

图 10-7　TEB 规划器在 hyper-graph 上的求解过程

下面我们再简单介绍参考资料[5]中的 TEB 规划器算法是如何使用 g2o 框架进行简化计算的。g2o 框架适合用于解决具有如下结构的非线性优化问题：

$$F(x) = \sum_{k=<i,j>\in C} e_k(x_i,x_j,z_{ij})^{\mathrm{T}} \Omega_k e_k(x_i,x_j,z_{ij})$$

$$x^* = \min_x F(x)$$

在 TEB 规划器的语境下，这里的 x_i 代表需要优化的一类参数，即 TEB 中的轨迹 $(s_i, \Delta T_i)$。z_{ij} 代表两类参数之间的优化目标或者限制，而 Ω_k 代表优化限制之间的信息关联矩阵。$e_k(x_i,x_j,z_{ij})$ 项代表了两类参数 x_i,x_j 在优化目标/限制的 z_{ij} 分量上的贡献值。同样，在 TEB 规划器中，F_k 简化成了 $\Omega_k e_k^2$，其中 Ω_k 为 TEB 中各项优化目标/限制的权重 γ_k，而 $e_k = \sqrt{f_k}$。g2o 框架采用对各个 TEB 状态节点进行一定增量（increment）的方法，通过数值计算求解 e_k 所对应的 Jacobian 矩阵及其 Hessian 矩阵。最终的优化解 $x^* = \min_x F(x)$ 由 Levenberg-Marquardt[9] 方法给出：

$$(\boldsymbol{H} + \lambda \boldsymbol{I})x^* = -b$$

其中 $\boldsymbol{H}$ 为 Hessian，矩阵 $\boldsymbol{H} = \sum \boldsymbol{J}_k^T \boldsymbol{\Omega}_k \boldsymbol{J}_k$ 也是通过数值方法计算得到的，由于优化目标的局部性 $\boldsymbol{H}$ 矩阵终点非零项很少，通常只有约 15%。λ 为一个衰减因子，由 g2o 框架自动选取，误差项 $b = \sum \boldsymbol{e}_k^T \boldsymbol{J}_k$。

TEB 规划器的优缺点

利用开源的 g2o 计算框架，将动作规划里的约束和优化问题，统一转换成带有强烈局部性的优化问题来求解，是 TEB 规划器的最大特色。这使得 TEB 规划器通过高效地进行 g2o 数值求解，可以一次性完成诸如路径规划、速度规划、障碍物避让，以及运动学约束等规划任务。因此，TEB 规划器具有高效灵活且易于配置的特点。

然而，这种将实质的强约束转换为优化目标求解的方法，也有着其内在的限制。我们以"惩罚性"的目标函数来实现一些本来的强约束，因此无法保证约束被遵守的程度。从另一个角度来说，我们是无法保障规划出无碰撞（或者满足其他强制约束条件）的轨迹结果的。在一些特殊的情形下，TEB 规划器很可能出现违反我们期望的遵守基本约束的情形，例如出现"穿墙"或者距离障碍物过近的情况。

如果想要彻底解决 TEB 规划器中内在的无法满足强约束的问题，我们需要重新设计一个带有强约束的非线性优化器。带强约束的优化器往往需要对周边的障碍物模型等强碰撞约束做出更强的假设，并且应用一些更复杂的非线性优化模型，本书不对其做详细讨论，读者可以参考参考资料[8]来熟悉这些带强约束的非线性优化器。

10.4 小结

本章，我们试图为读者打开一扇通往更多别具特色的动作规划器的窗口。在结构化的道路上，无论是基于分层先进行路径规划再进行速度规划的方法，还是本章介绍的 Lattice 动作规划方法，本质上都是在 (s, l, t) 的三维时空道路空间中，寻找一条满足运动约束和碰撞安全，并且能够平滑高效到达目的地的运动曲线；在自由空间中，由于没有道路结构的约束，也就没有基于道路坐标系 (s, l) 的概念。我们以开源的 TEB 规划器框架为例，展示了如何将约束和目标转化为多目标优化问题求解的方法。在这一过程中，优化目标局部性的特点，使得我们能够利用已有的 g2o 开源非线性优化框架，高效迭代计算出轨迹。

在介绍广义无人驾驶规划控制的最后一节中，笔者希望表达的是，规划算法本身并不存在孰优孰劣的问题，只有适合自身场景的动作规划算法，才是最优的规划算法。

10.5 参考资料

[1] J. Ziegler ,et al. Making Bertha Drive—An Autonomous Journey on a Historic Route. In IEEE Intelligent Transportation Systems Magazine, vol. 6, no. 2, pp. 8-20, Summer 2014.

[2] M. Werling, J. Ziegler, S. Kammel，et al. Optimal trajectory generation for dynamic street scenarios in a Frenét Frame. 2010 IEEE International Conference on Robotics and Automation, Anchorage, AK, pp. 987-993, 2010.

[3] Apollo Autonomous Driving Platform

[4] C. Rösmann, W. Feiten, T. Wösch, et al. Trajectory modification considering dynamic constraints of autonomous robots. Proc. 7th German Conference on Robotics, Germany, Munich, pp. 74–79, 2012.

[5] C. Rösmann, W. Feiten, T. Wösch, et al. Efficient trajectory optimization using a sparse model. Proc. IEEE European Conference on Mobile Robots, Spain, Barcelona, pp. 138–143,2013.

[6] C. Rösmann, F. Hoffmann and T. Bertram. Integrated online trajectory planning and optimization in distinctive topologies, Robotics and Autonomous Systems, Vol. 88, pp. 142–153, 2017.

[7] C. Rösmann, F. Hoffmann, T. Bertram. Planning of Multiple Robot Trajectories in Distinctive Topologies, Proc. IEEE European Conference on Mobile Robots, UK, Lincoln, 2015.

[8] Yeniay, Ozgur. A comparative study on optimization methods for the constrained nonlinear programming problems. Mathematical Problems in Engineering. 2005. 10.1155/MPE.2005.165.

[9] Moré J.J. (1978) The Levenberg-Marquardt algorithm: Implementation and theory. In: Watson G.A. (eds) Numerical Analysis. Lecture Notes in Mathematics, vol 630. Springer, Berlin, Heidelberg.

第 11 章 基于 ROS 的无人驾驶系统

本章着重介绍基于 ROS（Robot Operating System，机器人操作系统）的无人驾驶系统。无人驾驶系统是个十分复杂的软硬件系统，为了支持这个复杂的系统更有效地运行，我们需要一个操作系统去整合、管理，以及调度不同的模块。ROS 作为一个相对成熟的机器人操作系统，很适合在无人驾驶系统中使用。本章，笔者将介绍 ROS 及 ROS 在无人驾驶场景上的优点和缺点，并讨论如何在 ROS 的基础上提升无人驾驶系统的可靠性、通信性及安全性。

11.1 无人驾驶：多种技术的集成

无人驾驶系统是多种技术的集成，如图 11-1 所示，一个无人驾驶系统包含了多个传感器，包括长距离雷达、短距离雷达、激光雷达、摄像头、超声波、GPS、陀螺仪等。每个传感器在运行时都不断产生数据，而且系统对每个传感器产生的数据都有很强的实时处理要求。例如，摄像头需要达到 60f/s 的帧率，意味着留给每帧的处理时间只有 16ms，但当数据量增大之后，分配系统资源便成了一个难题。例如，当大量的激光雷达点云数据进入系统，占满 CPU 资源，就很可能令摄像头的数据不能得到及时处理，导致无人驾驶系统错过交通灯的识别,造成严重后果。

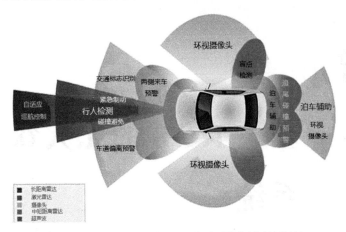

图 11-1 基于多传感器融合的无人驾驶系统范例(见彩插)

无人驾驶系统整合了多个硬件模块,包括计算模块、控制模块、传感器模块等,有效地调配这些软、硬件资源是一个挑战,具体有如下几个问题:第一,软硬件模块数据增加,运行期间难免有些模块会出现异常退出,或者导致系统崩溃。在这种情况下,如何为系统提供自修复能力?第二,模块之间有很强的联系,如何管理模块间的有效通信?对于关键模块间的通信,信息不可丢失,不可有过大的延时。第三,每个功能模块间如何进行资源隔离,如何分配计算与内存资源,当资源不足时如何确认更高的优先级执行?

简单的嵌入式系统并不能满足上述无人驾驶系统的需求,我们需要一个成熟、稳定、高性能的操作系统来管理各个模块。在经过详细调研后,我们觉得 ROS 比较适合无人驾驶场景。在 11.2 节中我们会介绍 ROS 的优点和缺点,并讨论在 ROS 上增加什么功能使之更适用于无人驾驶系统。

11.2 ROS 简介

ROS 是 Willow Garage 公司于 2010 年发布的开源机器人操作系统,由于其具有点对点设计、不依赖编程语言、开源等特点,短短几年时间便成了全世界机器人研究的热门仿真开发操作平台。[1] ROS 之所以被称为操作系统,是因其具有与操作系统类似的硬件抽象、底层驱动管理、消息传递等功能,然而它并不是真正意义上的操作系统,只能算是中间件。ROS 具有很强的代码可复用性和硬件抽象性能,采用分布式架构,通过各功能独立的节点实现消息传递任务的分层次运行,从而减轻实时计算的压力。此外,ROS 还是一个强大并且灵活的机器人编程框架,为常用的机器人和传感器提供了硬件驱动接口。从软件架构角度讲,它是一种基于消息传递通信的分布式多进程框架。ROS 很早就被机器人行业使用,很多知名的机器人开源库,例如基于 quaternion 的坐标转换、3D 点云处理驱动、规划方面的 MoveIt、OpenRAVE 规划库、控制方面的 OROCOS 实时运动控制库、视觉图像处理方面的 OpenCV 和 PCL 开源库、定位算法 SLAM 等都是开源贡献者基于 ROS 开发的。

11.2.1　ROS 的基本组成

ROS 中最重要的概念包括节点、节点管理器、参数服务器、消息、主题、服务、任务等。

(1) **节点**:节点是用来实现运算功能的进程,ROS 机器人仿真框架由功能独立的节点组成。移动操作机械臂仿真时,激光距离传感器节点用来读取激光数据,电机控制节点用来读取电机信息并控制电机转动,路径规划节点用来实现移动平台的运动轨迹规划,特定功能的节点各司其职,从而构成了完整的机器人仿真系统。

(2) **节点管理器**(Master):顾名思义,节点管理器主要用来管理节点。每个节点都需要通过节点管理器实现节点名字的注册,节点之间的相互查找也需要在节点管理器内进行。缺少了节点管理器,节点间将不能进行信息传输,服务和任务都将无法找到服务器。

(3) **参数服务器**(Parameter Server):参数服务器的主要用途是节点运行时用来存取参数,它并不是用来实现高效能的数据传输,而是用来存放节点运行所需的配置参数。

(4) **消息**(Message):节点之间的通信内容称为消息。一个消息是一个由类型域构成的简单的数据结构。它以基本型的阵列形式支持标准的原始数据类型(如整型、浮点型、布尔型等)。

(5) **主题**(Topic):节点之间是围绕一个特定的主题进行消息传输的,主题名称就是传输消息的主要内容。如图 11-2 所示,在特定的主题下,节点可以发布满足消息类型要求的消息,当其他节点需要该话题的消息内容时,它只需要创建接收器并接收该主题即可。一个节点可以同时发布和接收多个主题。主题发布者和主题接收者不知道对方的存在,通过节点管理器,节点发布者能够获知当前主题接收节点的个数。主题的发布/接收模式是一种弹性的异步通信方式,类似于围绕共同主题的多人聊天室,每个人都可以自由地发表符合主题要求的消息,然而这种方式并不能保证发布的消息能够得到及时响应。

图 11-2　ROS 主题发布/接收机制示意图

（6）**服务**（Service）：如图 11-3 所示，ROS 中的服务是一种利用同步通信的方式请求/回复交互的分布式系统。提供服务的节点称为服务器端，其他节点通过发送满足服务请求格式要求的消息使用服务，它们被称为客户端。因此，服务需要请求和回复这一对消息结构。

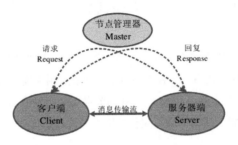

图 11-3　ROS 服务请求/回复机制示意图

（7）**任务**（Action）：ROS 中的 Action 功能包主要用来实现服务器端和客户端之间的信息交换。如图 11-4 所示，任务机制中包含了 5 个基本的主题，箭头的方向指示了消息的传输方和接收方。客户端向服务器端发布机器人期望状态信息，轨迹跟踪控制服务器端接收到目标指令后，将发布命令启动轨迹跟踪控制器并实时获得机器人的当前状态信息，服务器端会向客户端发送实时状态反馈及最终执行结果。在当前任务完成以后，便可以立即完成下一个任务。如果需要取消当前任务，则客户端可以向服务器端发送取消指令并重新发送新的目标。如果不取消当前任务而直接发送新任务，则服务器端会按照优先级顺序完成任务。

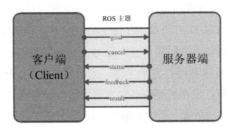

图 11-4　客户端与服务器端的消息传输方式示意图

ROS 本身是基于消息机制的,这样的做法使得模块开发者可以根据软件的功能把软件拆分成各个模块,每个模块只负责读取消息和分发消息,模块间通过消息关联。例如,一个节点可能会负责从硬件驱动读取数据,读出的数据会以消息的方式打包,ROS 底层会识别这个消息的使用者,然后把消息数据分发给它们。

11.2.2　ROS 1.0 Vs. ROS 2.0

ROS 1.0 起源于 Willow Garage 的 PR2 项目,主要的部件分为 3 种:ROS Master、ROS Node 和 ROS Service。ROS Master 的主要功能是命名服务,它存储了启动时需要的运行时参数、消息发布上游节点和接收下游节点的连接名和连接方式,以及已有 ROS 服务的连接名。ROS Node 是真正的执行模块,对收到的消息进行处理,并且发布新的消息给下游节点。ROS Service 是一种特殊的 ROS 节点,相当于一个服务节点,接收请求并返回请求的结果。图 11-5 展示了 ROS 通信的流程顺序。首先,节点会向 master 节点发布(advertise)或者订阅(subscribe)感兴趣的主题。当创建连接时,下游节点会向上游节点 TCP Server 发布连接请求,连接创建后,上游节点的消息会通过连接送至下游节点。

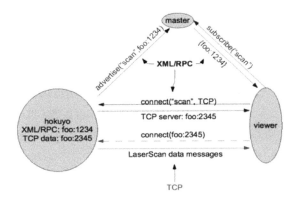

图 11-5　ROS Master Node 通信模型

ROS 2.0 主要是为了让 ROS 能够符合工业级的运行标准,这里主要采用了 DDS 这个工业级别的中间件负责可靠通信,通信节点可以动态地发现新的节点,而且用共享内存的方式使得通信效率更高。使用 DDS 以后,所有节点的通信拓扑结构都依赖于动态 P2P 的自发现模式,也就去掉了 ROS Master 这个中心节点。如图 11-6 所示,RTI Context、PrismTech OpenSplice 和 Twin Oaks 都是 DDS 的中间件提供商,上层通过 DDS API 封装,这样 DDS 的实现对于 ROS Client 透明。在设计上,ROS 主页详细讨论了用 DDS 的原因。

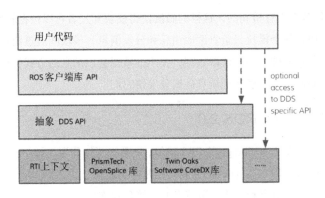

图 11-6　ROS 2.0 DDS 系统分层示意图

在无人车驾驶系统中，我们选择 ROS 1.0 作为开发平台，之所以选择 ROS 1.0 而不是 ROS 2.0 主要有以下几点考虑。

（1）ROS 2.0 还是一个开发中的框架，很多功能不是很完整，需要更多测试与验证。在无人驾驶环境中，稳定性与安全性是至关重要的，我们需要基于一个已经经过验证的稳定系统保证系统的稳定性和安全性，并提升其性能以达到无人车的要求。

（2）DDS 本身的耗费。我们测试了在 ROS 1.0 上直接使用 DDS 中间件的性能代价。国防科技大学的一个开源项目 MicROS 在这方面已经做了相关的尝试。实验发现，在一般的 ROS 通信场景中（比如发送 100K 的数据），ROS on DDS 的吞吐率并不及 ROS 1.0。主要原因是 DDS 框架本身的耗费比 ROS 多，用了 DDS 以后的 CPU 占用率有明显提高。但是我们也确认了使用 DDS 之后，ROS 的 QoS 高优先级的吞吐率和组播能力有了大幅提升。我们的测试基于 PrismTech OpenSplice 的社区版，在它的企业版中有针对单机的优化，比如使用了共享内存的优化，这个我们暂未具体测量。

DDS 接口的复杂性。DDS 本身就是一套庞大的系统，其接口定义极其复杂，同时，文档支持较薄弱，这也是我们不想直接使用的一个原因。

11.3　系统可靠性

系统可靠性是无人驾驶系统最重要的特性。试想几个场景：第一，系统运行时 ROS 的 Master 出错退出，导致系统崩溃；第二，其中一个 ROS 的节点出错，导致系统部分功能缺失。以上任何一个场景在无人驾驶环境中都可能造成严重的后果。对 ROS 而言，其在工业领域的应用可靠性是非常重要的设计考量,但是目前的 ROS 设计对其考虑得比较少,本节将讨论实时系统的可靠性所涉及的一些方面。

11.3.1 去中心化

ROS 的重要节点需要热备份,宕机可以随时切换。在 ROS 1.0 的设计中,主节点维护了系统运行所需的连接信息、参数信息及主题信息,如果 ROS Master 宕机了,则整个系统就有可能无法正常运行。去中心化的解决方案有很多,如图 11-7 所示,为了解决这个问题,我们可以采用类似 ZooKeeper 采用主从节点的方式,同时主节点的写入信息随时备份,主节点宕机后,备份节点被切换为主节点,并且用备份的主节点完成信息初始化。[2]

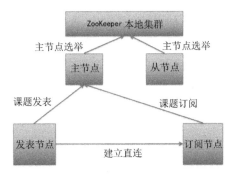

图 11-7 基于 ZooKeeper 的监控和报警原理示意图(1)

11.3.2 实时监控和报警

对于运行的节点实时监控其运行数据,并在必要时报警。对于运行时的节点,监控其运行数据比如应用层统计信息、运行状态等都对将来的调试、错误追踪有很多好处。在检测到严重的错误信息时必须报警。如图 11-10 所示,从软件构架层上来说主要分成 3 部分:ROS 节点层的监控数据 API,让开发者能够设置所需的统计信息,通过统一的 API 进行记录;监控服务端定期从节点获取监控数据(对于紧急的报警信息,节点可以把消息推送给监控服务端);获取到监控数据后,监控服务端对数据进行整合、分析和记录,在察觉到异常信息后就会报警。

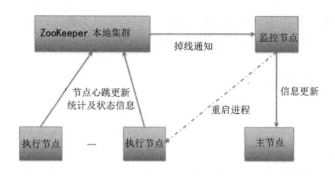

图 11-10　基于 ZooKeeper 的监控和报警原理示意图（2）

11.3.3　节点宕机状态恢复

节点宕机时，需要通过重启的机制恢复节点，这个重启可以是无状态的，但有时也必须是有状态的，因此状态的备份格外重要。节点的宕机检测也是非常重要的，如果察觉到节点宕机，必须很快使用备份的数据重启。这个功能我们已经在 ZooKeeper 框架下实现了。

11.4　系统通信性能提升

由于无人驾驶系统模块很多，模块间的信息交互很频繁，提升系统通信性能也会为整个系统性能带来很大提升。我们主要从三个方面提高性能。

第一，一个机器上的 ROS 节点间的通信使用网络栈的回环机制，也就是说每一个数据包都需要经过多层软件栈处理，这将造成不必要的延时（每次 20μs 左右）与资源消耗。为了解决这个问题，我们可以使用共享内存的方法把数据映射到内存中，然后只传递数据的地址与大小信息，从而把数据传输延时控制在 20μs 内，并且节省了许多 CPU 资源。

第二，ROS 做数据广播的时候，底层实现其实使用了组播，也就是多个点对点的发送。假如要把数据传给 5 个节点，那么同样的数据会被复制 5 份，这造成了很大的资源浪费，特别是内存资源的浪费。另外，这样也会对通信系统的吞吐量造成很大压力。为了解决这个问题，我们使用了组播机制：在发送节点和每一个接收节点之间实现点对多点的网络连接。如果一个发送节点同时给多个接收节点传输相同的数据，则只需复制一份相同的数据包。它提高了数据传送效率，减少了骨干网络出现拥塞的可能性。

第三，研究 ROS 的通信栈后我们发现，通信的延时很大的损耗是在数据的序列化与反序列化的过程中出现的。序列化是将内存里对象的状态信息转换为可以存储或传输的形式的过程。在序列化期间，对象将其当前状态写入临时或持久性存储区。以后，可以通过从存储区中读取或反序列化对象的状态重新创建该对象。为了解决这个问题，我们使用了轻量级的序列化程序，将序列化的延时降低了 50%。

11.5 系统资源管理与安全性

我们现在可以想象两个简单的攻击场景。第一，其中一个 ROS 的节点被劫持，然后不断地进行内存分配，导致其系统内存消耗殆尽，造成系统 OOM，开始关闭不同的 ROS 节点进程，使整个无人驾驶系统崩溃。第二，ROS 的 topic 或者 service 被劫持，导致 ROS 节点之间传递的信息被伪造，从而导致无人驾驶系统的异常行为。

如何解决资源分配与安全问题是无人驾驶技术的一个大课题。我们选择的方法是使用 LXC 管理每一个 ROS 节点进程。[3] 简单来说，LXC 提供轻量级的虚拟化，以便隔离进程和资源，而且不需要提供指令解释机制及全虚拟化等其他复杂功能，相当于 C++中的 NameSpace。LXC 有效地将由单个操作系统管理的资源划分到孤立的群组中，以更好地在孤立的群组之间平衡有冲突的资源使用需求。对于无人驾驶场景来说，LXC 最大的好处是性能损耗小。我们测试发现，在运行时，LXC 只造成了 5%左右的 CPU 损耗。

除了资源限制，LXC 也提供了沙盒支持，使得系统可以限制 ROS 节点进程的权限。为了避免可能有危险性的 ROS 节点进程破坏其他 ROS 节点进程运行，沙盒技术可以限制可能有危险性的 ROS 节点进程访问磁盘、内存及网络资源。另外，为了防止节点中的通信被劫持，我们还实现了节点中通信的轻量级加密解密机制，使得黑客不可以回放或更改通信内容。

11.6 小结

一个复杂的系统需要一个成熟有效的管理机制来保证其运行的稳定与高效，使得系统中每个模块发挥出最大的潜能。在无人驾驶场景中，ROS 提供了这样一个管理机制，使得系统中的每个软硬件模块都能有效地互动。原生的 ROS 提供了许多必要的功能，但是这些功能并不能满足无人驾驶的所有需求，因此我们在 ROS 之上进一步提高了系统的性能与可靠性，完成了有效的资源管理及隔离。随着无人驾驶技术的发展，相信更多的系统需求会被提出，比如车车互联、车与城市交通系统互联、云车互联、异构计算硬件加速等。

11.7 参考资料

[1] M. Quigley, B. Gerkey, K. Conley, et al. ROS: An open-source robot operating system. Proc. Open-Source Software Workshop Int. Conf. Robotics and Automation, 2009.

[2] P. Hunt, M. Konar, F. P.Junqueira, et al. ZooKeeper: Wait-free Coordination for Internet-Scale Systems. In Proc. Usenix Annual Technical Conference, June 2010.

[3] K.-T. Seo, H.-S.Hwang, I.-Y.Moon, et al. Performance comparison analysis of linux container and virtual machine for building cloud, Advanced Science and Technology Letters, vol. 66, pp. 105-111, 2014.

12 无人驾驶的硬件平台

本章将着重介绍无人驾驶的硬件平台设计。无人驾驶系统是多种技术、多个模块的集成，其中包括传感器平台、计算平台和控制平台。本章先介绍传感器平台，这是无人驾驶系统智能的关键所在；然后介绍激光雷达、毫米波雷达、车载摄像头、GPS、陀螺仪、V2X 等现有传感器解决方案，从技术原理、产品分类、行业现状等多方面讨论传感器平台在无人驾驶中的应用与发展。计算平台是这个复杂系统的大脑，目前正值无人驾驶的高速发展期，业界在面向无人驾驶计算的专有芯片设计及选择上也是百花齐放，有基于 CPU、GPU、FPGA、DSP，以及 ASIC 驱动器等多种解决方案。本章将分析无人驾驶任务的计算需求，以及每种芯片的优/缺点，然后基于分析讨论适合无人驾驶的芯片设计方案。控制平台是无人车的核心部件，主要包括 ECU 与通信总线两大部分，其中 ECU 主要实现控制算法，通过对采集的各机械部件传感器信号进行运算比较，完成对控制部件多项参数的控制与设置；通信总线主要实现 ECU 与机械部件间的通信，通过不同协议的通信总线有效地解决线路信息传递中的复杂化问题，从而实现对整车多种控制系统的总控。

12.1 无人驾驶：复杂系统

合理地选择计算平台完成实时的大规模传感数据处理，进行实时的驾驶预警与决策，对无人驾驶的安全性、可靠性、持续性至关重要。在提供高性能的数据处理支持的同时，计算平台还需要兼顾功耗、散热、硬件体积等问题，这对于持续的安全行驶同样重要。因此，在现有的无人车计算平台中，各种硬件模块都有相关集成解决方案。不同的计算单元通过 Switch 或者 PCIe Switch 相连，进行数据交换，完成协同运算。无人驾驶中除了需要对智能驾驶相关的传感器数据进行计算与决策，还需要传统汽车中各个机械部件的配合，完成驾驶操作的执行与转换。这就需要控制平台 ECU 与通信总线的协助。从用途上讲，ECU 是汽车专用微机控制器，它使用一套以精确计算和大量实验数据为基础的固定程序，不断地比较和计算各个机械部件传感器的数据，然后发出指令，完成机械控制。通信总线如 CAN、USB 3.0、LIN 等则在这个过程中实现汽车数据共享及指令的有效传达。

12.2 传感器平台

目前，现有的车载传感器包括超声波雷达、激光雷达、毫米波雷达、车载摄像头、红外探头等。主流的无人驾驶传感平台以雷达和车载摄像头为主，并呈现多传感器融合发展的趋势。基于测量能力和环境适应性，预计雷达和车载摄像头会持续占据传感器平台霸主的地位，并不断地与多种传感器融合，发展出多种组合版本。

表 12-1 中给出了现有的多种传感器在远距离测量能力、分辨率、温度适应性等诸多无人驾驶关键特性上的性能表现，可见各种传感器各有优劣，无法在单传感器的情况下完成对无人驾驶功能性与安全性的全面覆盖，这也显示了多传感器融合的必要性。因此，完备的无人驾驶系统应该使各个传感器之间借助各自所长相互融合、功能互补、互为备份、互为辅助，如图 12-1 所示。

表 12-1 各种车载传感器的性能对比

	激光雷达	毫米波雷达	摄像头	GPS/IMU
远距离测量能力	优	优	优	优
分辨率	良	优	优	优
低误报率	良	优	一般	优
温度适应性	优	优	优	优
不良天气适应性	较差	优	较差	优
灰尘/潮湿适应性	较差	优	较差	较差
低成本硬件	较差	优	优	良
低成本信号处理	较差	优	较差	良

12 无人驾驶的硬件平台

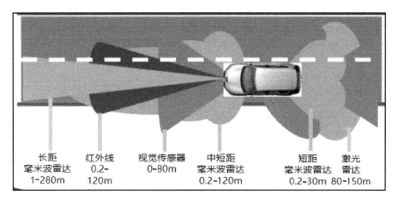

图 12-1　各种传感器在无人驾驶中的应用

12.2.1　激光雷达

激光雷达的工作原理是利用可见和近红外光波（多为 950nm 波段附近的红外光）发射、反射和接收探测物体。激光雷达可以探测白天或黑夜下的特定物体与车之间的距离。由于反射度的不同，也可以区分车道线和路面，但是无法探测被遮挡的物体和光束无法达到的物体，在雨雪雾天气下性能较差。

激光雷达在无人驾驶中的两个核心作用是：

（1）3D 建模进行环境感知。通过激光扫描可以得到汽车周围环境的 3D 模型，运用相关算法比对上一帧和下一帧环境的变化可以较容易地探测出周围的车辆和行人。

（2）同步建图（SLAM）加强定位。3D 激光雷达的另一大特性是同步建图，实时得到的全局地图通过和高精地图中特征物的比对，可以实现导航及加强车辆的定位精度。

1. 激光雷达的分类与产品

以线数及距离两大因素为标准，激光雷达的价格从几百美元到几万美元不等。单线激光雷达的应用在国内已相对较广，扫地机器人使用的便是单线激光雷达。单线激光雷达可以获取 2D 数据，但无法识别目标的高度信息，而多线激光雷达则可以识别 2.5D 甚至 3D 数据，在精度上会比单线雷达高很多。目前，在国际市场上推出的主要有 4 线、8 线、16 线、32 线和 64 线激光雷达。随着线数的提升，其识别的数据点也随之增加，所要处理的数据量也非常巨大。例如，Velodyne 的 HDL-32E 传感器每秒能扫描 70 万个数据点，而百度无人车和谷歌无人车配备的 Velodyne HDL-64E 通过 64 束的激光束进行垂直范围 26.8°、水平 360°的扫描，每秒产生高达 130 万个数据点。Velodyne HDL-64E 的内部结构如图 12-2 所示，主要由上下两部分组成。每部分都发射 32 束的激光束，由两块 16 束的激光发射器组成，背部包括信号处理器和稳定装置。

图 12-2　激光雷达结构示意图

激光雷达激光发射器线束越多，每秒采集的云点就越多。线束越多代表激光雷达的造价越昂贵，以 Velodyne 的产品为例，64 线束的激光雷达价格是 16 线束的 10 倍。谷歌无人车、百度无人车使用的均是高端配置的多线束雷达产品。单个 Velodyne HDL-64E 的定制成本在 8 万元左右，如表 12-2 所示。目前，Velodyne 公司已经开发出了相对便宜的激光雷达传感器版本 HDL-32E 和 HDL-16E。其中，HDL-16E 由 16 束激光取代 64 束激光，支持 360°无盲区扫描，牺牲一定的数据规模云点，每秒只提供 30 万个数据点，但是售价仍高达 8 千美元，如图 12-3 所示。

表 12-2　Velodyne 激光雷达的详细参数[1]

	HDL-64E	HDL-32E	VLP-16E
价格	8 万美元左右	2 万美元	7999 美元
激光线数	64	32	16
扫描范围	120m	100m	100m
精度	正负 2cm	正负 2cm	正负 2cm
数据频率	1.3M 像素/s	700000 像素/s	300000 像素/s
角度（垂直/水平）	30°/360°	40°/360°	26.8°/360°
功率	60W	12W	8W

图 12-3　Velodyne 激光雷达

想在无人车上普及激光雷达，首先应该降低其价格。这样就有两种解决办法：其一是采用低线数雷达配合其他传感器，但需搭配拥有极高计算能力系统的无人车；其二是采用固态（Solid State）激光雷达。现今有旋转部件的激光雷达技术较为成熟，国外主流生产厂家为 Velodyne 和 Ibeo。[2] Velodyne 采用激光发射、接收一起旋转的方式，产品涵盖 16/32/64 线；Ibeo 采用固定激光光源，通过内部玻璃片旋转的方式改变激光光束方向，实现多角度检测，产品涵盖 4/8 线。激光雷达最贵的部件就是机械旋转部件，固态激光雷达无须旋转部件，采用电子设备替代，因而体积更小，方便集成在车身内部，系统可靠性高，成本也可大幅降低。由于缺乏旋转部件，水平视角小于 180°，所以需要多个固态雷达配合使用才行。

在 CES2016 上展出的两款重量级产品，一是来自 Quanergy 的固态雷射雷达 S3，采取相控阵技术，内部不存在任何旋转部件，仅有一盒名片大小，单个售价初步定在 250 美元，量产后可能降至 100 美元；[3] 二是由 Velodyne 与福特共同发布的混合固态激光雷达 VLP-16 PUCK。计划 2025 年将其成本控制在 200 美元以内。[4] 奥迪的无人车 A7 Piloted Driving 就采用了 Ibeo 和 Valeo 合作的 Scala 混合固态激光雷达，在外观上看不到旋转部件，但内部仍靠机械旋转实现激光扫描。Quanergy、Velodyne、麻省理工学院等都在推进固态激光雷达的研发，其核心在于上游半导体工艺的突破，例如高功率、高波束质量的辐射源，高灵敏度接收技术，产品良率等。如果这些关键指标获得突破，固态激光雷达的实用化有机会让成本下降至 100 美元。

此前，国内雷达制造商速腾聚创宣布完成的 16 线激光雷达采用的也是混合固态的形式。由于采用电子方案，固态激光雷达产品去除了机械旋转部件，具有低成本（几百美元级别）、体积小、可集成至传统车辆中的特点。行业对固态激光雷达的出现仍处于观望态度，主要对成本是否能有如此大幅下降抱有疑问；其次，激光的特性导致它并不适用于大雾等天气。

Velodyne 和 Ibeo 的产品规格参数对比如表 12-3 所示。

表 12-3 Velodyne 和 Ibeo 的产品规格参数对比

厂家	产品	价格（万美元）	激光线数	维度（D）	旋转频率（Hz）	测量参数			分辨率	
						水平视场（°）	垂直视场（°）	探测距离（m）	水平角（°）	垂直角（°）
Velodyne	HDL-64E	8	64	3	5~20	360	30	100	0.1~0.4	2
	HDL-32E	2	32	3	5~20	360	40	100	0.1~0.4	1.33
	VLP-16E	0.79	16	3	5~20	360	26.8	120	0.08	0.4
Ibeo	LUX	—	4	2.5	12.5/25/50	85	3.2	200	0.125	0.8
	LUX8	—	8	2.5	6.5/12.5/25	110	6.4	200	0.125	0.8

2．激光雷达制造现况

目前，激光雷达已被应用在某些无人驾驶试验车中。

（1）谷歌和百度的无人驾驶试验车均采用了 Velodyne 的 64 线激光雷达。

（2）福特的混动版蒙迪欧安装了 Velodyne 的 32 线激光雷达，第三代自动驾驶车辆 Fusion Hybrid 配置了 2 台 Velodyne 的混合固态激光雷达。

（3）日产 LEAF 搭载了 6 个 Ibeo 的 4 线激光雷达，测试了其 ADAS。

（4）奥迪的无人车 A7 Piloted Driving 采用了 Ibeo 和 Valeo 合作的 Scala 混合固态激光雷达。

（5）德尔福无人车配备了 4 台由 Quanergy 研发的固态激光雷达。

（6）大众的一款半自动驾驶汽车也搭载了 Scala，该激光雷达隐藏在保险杠内，用于取代毫米波雷达做 AEB 的测距模块。

国外激光雷达研发厂商中，比较有代表性的有 Velodyne、Ibeo 和 Quanergy，并且它们都背靠巨头。Velodyne 成立于 1983 年，位于美国加州硅谷。当年，在美国举办的世界无人车挑战赛中分别获得第一名和第二名的高校（卡耐基梅隆大学和斯坦福大学）使用的就是 Velodyne 的激光雷达。目前，其已有包括 Velodyne 16、32 和 64 线激光雷达三个系列。Ibeo 是无人驾驶激光雷达供应商，成立于 1998 年，2010 年和法雷奥合作开始量产可用于汽车的产品 Scala，其目前主要供应 4 线和 8 线的激光雷达。位于美国加州硅谷中心的 Quanergy 成立于 2012 年，虽然相对其他激光雷达厂家较为年轻，但它却制造出了全球第一款固态激光雷达。

在无人驾驶领域，激光雷达是目前最有效的方案，被认为是最精准的自主感知手段，其有效感知范围超过 120m，精度可以达到厘米级，也是其中最重要的、最难以跨越的硬件门槛。由于现在激光雷达的价格高昂，无法部署在量产车上，多线激光雷达的成本下降将加速无人驾驶的落地，如果在价格上也相当，前景无疑是乐观的，相信无人驾驶离我们就不远了。

12.2.2 毫米波雷达

毫米波雷达通过发射无线电信号（毫米波波段的电磁波）并接收反射信号来测定汽车车身周围的物理环境信息（如汽车与其他物体之间的相对距离、相对速度、角度、运动方向等），然后根据所探知的物体信息进行目标追踪和识别分类，进而结合车身动态信息进行数据融合，完成合理决策，降低事故发生概率。

毫米波雷达的工作频段为 30～300GHz，毫米波的波长为 1～10mm，介于厘米波和光波之间，因此毫米波兼有微波制导和光电制导的优点。雷达测量的是反射信号的频率转变，并计算其速度变化。雷达可以检测 30~100m 远的物体，高端的雷达能够检测到更远的物体。同时，毫米波雷达不受天气状况限制，即使是雨雪天也能正常运作，信号穿透雾、烟、灰尘的能力强。具有全天候、全天时的工作特性，且探测距离远，探测精度高，被广泛应用于车载距离探测，如自适应巡航、碰撞预警、盲区探测等场景，如图 12-4 所示。

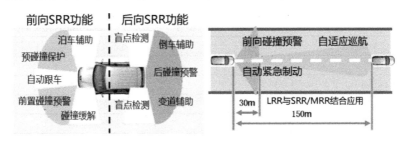

图 12-4 毫米波雷达应用范围原理示意

相比激光雷达，毫米波雷达精度低，可视范围的角度也偏小，一般需要多个雷达组合使用。雷达传输的是电磁波信号，因此它无法检测上过漆的木头或是塑料（隐形战斗机就是通过表面喷漆躲过雷达信号的），行人的反射波较弱，几乎对雷达免疫。同时，雷达对金属表面非常敏感，它会将一个弯曲的金属表面误认成一个大型表面。因此，路上一个小小的易拉罐甚至可能被雷达判断为巨大的路障。此外，雷达在大桥和隧道里的探测效果同样不佳。

1．毫米波雷达分类

毫米波雷达的可用频段有 24GHz、60GHz、77GHz 和 79GHz，主流可用频段为 24 GHz 和 77GHz，分别应用于中短距和中长距测量，如图 12-5 所示。相比于 24GHz，77GHz 毫米波雷达物体分辨准确度可提高 2~4 倍，测速和测距精确度提高 3~5 倍，能检测行人和自行车，且设备体积更小，更便于在车辆上安装和部署。如表 12-4 所示，长距离雷达的侦测范围更广，可适配行驶速度更快的车辆，但是相应地，探测精度也会下降，因此更适用于 ACC 自适应巡航这类的应用。博世的一款产品是典型的长距离雷达，其探测前向距离为 250m；大陆的一款产品是典型的短距离雷达，其探测距离为前向 60m、后向 20m。

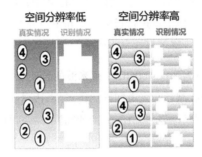

图 12-5 中距离雷达和短距离雷达空间分辨率对比

表 12-4 长距离雷达和短距离雷达参数对比[8]

	LRR 长距离雷达	SRR/MRR 短距离雷达
分类	窄带雷达	宽带雷达
覆盖距离（m）	280	30/120
车速上限（km/h）	250	150
精度	0.5m	厘米级
主要应用范围	ACC 自适应巡航	车辆环境监测

为完全实现 ADAS 的各项功能，一般需要"1 长+4 中短"5 个毫米波雷达，目前全新奥迪 A4 采用的就是"1 长+4 短"5 个毫米波雷达的配置。以自动跟车型 ACC 功能为例，一般需要 3 个毫米波雷达。车正中间一个 77GHz 的 LRR，探测距离在 150~250m，角度为 10°左右；车两侧各一个 24GHz 的 MRR，角度都为 30°，探测距离在 50~70m。图 12-6 所示为奔驰的 S 级车型，采用了 7 个毫米波雷达（1 长+6 短）。

12　无人驾驶的硬件平台

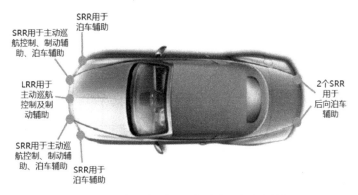

图 12-6　毫米波雷达在无人驾驶中的应用示意图

电磁波频率越高，距离和速度的检测解析度越高，因此频段发展趋势是由 24GHz 向 77GHz 逐渐过渡的。1997 年，欧洲电信标准学会确认 76~77GHz 作为防撞雷达专用频道。早在 2005 年，原信息产业部就发布了《微功率（短距离）无线电设备的技术要求》，将 77GHz 划分给车辆测距雷达。2012 年，工信部进一步将 24GHz 频段划分给短距车载雷达业务。2015 年，日内瓦世界无线电通信大会将 77.5~78.0GHz 频段划分给无线电定位业务，以支持短距离高分辨率车载雷达的发展，从而使 76~81GHz 都可用于车载雷达，为全球车载毫米波雷达的频率统一指明了方向。至此，最终车载毫米波雷达将会统一于 77GHz 频段（76~81GHz），该频段带宽更大、功率水平更高、探测距离更远。

2．毫米波雷达制造现况

全球汽车毫米波雷达的主要供应商为传统汽车电子优势企业，如 BOSCH、Continental、HELLA 等，如图 12-7 所示。

图 12-7　毫米波雷达主要供应商

各个主要厂商的主要毫米波雷达产品如表 12-5 所示。

表 12-5 各个主要厂商的主要毫米波雷达产品

厂商	长距 型号	长距 性能参数	中距 型号	中距 性能参数	短距 型号	短距 性能参数
BOSCH	远距 LRR4	76~77GHz，前向距离为 250m	中距 MRR	76~77GHz，前向距离为 160m，视角 42°；后向距离为 80m，视角 150°	—	—
continental	长距 ARS410	76~77GHz，前向距离为 170m	—	—	SRR320	24~25GHz
	长距 ARS430	76~77GHz，前向距离为 250m	—	—	—	—
HELLA	—	—	—	—	短距离雷达 SRR	24GHz，前向距离为 0.75~70m，视角 165°
Delphi	—	—	中距 ESR2.5	76~77GHz，前向距离 174m	—	—
Denso	长距离雷达 LRR	76~77GHz，前向距离为 205m，视角 36°	—	—	—	—
Autoliv	—	—	—	—	短距离雷达 SRR 25GHz	超宽带 24GHz，窄带 77GHz 多模式雷达

其中，BOSCH 的核心产品是长距离毫米波雷达，主要用于 ACC 系统。其产品 LRR4 可以探测 250m 外的车辆，是目前探测距离最远的毫米波雷达，市场占有率最高，客户集中在奥迪和大众。Continental 的客户分布广，产品线齐全，主力产品为 24GHz 毫米波雷达，并且在 Stop & Go ACC 领域占有率极高。HELLA 在 24GHz-ISM 领域客户范围最广，24GHz 雷达传感器下线 1000 万片，出货量达 650 万片，市场占有率全球第一。FUJITSU TEN 和 DENSO 主要占据日本市场，是未来 79GHz 雷达市场领域的强者。从工艺上看，毫米波雷达正从点目标探测往成像雷达方向发展，例如 PAR（相控阵）型雷达，正在从军用领域向汽车领域推进。

在雷达数据处理芯片领域，主要采用的是恩智浦（NXP）MR2001 多通道 77 GHz 雷达收发器芯片组，包括 MR2011RX、MR2001TX、MR2001VC，以及意行半导体 24GHz 射频前端的 MMIC 套片产品，包括 SG24T1、SG24R1 和 SG24TR1。2016 年，NXP 推出了 7.5mm×7.5mm 的单晶片 77GHz 高解析度 RFCMOS IC 雷达晶片。该款车用雷达晶片的超小尺寸使其可以近乎隐身地安装在汽车的任意位置，且其功耗比传统雷达晶片产品低 40%，为汽车传感器的设计安装提供了极大便利。目前，毫米波雷达芯片也正在从硅锗工艺向廉价的 CMOS 工艺发展，COMS 工艺可以达到现有硅锗工艺的水平，并且将发射、接收及信号处理器三合一的产品也在开发中。届时，毫米波雷达芯片将可能比目前的价格下降数倍。

12.2.3 摄像头

摄像头的大致原理是：首先，采集图像进行处理，将图片转换为 2D 数据；然后，进行模式识别，通过图像匹配进行识别，如识别车辆行驶环境中的车辆、行人、车道线、交通标志等；接下来，依据物体的运动模式或使用双目定位，估算目标物体与本车的相对距离和相对速度。

相比于其他传感器，摄像头的工作模式最接近人眼获取周围环境信息的模式，可以通过较小的数据量获得最全面的信息。同时，因为现在的摄像头技术比较成熟，所以其成本也较低。但是，摄像头识别也存在一定局限性，基于视觉的解决方案受光线、天气影响大。而且，物体识别基于机器学习资料库，需要的训练样本大，训练周期长，难以识别非标准障碍物。此外，由于广角摄像头的边缘畸变，得到的距离准确度较低。

从应用方案出发，目前摄像头可划分为单目、后视、立体（双目）和环视摄像头 4 种，如表 12-6 所示。

表 12-6　各摄像头传感器的应用场景

	应用场景
单目摄像头	ACC、LDW、LKA、FCW、AEB、TSR、AP、PDS、DMS
后视摄像头	AP
立体（双目）摄像头	ACC、LDW、LKA、FCW、AEB、TSR、AP、PDS、DMS
环视摄像头	AP、SVC

（1）单目摄像头，一般安装在前挡风玻璃上部，用于探测车辆前方环境，识别道路、车辆、行人等。先通过图像匹配进行目标识别（各种车型、行人、物体等），再通过目标在图像中的大小估算目标距离。这要求对目标进行准确识别，然后建立并不断维护一个庞大的样本特征数据库，保证这个数据库包含待识别目标的全部特征数据。如果缺乏待识别目标的特征数据，就无法估算目标的距离，导致 ADAS 系统出现漏报。因此，单目视觉方案的技术难点在于保证模型机器学习的智能程度或者模式识别的精度。

（2）后视摄像头，一般安装在车尾，用于探测车辆后方环境，技术难点在于如何使其适应不同的恶劣环境。

（3）立体（双目）摄像头，通过对两幅图像视差的计算，直接对前方景物（图像拍摄到的范围）进行距离测量，而无须判断前方出现的是什么类型的障碍物。依靠两个平行布置的摄像头产生的"视差"，找到同一个物体所有的点，依赖精确的三角测距，就能够算出摄像头与前方障碍物的距离，实现更高的识别精度和更远的探测范围。使用这种方案，需要两个摄像头有较高的同步率和采样率，因此技术难点在于双目标定及双目定位。相比单目摄像头，双目摄像头的解决方案没有识别率的限制，无须先识别，可直接进行测量；直接利用双目视差计算物体距离，这样检测的精度更高；无须维护样本数据库。因为检测原理上的差异，在距离测算上，相比单目及毫米波雷达、激光雷达，双目视觉方案的计算量级的加倍也是另一个挑战。

（4）环视摄像头，至少包括 4 个摄像头，分别安装在车辆前、后、左、右侧，实现 360°环境感知，难点在于畸变还原与对接，如图 12-8 所示。

根据不同 ADAS 功能的需要，摄像头的安装位置也有不同。主要分为前视、环视、后视、侧视及内置，如表 12-7 所示。实现（半）自动驾驶时全套 ADAS 功能将安装 6 个以上摄像头。

图 12-8　无人车中各摄像头传感器的方位设置

表 12-7　按功能需求的摄像头传感器划分

安装部位	摄像头类型	应用场景
前视	单目、双目	前向碰撞警告、车道偏离警告、交通标志检测、自适应巡航控制、行人保护
环视	广角	全景泊车、车道偏离警告
后视	广角	后视泊车辅助
侧视	广角	盲眼检测、替代后视镜
内置	广角	闭眼提醒

如图 12-9 所示，前视摄像头一般采用 55°左右的镜头得到较远的有效距离，有单目和双目两种解决方案。双目摄像头需要装在两个位置，成本较单目贵 50%。环视摄像头使用的是广角摄像头，通常在车四周装备 4 个进行图像拼接，实现全景图，通过辅助算法可实现道路线感知。后视摄像头采用广角或者鱼眼镜头，主要为倒车后视使用。侧视摄像头一般使用两个广角摄像头完成盲点检测等工作，也可代替后视镜，这一部分功能也可由超声波雷达替代。内置摄像头使用的也是广角镜头，安装在车内后视镜处，完成在行驶过程中对驾驶员的闭眼提醒。其中，前视摄像头可以实现车道偏离预警、车辆识别应用、车辆识别、行人识别、道路标识识别等 ADAS 主动安全的核心功能，未来将成为自动紧急刹车、自适应巡航等主动控制功能的信号入口。这种摄像头安全等级较高，应用范围较广，是目前开发的热点。

图 12-9　各类无人驾驶中广泛应用的摄像头传感器[9]

车载摄像头在工艺上具有的首要特性是快速，特别是在高速行驶场合中，系统必须能记录关键驾驶状况、评估这种状况并实时启动相应措施。在 140km/h 的速度下，汽车每秒要移动 40m。为避免两次图像信息获取间隔期间自动驾驶的距离过长，要求相机具有最慢不低于 30f/s 的影像捕捉速率。在汽车制造商的规格中，甚至提出了 60f/s 和 120f/s 的要求。在功能上，车载摄像头需要在复杂的运动路况环境下保证采集到稳定的数据。具体表现如下：

（1）高动态：在较暗环境及明暗差异较大时仍能实现识别，要求摄像头具有高动态的特性。

（2）中低像素：为降低计算处理的负担，摄像头的像素并不需要非常高。目前，30万~120万像素已经能满足要求。

（3）角度要求：对于环视和后视，一般采用 135°以上的广角镜头，前置摄像头对视距要求更大，一般采用 55°的视场角。

同时，相比工业级与生活级摄像头，车载类型在安全级别上要求更高，尤其是对前置 ADAS 的镜头安全等级要求更高。主要体现如下：

（1）温度要求：车载摄像头的工作温度范围在-40℃~80℃。

（2）防磁抗震：汽车启动时会产生极高的电磁脉冲，车载摄像头必须具备极高的防磁抗震的可靠性。

（3）较长的寿命：车载摄像头的寿命至少要在 8~10 年以上才能满足要求。

根据 IHS Automotive 的预测，车载摄像头系统出货量有望在 2021 年达到 7400 万套/年。国内行业龙头优势地位明显，如舜宇光学车载后视镜头出货量目前居全球第 1 位，全球市场占有率达 30%左右，产品包括前视镜头、后视镜头、环视镜头、侧视镜头、内视镜头等。客户遍及欧美、日韩和国内，广泛应用于宝马、奔驰、奥迪、丰田、本田、克莱斯勒、福特、通用、大众、沃尔沃等品牌的众多车型上。具体的型号包括 4005、4408、4009、4017、4017、4034、4043、4044 等。以型号 4005 与 4043 为例，其规格参数如表 12-8 所示。

表12-8 舜宇光学4005、4043型号的视觉传感器规格参数

型号	ELF（mm）	HFOV（°）	Max Image Circle	Resolution
4005	1.02	138	1/4"（Ø5.0）	VGA
4043	1.1	187	H1/4"（Ø4.0）	MEGA

12.2.4 GPS/IMU

GPS/IMU 的主要制造商有 NovAtel、Leica、CSI Wireless 及 Thales Navigation。其中，NovAtel 提出了 SPAN 技术。SPAN 技术集合了 GPS 定位的绝对精度与 IMU 陀螺和加速计测量的稳定性，以提供一个 3D 的位置、速度和姿态的预测。即使在 GPS 信号被遮挡时，其预测结果也是稳定连续的。如图 12-10 所示，基于 SPAN 技术，NovAtel 推出了两款主要的 GPS/IMU 产品：SPAN-CPT 一体式组合导航系统与 SPAN-FSAS 分式组合导航系统。SPAN-CPT 采用 NovAtel 自主的专业级的高精度 GPS 板卡与德国 iMAR 公司制造的光纤陀螺 IMU，其解算精度在不同的模式下可适用于不同的定位需求，支持包括 SBAS、L 波段（Omnistar 和 CDGPS）和 RTK 差分等多种方式，系统最高航向精度 0.05°，俯仰横滚精度 0.015°。SPAN-FSAS 也采用德国 iMAR 公司高精度、闭环技术的 IMU，其陀螺偏差小于 0.75°/h，加速计偏差小于 1mg，配合目前 NovAtel 的 FlexPak6™或 ProPak6™集成了组合导航解算。从 IMU-FSAS 的惯性测量数据发送到 GNSS（Global Navigation Satellite System，全球导航卫星系统）接收器进行解算，GNSS + INS 的位置、速度和姿态输出速率高达 200Hz。

NovAtel SPAN-CPT 一体式组合导航系统

NovAtel SPAN-FSAS 分式组合导航系统

图 12-10 NovAtel 的两款 GPS/IMU 产品图

12.2.5 V2X 通信传感系统

V2X 通信传感系统可以看作一个超级传感器，它提供了比其他车载传感器都高得多的感知能力和可靠性，在自车感知技术尚不能达到高可靠性之前，用 V2X 可以极大地提

升其可靠性。V2X 是无人驾驶必要技术和智慧交通的重要一环。V2X 是 V2V（Vehicle to Vehicle，车车通信）、V2I（Vehicle to Instruction，车路通信）、V2P（Vehicle to Pedestrian，车人通信）等的统称，通过 V2X 可以获得实时路况、道路信息、行人信息等一系列交通信息，从而带来远距离环境信号。简单来说，V2V 技术利用了无线通信技术实现车与车之间、车与道路之间、车与行人之间的信息互通。也就是说，通过人、车、路之间的相互交流，使驾驶员能更好地掌握车辆状态和周围情况，驾驶员收到警告后就能降低事故的风险或车辆本身就会采取自治措施，像是制动减速。V2V 通信技术由福特公司在 2014 年 6 月 3 日首次发布，在现场展示的是福特的两辆经过特殊改造的车，通过一台连接了 Wi-Fi 的无线广播系统，演示了这项 V2V 通信技术是如何防止碰撞事故发生的，如图 12-11 所示。

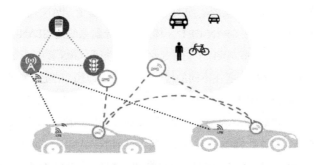

图 12-11　V2X 通信辅助下的行车状况示意图

详细来说，V2X 是一种网状网络，网络中的节点（汽车、智能交通灯等）可以发射、捕获并转发信号。利用 V2X 车联网，车辆可以获取周围环境的未知参数及附近车辆的运行状态，这些状态包括速度、位置、驾驶方向、刹车等基本的安全信息。然后，车载端主动安全算法将处理所获取的信息，并按照优先级对信息进行分类，对可能发生的危险情景进行预警，紧急情况下可以利用车辆执行端对车辆进行控制从而规避风险。V2X 技术开启了对四周威胁的 360°智能感知，这一技术能够在各种危险情况下提醒驾驶者，从而大大减少汽车碰撞事故的发生并缓解交通拥堵。美国交通部根据最新的数据分析出，如果能够大面积地普及 V2X 技术，就能及时提醒驾驶员，避免 75%的交通事故发生。

1．V2X 通信传感系统的优势

相比传统雷达，V2X 通信传感系统有以下几点优势。

1）覆盖面更广

通信范围可达 300~500m，相比十几米的雷达探测范围要远得多，不仅是前方障碍物，驾驶员身旁和身后的建筑物、车辆都会互相连接,大大拓展了驾驶员的视野范围,驾驶员能获得的信息就更多、更立体。因此,V2X 通信传感系统在前车刹车初期就能有效甄别,并进行提示。如果距离过近,系统会再次提示,使驾驶员有足够的反应时间预判和规避危险,避免出现跟车追尾的情况。

2)有效避免盲区

由于所有物体都接入互联网,每个物体都会有单独的信号显示,即便驾驶员的视野受阻,通过实时发送的信号也可以显示驾驶员视野范围外的物体状态,也就降低了盲区出现的概率,充分避免了因盲区而导致的潜在伤害。

3)对于隐私信息的安全保护性更强

由于这套系统采用 5.9GHz 频段进行专项通信,相比传统通信技术更能确保安全性和私密性。如果通信协议及频道在各个国家都能够规范化,那么这套系统将变得像 SOS 救援频道一样成为社会公用资源。

2. V2X 通信的国内外发展进展

1)国外 V2X 进展

目前,这套 V2V 协议由通用、福特、克莱斯勒等厂商联合研发,除了美国汽车三巨头,丰田、日产、现代、起亚、大众、奔驰、马自达、斯巴鲁、菲亚特等车企也在协议名单内。早在 2016 年,美国交通部就发布了关于 V2V 的新法规,强制要求新生产的轻型汽车安装 V2V 通信装置,这是一个里程碑式的进步。V2V 车企联盟如图 12-12 所示。

图 12-12　V2V 车企联盟

美国交通部的新规中要求 V2V 装置的通信距离达到 300m,并且是 360°覆盖,远超摄像头的探测能力,其感知信息属于结构化信息,不存在误报的可能。根据 NHTSA 的研究,利用 V2X 技术,可以减少 80%的非伤亡事故,但这一切是以 100%的覆盖率为前提的。在此之前,凯迪拉克等车企也曾经做过尝试,但都因缺乏足够的覆盖率难以发挥作用。依靠强制性的法规驱动,V2X 普及的最大难题将得以有效解决。

高通发布新闻表示，将与奥迪、爱立信等公司进行蜂窝-V2X（Celluar-V2X）的测试合作，该测试符合由德国政府主导的项目组织——自动互联驾驶数字测试场的测试规范。在此之前，高通推出了基于其骁龙 X16 LTE modem 的全新联网汽车参考平台，支持 DSRC（Dedicated Short Range Communication，专用短程通信）和蜂窝-V2X。

2）中国 V2X 的发展进展

2019 年，发改委发布了《智能网联汽车创新发展战略（征求意见稿）》[10]，指出 2020 年中国的大城市高速路要达到 90%覆盖 LTE-V2X，2025 年实现人、车、路、云的高度协同。5G-V2X 要满足 ICV 要求。工信部国标委也发表了《国家车联网产业标准体系建设指南》，明确要求 LTE-V2X 作为广域和中短程智能网联汽车关键技术。工信部也发布了《车联网（智能网联汽车）产业发展行动计划》，明确了到 2020 年实现 LTE-V2X 在部分城市主要道路和高速公路覆盖，开展 5G-V2X 示范应用，车联网用户渗透率达到 30%以上。

为了满足在商业应用上的高可靠性，越来越多的车企意识到在增强车辆能力的同时，需要将道路从"对人友好"改造为"对车友好"，从 2015 年开始，中国所有的无人驾驶示范园区都在规划部署路侧系统（V2I）。随着 5G 的时间表日渐清晰，更大范围的部署也让人非常期待。5G 的核心推动力来自物联网，而汽车可能是其中最大的单一应用，一辆无人车每天可以产生超过 1TB 的数据。目前，多个地图供应商正在积极准备用于无人驾驶的实时高精地图，以克服静态高精地图无法适应道路变化的难题，但之前受无线带宽限制，很难达到实用，而 5G 可提供高达 10Gbit/s 以上的峰值速率，以及 1ms 的低延时性能，以满足这样的需求。

12.2.6 传感器间比较

各种传感器的比较如表 12-9 所示。

表 12-9 各种传感器的比较

传感器	成　本	优　势	劣　势	功　能
激光雷达	8000 美元以上	扫描周围环境得到精确环境信息	成本高，大雾、雨雪天气效果差，无法图像识别	周边环境 3D 建模
毫米波雷达	300~500 美元	不受天气影响，测量精度高，距离范围广	无法识别道路指示牌，无法识别行人	无法应用视觉识别要求较高的功能
摄像头	35~50 美元	成本比较低，通过算法可以实现各种功能	极端恶劣环境下会失效，由于距离较近造成测距功能难以实现，对算法要求高	能实现大多数 ADAS 功能，测距功能难以实现

续表

传感器	成本	优势	劣势	功能
V2X	150~200 美元	不受距离限制，V2X 成本较低，深度融合智能系统	精度较低，技术协议仍在讨论中，普及难度大	利用通信协议，感知实时路况、道路信息和行人信息
红外传感器	600~2000 美元	夜视效果极佳	成本较高，技术仍由国外垄断	夜视
超声波传感器	15~20 美元	成本低	探测距离较近，应用局限大	侧方超车提醒、倒车提醒

12.3 计算平台

当硬件传感器接收到环境信息后，数据会被导入计算平台，由不同的芯片进行运算。计算平台的设计直接影响无人驾驶系统的实时性及鲁棒性。本节将带读者深入了解无人驾驶计算平台。

12.3.1 计算平台实现

为了了解无人驾驶计算平台的要点，我们介绍一个行业领先的 L4 级无人驾驶公司现有的计算平台硬件实现，包括现有的不同芯片制造商所提供的无人驾驶计算解决方案。

这个 L4 级无人驾驶公司的计算平台由两个计算盒组成。每个计算盒配备了一颗英特尔至强 E5 处理器（12 核）和 4 到 8 颗 NVIDIA K80 GPU 加速器，彼此使用 PCI-E 总线连接。CPU 运算峰值速度可达 400f/s，功率需求 400W。每个 GPU 运算峰值速度可达 8 TOP/s，功率需求 300W。因此，整个系统能够提供 64.5 TOP/s 的峰值运算能力，其功率需求为 3000 W。计算盒与车辆上安装的 12 个高精度摄像头相连接，以完成实时的物体检测和目标跟踪任务。车辆顶部还安装了一个激光雷达装置以完成车辆定位及避障功能。为了保证可靠性，两个计算盒执行完全相同的任务。一旦第一个计算盒失效，第二个计算盒可以立即接管。在最坏的情况下，两个计算盒都在计算峰值运行，这意味着将产生超过 5000W 的功耗并积聚大量的热量，散热问题不容忽视。此外，每个计算盒的成本预计为 2 万~3 万美元，这是普通消费者根本无法承受的。

12.3.2 现有的计算解决方案

本节，我们将介绍现有的针对无人驾驶的计算解决方案。

1. 基于 GPU 的解决方案

GPU 在浮点运算、并行计算等部分的计算方面能够提供数十倍至上百倍的 CPU 性能。利用 GPU 运行机器学习模型，在云端进行分类和检测，其相对于 CPU 耗费的时间大幅缩短，占用的数据中心的基础设施更少，能够支持（比单纯使用 CPU 时）10~100 倍的应用吞吐量。凭借强大的计算能力，在机器学习快速发展的推动下，目前 GPU 在深度学习芯片市场非常受欢迎，很多汽车生产商也在使用 GPU 作为传感器芯片发展无人车，GPU 大有成为主流的趋势。研究公司 Tractica LLC 预计，到 2024 年，深度学习项目在 GPU 上的花费将从 2015 年的 4360 万美元增长到 41 亿美元，在相关软件上的花费将从 1.09 亿美元增长到 104 亿美元。

凭借具备识别、标记功能的图像处理器，在人工智能还未全面兴起之前，NVIDIA 就先一步掌控了这一时机。2019 年，NVIDIA 发布了 DRIVE AGX 系列计算平台，针对无人驾驶作业进行加速。NVIDIA DRIVE AGX Xavier 在 30 瓦的功耗下可以提供 30TOP/s 的计算性能。

DRIVE AGX 其实是 NVIDIA PX2 平台的延续。在第一代 PX2 平台中，每个 PX2 由两个 Tegra SoC 和两个 Pascal GPU 图形处理器组成，其中每个图像处理器都有自己的专用内存并配备有专用的指令以完成深度神经网络的加速。为了提供高吞吐量，每个 Tegra SoC 使用 PCI-E Gen 2 x4 总线与 Pascal GPU 直接相连，其总带宽为 4 GB/s。此外，两个 CPU-GPU 集群通过千兆以太网相连，数据传输速度可达 70Gbit/s。借助优化的 I/O 架构与深度神经网络的硬件加速，每个 PX2 能够每秒执行 24 兆次深度学习计算。这意味着当运行 AlexNet 深度学习典型应用时，PX2 的处理能力可达 2800f/s，如图 12-13 所示。[11]

图 12-13　NVIDIA PX2 平台芯片示意图

2. 基于 DSP 的解决方案

DSP（Digital Singnal Processor）以数字信号处理大量数据。DSP 的数据总线和地址总线分开，允许取出指令和执行指令完全重叠，在执行上一条指令的同时就可取出下一条指令，并进行译码，这大大提高了微处理器的速度。另外，还允许在程序空间和数据空间之间进行传输，因此增加了器件的灵活性。它不仅具有可编程性，而且其实时运行速度可达每秒数以千万条复杂指令程序，远远超过通用微处理器。它的强大数据处理能力和高运行速度是最值得称道的两大特色。它的运算能力很强，速度很快，体积很小，而且采用软件编程，具有高度的灵活性，因此为从事各种复杂的应用提供了一条有效途径。

德州仪器公司提供了一种基于 DSP 的无人驾驶的解决方案。其 TDA2 SoC 芯片拥有两个浮点 DSP 内核 C66x 和四个专为视觉处理设计的完全可编程的视觉加速器。相比 ARM Cortex-15 处理器，视觉加速器可提供 8 倍的视觉处理加速且功耗更低。[12]类似的设计有 CEVA XM4。这是另一款基于 DSP 的无人驾驶计算解决方案，专门面向计算视觉任务中的视频流分析计算。使用 CEVA XM4 每秒处理 30 帧 1080p 的视频仅消耗功率 30mW，是一种相对节能的解决方案，如图 12-14 所示。[13]

图 12-14　TDA2 SoC 芯片示意图

3. 基于 FPGA 的解决方案

作为 GPU 在算法加速上强有力的竞争者，FPGA 硬件配置最灵活，具有低能耗、高性能及可编程等特性，十分适合感知计算。更重要的是，FPGA 相比 GPU 价格便宜（虽然性价比不一定是最好的）。在能源受限的情况下，FPGA 相对于 CPU 与 GPU 有明显的性能与能耗优势。FPGA 低能耗的特点很适合用于传感器的数据预处理工作。此外，感知算法不断发展意味着感知处理器需要不断更新，FPGA 具有硬件可升级、可迭代的优势。使用 FPGA 需要具有硬件的知识，对许多开发者来说有一定难度，因此 FPGA 也常被视为一种行家专属的架构。不过，现在也出现了用软件平台编程 FPGA 的方法，弱化了软、硬件语言间的障碍，让更多开发者使用 FPGA 成为可能。随着 FPGA 与传感器结合方案的快速普及，视觉、语音、深度学习的算法在 FPGA 上进一步优化，FPGA 极有可能逐渐取代 GPU 与 CPU，成为无人车、机器人等感知领域上的主要芯片。

譬如，百度的机器学习硬件系统就用 FPGA 打造了 AI 专有芯片，制成了 AI 专有芯片版百度大脑——FPGA 版百度大脑。在百度的深度学习应用中，FPGA 与相同性能水平的硬件系统相比，消耗能率更低，将其安装在刀片式服务器上，可以完全由主板上的 PCI Express 总线供电，并且使用 FPGA 可以将一个计算得到的结果直接反馈到下一个，不需要将结果临时保存在主存储器，所以存储带宽要求也在相应降低。

Altera 公司推出的 Cyclone V SoC 是一个基于 FPGA 的无人驾驶解决方案，现已应用在奥迪无人车产品中。Altera 公司的 FPGA 专为传感器融合提供优化，可结合分析来自多个传感器的数据，完成高度可靠的物体检测。[14] 类似的产品有 Zynq 专为无人驾驶设计的 Ultra ScaleMP SoC。当运行卷积神经网络计算任务时，Ultra ScaleMP SoC 的运算效能，优于 NVIDIA Tesla K40 GPU 的。同时，在目标跟踪计算方面，Ultra ScaleMP SoC 在 1080p 视频流上的处理能力可达 60f/s，如图 12-15 所示。

图 12-15　Altera Cyclone V SoC 芯片示意图

4．基于 ASIC 的解决方案

MobilEye 是一家领先的基于 ASIC 的无人驾驶解决方案提供商。其 EyeQ5 SoC 装备有 4 种异构的全编程加速器，分别对专有的算法进行了优化，包括计算机视觉、信号处理、机器学习等。EyeQ5 SoC 同时实现了两个 PCI-E 端口以支持多处理器间通信。这种加速器架构尝试为每一个计算任务适配最合适的计算单元，硬件资源的多样性使应用程序能够节省计算时间并提高计算效能，如图 12-16 所示。

12　无人驾驶的硬件平台

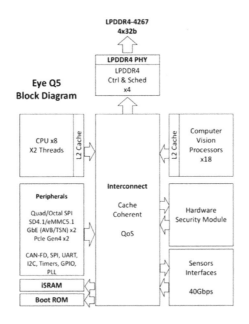

图 12-16　MobilEye EyeQ5 结构示意图

此外，Nervana 一直在努力将机器学习功能全力引入芯片中，是人工智能 ASIC 芯片供应商。得到英特尔的支持后，Nervana 正计划推出其针对深度学习算法的定制芯片 Nervana Engine。据 Nervana 相关人员表示，相比 GPU，Nervana Engine 在训练方面可以提升 10 倍性能。借助 Nervana Engine 芯片在深度学习训练方面优于传统 GPU 的能耗和性能优势，英特尔也相继推出了一系列适应深度神经网络的特殊处理器。

5．其他芯片解决方案

1）谷歌 TPU 芯片

谷歌公布了 AlphaGo 战胜李世石的"秘密武器"——芯片"TPU"（张量处理单元，Tensor Processing Unit），它使得机器学习类深度神经网络模型在每瓦特性能上优于传统硬件。在 Google 2016 I/O 大会上 TPU 首次被提及，然而谷歌早在 2013 年就开始秘密研发 TPU，并且在 2014 年就已将其应用于谷歌的数据中心。TPU 专为谷歌 TensorFlow 等机器学习应用打造，能够降低运算精度，在相同时间内处理更复杂、更强大的机器学习模型并将其更快地投入使用。其性能把人工智能技术往前推进了差不多 7 年，相当于摩尔定律 3 代的时间。

相比更适合训练的 GPU，TPU 更适合做训练后的分析决策。这一点在谷歌的官方声明里也得到了印证：TPU 只在特定机器学习应用中起辅助使用，公司将继续使用其他厂商制造的 CPU 和 GPU。因此，TPU 再好，也仅适用于谷歌，而且还是用于辅助 CPU 和 GPU。

2）后起之秀：概率芯片

2016 年 4 月 16 日，MIT Techonolgy Review 报道，DARPA 投资了一款由美国 Singular Computing 公司开发的"S1"概率芯片，如图 12-17 所示。模拟测试中，使用 S1 追踪视频里的移动物体，每帧处理速度比传统处理器快了近 100 倍，而能耗还不到传统处理器的 2%。专用概率芯片可以发挥概率算法简单并行的特点，极大地提高系统性能。其优点包括算法逻辑异常简单，不需要复杂的数据结构，不需要数值代数计算；计算精度可以通过模拟不同数目的随机行走自如控制；不同的随机行走相互独立，可以大规模并行模拟；模拟过程中，不需要全局信息，只需要网络的局部信息。

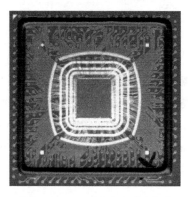

图 12-17 "S1"概率芯片示意图

12.3.3 计算平台体系结构设计探索

本节，我们尝试对以下问题形成一些初步认识。

（1）各种计算单位最适合什么样的工作负载。

（2）能否使用移动处理器执行无人驾驶计算任务。

（3）如何设计一个高效的无人驾驶计算平台[19]。

1. 计算单元与计算负载的匹配

我们试图了解哪些计算单元最适合执行卷积和特征提取类应用，这是无人驾驶场景中计算最密集的工作负载。我们在现有的 ARM SoC 上完成了实验验证，此 ARM SoC 由一个四核 CPU、GPU、DSP 组成，详细硬件数据可见。为了研究各种异构硬件的能耗与性能行为，我们分别在 CPU、GPU、DSP 实现并优化了特征提取和卷积这两类计算负载，同时测量了芯片级能耗。

首先，我们分别在 CPU、GPU 和 DSP 实现了卷积应用，这是在对象识别和目标跟踪任务中最常用、计算也最密集的阶段。当在 CPU 上运行时，每次卷积大约需要 8ms 完成，能耗为 20mJ；在 DSP 上运行时，每次卷积需要 5ms 完成，能耗为 7.5mJ；在 GPU 上运行时，每次卷积只需要 2ms 完成，能耗也仅需 4.5mJ。这表明，无论是性能还是能耗表现，GPU 是执行卷积任务最有效的计算单元，如图 12-18 所示。

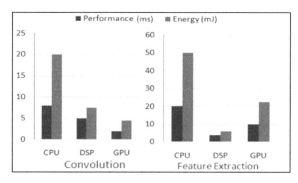

图 12-18 卷积应用和特征提取在 CPU、DSP 和 GPU 上的性能表现

接下来，我们实现了分别在 CPU、DSP 和 GPU 上的特征提取应用。特征提取为无人驾驶的定位产生特征点，这是定位阶段计算量最大的工作负载：在 CPU 上运行时，每个特征提取的任务大约需要 20ms 完成，耗能 50 mJ；在 GPU 上运行时，每个特征提取的任务务需要 10ms 完成，耗能 22.5 mJ；在 DSP 上运行时，每个特征提取的任务仅需要 4ms 完成，仅耗能 6mJ。这些结果表明，从性能和能耗的角度出发，DSP 是特征提取最有效的执行计算单元。我们并没有对无人驾驶中的其他任务，如定位、规划、避障等进行上述分析，这是因为对 GPU 和 DSP 这类专注于并行的硬件而言，上述任务侧重于控制逻辑，得不到高效执行。

2. 移动处理器上的无人驾驶

我们尝试了解无人驾驶系统在上述 ARM 移动 SoC 上的执行情况，并探索支持无人驾驶的最低硬件平台配置。图 12-19 所示为一个面向基于视觉的无人驾驶的移动 SoC 系统。在这个移动 SoC 实现中，利用 DSP 处理传感器数据，如特征提取和光流；使用 GPU

完成深度学习任务，如目标识别；采用两个 CPU 线程完成定位任务以实现车辆实时定位；使用一个 CPU 线程实现实时路径规划；使用另一个 CPU 线程进行避障操作。如果 CPU 尚未被全占有，则多个 CPU 线程可以在同一个 CPU 核心上运行。

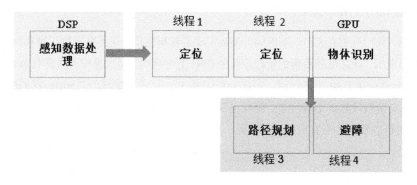

图 12-19　一个面向基于视觉的无人驾驶的移动 SoC 系统

令人惊讶的是，实验数据证明无人驾驶系统在 ARM SoC 上运行的性能并不差。定位流水线每秒可处理 25 帧图像，图像生成速度为 30f/s，这说明产生的图像大部分可以得到及时处理，不会产生大规模的丢帧。深度学习流水线每秒能够执行 2~3 个目标识别任务。规划和控制流水线的目标是在 6ms 内完成路径规划。当使用 ARM 移动端 SoC 进行无人驾驶时，车辆能够以 2.2m/s 的速度行驶，并且不损失任何定位信息。同时，整个 SoC 平均功耗为 11W。移动 SoC 的硬件资源有限，能够支持有限范围内的无人驾驶系统确实是非常令人惊喜的发现。这说明如果增加更多的计算资源，硬件平台就能够处理更多的数据，并支持车辆以更快的速度行驶，最终满足产品级无人驾驶系统的需要。

3．计算平台的设计

ARM 移动端 SoC 之所以能提供这样的性能，是因为我们充分利用了硬件系统的异构计算资源，尽量为每一个不同的无人驾驶子任务匹配最适合的计算单元，以达到最优化的性能和能源效率。然而，这样的设计思路仍然存在一个缺点：我们不可能为所有的子任务（目标跟踪、变更车道预测、交叉道路交通流量预测等）找到适配的计算单元。此外，我们希望成熟的无人驾驶系统能够上传原始传感器数据，并在云端完成数据处理。然而，传感器数据量非常巨大，无人驾驶系统应设计为有能力采用一切可用的网络带宽，在短时间内完成数据上传。

上述物体跟踪、数据上传等子任务在整个无人驾驶周期内并不需要一直运行。例如，只有物体识别会触发物体跟踪,只有物体跟踪才能触发流量预测。数据的批量上传可提高系统吞吐量并减少带宽的使用,因此数据上传只会在某一段时间内存在。如果为每一个这样暂存的子任务设计其专有的 ASIC 芯片,在制造成本和人力成本上都得不偿失。相反,FPGA 是这些短周期子任务的完美适配。在系统中我们仅需要一个 FPGA 芯片,通过部分重构技术,这些子任务可以分时共享 FPGA。部分重构技术已被证明可在小于几毫秒的时间内完成 FPGA 内核的重构,实时实现分时共享。

在图 12-20 中,我们提出了面向无人驾驶的计算堆栈。在计算平台层,我们提出了一个新的 SoC 架构。在此 SoC 架构中,由一个 I/O 子系统与前端传感器交互;由 DSP 负责图像预处理流以进行特征提取;由 GPU 进行目标识别和其他深度学习任务;由一个多核 CPU 完成规划、控制和互动的子任务;由 FPGA 进行动态重构以分时共享的方式完成传感器数据压缩上传、物体跟踪和流量预测等工作。计算部件和 I/O 部件之间通过共享内存进行数据通信。在 SoC 硬件平台上有一个动态系统,通过 OpenGL 把不同的工作负载分配到异构的计算单元上执行,并由实时的执行引擎动态地完成任务调度。在动态系统之上部署的是 ROS。ROS 是一个分布式操作系统,其中包含多个 ROS 节点,每个节点上执行一个无人驾驶子任务,节点之间相互通信进行多任务协调。

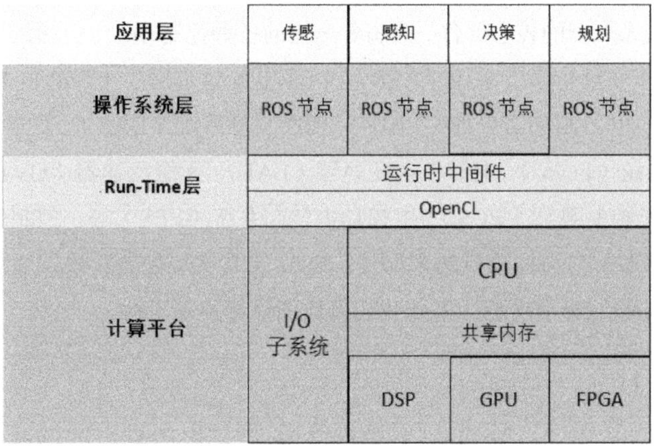

图 12-20 无人驾驶计算堆栈结构示意图

4. 讨论与结论

我们已经实现了上述无人驾驶计算堆栈,相比已有的无人驾驶设计平台,我们的设计有以下优点:

（1）模块化：如果需要更多的功能可添加更多的 ROS 节点。

（2）安全性：ROS 节点提供一个良好的隔离机制，防止节点相互影响。

（3）高度动态化：动态系统层可根据需要完成调度，以实现大吞吐量、低延迟或低能耗。

（4）高性能：异构的体系结构可以保证每个专用计算单元为适配的子任务提供最高性能。

（5）节能性：专用的计算单位为每个子任务提供了最高效的运算方式，例如 DSP 模块是面向特征提取子任务中最具能耗有效性的执行单元。

现有的面向 L4 级无人驾驶的计算平台解决方案往往耗资数万美元，不仅功耗高达数千瓦，在运行时也将产生大量的热量，机器发热严重，严重威胁系统运行的可靠性。这些功耗、散热和制造成本上存在的问题使得无人驾驶技术难以服务于一般公众。本节，我们提出并实现了一个模块化的、更安全、更高性能、能耗更有效的无人驾驶计算架构和软件堆栈。

12.4 控制平台

控制平台是无人车的核心部件，控制着车辆的各种控制系统，包括汽车防抱死制动系统（ABS）、汽车驱动防滑转系统（ASR）、汽车电子稳定程序（ESP）、电子感应制动控制系统（SBC）、电子制动力分配（EBD）、辅助制动系统（BAS）、安全气囊（SRS）和前方碰撞预警系统（FCW）、电控自动变速器（EAT）、无级变速器（CVT）、巡航控制系统（CCS）、电子控制悬架（ECS）、电控动力转向系统（EPS）等。控制平台主要包括电子控制单元（ECU）与通信总线两大部分：ECU 主要实现控制算法，通信总线主要实现 ECU 及机械部件间的通信功能。本节我们将详细介绍控制平台。

12.4.1 ECU

电子控制单元（Electronic Control Unit，ECU），俗称"车载电脑"，是汽车专用微机控制器，也叫汽车专用电脑。发动机工作时，ECU 采集各传感器的信号进行运算，并将运算结果转变为控制信号，控制被控对象的工作。固有程序在发动机工作时，不断地与采集来的各传感器的信号进行比较和计算，再利用比较和计算后的结果完成对发动机的点火、怠速、废气再循环等多项参数的控制。它还有故障自诊断和保护功能。存储器也会不停地记录行驶中的数据，成为 ECU 的学习程序，为适应驾驶习惯提供最佳的控制状态，这叫自适应程序。在高级轿车上有不止一个 ECU，如防抱死制动系统、四轮驱动系统、电控自动变速器、主动悬架系统、安全气囊系统、多向可调电控座椅等都配置有各自的 ECU。随着轿车电子化、自动化的提高，ECU 将日益增多，线路会日益复杂。宝马、奔驰和奥迪三大车厂各系列高阶车款皆已包含超过 100 个 ECU。ECU 的电压工作范围一般在 6.5~16V（内部关键处有稳压装置）、工作电流在 0.015~0.1A、工作温度在零下 40~80℃，能承受 1000Hz 以下的振动，损坏率非常小。

从用途上讲，ECU 是汽车专用微机控制器，也叫汽车专用单片机。它和普通的单片机一样，由微处理器（CPU）、存储器（ROM、RAM）、输入/输出接口（I/O）、模数转换器（A/D）及整形、驱动等大规模集成电路组成。存储器 ROM 中存储的是一套固定的程序，该程序以精确计算和大量实验取得的数据为基础。固有程序在发动机工作时，不断地与采集来的各传感器的信号进行比较和计算，然后输出指令，以控制发动机的点火、空燃比、怠速、废气再循环等多项参数的设置，判断是否需要改变喷油量、点火时间及气门开度的大小等。

详细来说，当发动机起动时，电控单元进入工作状态，某些程序从 ROM 中取出进入 CPU，这些程序专用于控制点火时刻、控制汽油喷射、控制怠速等。执行程序中所需的发动机信息来自各个传感器。这些传感器信号一经采集，首先进入输入回路接受处理，如果是模拟信号，则需先经过 A/D 转换器转换成数字信号。大多数传感器信息将先暂存在 RAM 内，然后根据程序处理顺序从 RAM 送至 CPU。接下来是将存储器 ROM 中的参考数据引入 CPU，与传感器输入数据进行比较。CPU 在完成对这些数据的比较运算后，做出决定并发出指令信号，经 I/O 接口进行放大，必要的信号还经 D/A 转换器变成模拟信号，最后经输出回路控制执行器动作。

随着轿车电子化、自动化的提高，ECU 将日益增多，目前高端汽车在总计 100 多个 ECU 系统中包含多达 200 个微处理器。这数百个 ECU，在汽车内部组成了一个区域网。一个 ECU 发出的数据包，所有的节点都会接收到，但只有承担该数据包任务的节点才会去执行命令。以刹车灯为例，当监控刹车踏板的 ECU 监测到踏板行程有变动时，会通知监测尾灯的 ECU。此时，该 ECU 控制尾灯，并将其通电点亮。这个简单的操作其实背后有至少两个 ECU 的配合。要让所有这些 ECU 之间相互配合，就需要采用一种称为多路复用的通信网络协议进行信息传递，控制器区域网（Controllers Area Network，CAN）总线协议是其中之一。

借助 CAN 协议，汽车内部的数百个 ECU 可以组建一个区域网，有效地解决线路信息传递所带来的复杂化问题。通用、沃尔沃、特斯拉等车型支持远程控制，其原理就是手机发出的指令先到达服务器，然后被转发到车载通信模块。车载通信模块接收到指令后，再通过 CAN 总线将指令传达到各个 ECU。

为了弥补 CAN 协议在某些方面的不足，汽车工业还研发出了很多其他协议，比如 LIN 协议。相比 CAN，LIN 的带宽更小、承载的数据量更少，同时成本也更低，适合应用在一些简单的 ECU 中，比如车窗升降等。随着技术的进步，汽车内部的数据量暴增，尤其是大屏幕的普及和流媒体技术的介入，让 CAN 总线在某些时候"力不从心"，已无法胜任工作。于是，更高级的通信协议问世了，比如 MOST、FlexRay、以太网等。这些协议标准，拥有更大的带宽与更强的稳定性。其中，MOST 是一种高速多媒体传输接口，专门为汽车内部的一些高码率音频、视频提供传输。FlexRay 也是一种高速协议，但不仅限于多媒体传输。在自动驾驶的奥迪 A7 中，位于后备厢的车载 CPU（奥迪称之为 zFAS）模组，就依靠 FlexRay 协议读取前置摄像头捕捉的数据。

CPU 是 ECU 中的核心部分，它具有运算与控制的功能。在发动机运行时，它采集各传感器的信号进行运算，并将运算的结果转变为控制信号，控制被控对象的工作。它还实行对存储器、输入/输出接口和其他外部电路的控制。Power Train ECU 采用的 CPU 基本来自 Infineon、ST 和 Freescale。博世的 16 位 ECU M(E)7 系列早期主要使用 Infineon C167 内核的 CPU。之后 ST 为博世定制了 ST10 系列 CPU，价格上更有优势，因此博世后期的 16 位 ECU 基本上都采用 ST10 系列 CPU。博世的 32 位 ECU ME9 系列主要使用 Freescale 的 PowerPC 内核的 CPU MPC55 系列，其中 ME9 在美国市场上销售的 MED17 系列则使用基于 Infineon Tricore 内核的 CPU TC17xx。MED17 系列 ECU 有好多分支，分别使用不同型号的 TC17xx CPU。MEDC18 系列依然沿用 PowerPC 路线，选择了 ST 和飞思卡尔两家供应商，使用了飞思卡尔的 XPC56 系列 CPU 及 ST 的 SPC56 系列 CPU。车身 ECU 的选择更多，Infineon、ST、飞思卡尔、NEC 和瑞萨电子都提供 CPU 的支持。

12.4.2 通信总线

随着汽车各系统的控制逐步向自动化和智能化转变，汽车电气系统变得日益复杂。为了满足各电子系统的实时性要求，我们须对汽车数据，如发动机转速、车轮转速、节气门踏板位置等信息实行共享，因而我们需要汽车通信总线。目前，车用总线技术被 SAE 下属的汽车网络委员会按照协议特性分为 A、B、C、D 四类。

A 类总线：面向传感器或执行器管理的低速网络，它的位传输速率通常小于 20Kb/s。

A 类总线以 LIN（Local Interconnect Network，本地互联网）规范为代表，是由摩托罗拉与奥迪等企业联手推出的一种新型低成本的开放式串行通信协议，主要用于车内分布式电控系统，尤其是面向智能传感器或执行器的数字化通信场合。

B 类总线：面向独立控制模块间信息共享的中速网络，位速一般在 10~125 Kb/s。B 类总线以 CAN 为代表。CAN 最初是博世公司为欧洲汽车市场开发的，只用于汽车内部测量和执行部件间的数据通信。1993 年，ISO 正式颁布了道路交通运输规范——数字信息交换——高速通信 CAN 国际标准（ISO 11898-1）。近几年低速容错 CAN 的标准 ISO 11519-2 也开始在欧洲的一些车型中得到应用。

C 类总线：面向闭环实时控制的多路传输高速网络，位速率多在 125Kb/s~1Mb/s。C 类总线主要用于车上动力系统中对通信的实时性要求比较高的场合，主要服务于动力传递系统。汽车厂商大多使用"高速 CAN"作为 C 类总线，它实际上就是 ISO 11898-1 中位速率高于 125Kb/s 的那部分标准。

D 类总线：面向多媒体设备，高速数据流传输的高性能网络，位速率一般在 2Mb/s 以上，主要用于 CD 等播放机和液晶显示设备。D 类总线带宽范畴相当大，用到的传输介质也有好几种，其又被分为低速（IDB-C 为代表）、高速（IDB-M 为代表）和无线（Bluetooth 为代表）三大范畴。

下面我们主要了解 LIN（局部互联协议）、CAN，以及高速容错网络协议 FlexRay。

1. LIN

LIN 是面向汽车低端分布式应用的低成本、低速串行通信总线。它的目标是为现有汽车网络提供辅助功能，在不需要 CAN 总线的带宽和多功能的场合使用，降低成本。LIN 的成本节省来自三方面：采用单线传输、硅片中硬件或软件的低成本实现及无须在从属节点中使用石英或陶瓷谐振器。这些优点是以较低的带宽和受局限的单宿主总线访问方法为代价的。LIN 采用单个主控制器和多个从设备的模式，在主从设备之间只需要一根电压为 12V 的信号线。这种主要面向"传感器/执行器控制"的低速网络，其最高传输速率可达 20Kb/s，应用于电动门窗、座椅调节、灯光照明等控制系统。典型的 LIN 网络的节点数可以达到 12 个。以门窗控制为例，只需要 1 个 LIN 网络就可以将车门上的门锁、车窗玻璃开关、车窗升降电机操作按钮等连为一体。通过 CAN 网关，LIN 网络还可以和汽车的其他系统进行信息交换，实现更丰富的功能，如图 12-21 所示。

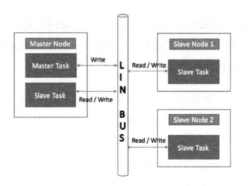

图 12-21　LIN 总线信息交换示意图

LIN 包含一个宿主节点（Master）和一个或多个从属节点（Slave）。所有节点都包含一个被分解为发送和接收任务的从属通信任务，而宿主节点还包含一个附加的宿主发送任务。在实时 LIN 中，通信总是由宿主任务发起的。除了宿主节点的命名，LIN 网络中的节点不使用有关系统设置的任何信息。我们可以在不要求其他从属节点改变硬件和软件的情况下向 LIN 中增加节点。宿主节点发送一个包含同步中断、同步字节和消息识别码的消息报头，从属任务在收到和过滤识别码后被激活并开始消息响应的传输。响应包含 2 个、4 个或 8 个数据字节和 1 个检查和（checksum）字节。报头和响应部分组成一个消息帧。LIN 总线上的所有通信都由主机节点中的主机任务发起，主机任务根据进度表确定当前的通信内容，发送相应的帧头，并为报文帧分配帧通道。总线上的从机节点接收帧头之后，通过解读标识符确定自己是否应该对当前通信做出响应及做出何种响应。基于这种报文滤波的方式，LIN 可实现多种数据传输模式，且一个报文帧可以同时被多个节点接收利用。

2. CAN

在当前的汽车总线网络市场上，占据主导地位的是 CAN 总线。CAN 总线是德国博世公司在 20 世纪 80 年代初为了解决现代汽车中众多的控制与测试仪器之间的数据交换问题而开发的一种串行数据通信协议。它的短帧数据结构、非破坏性总线性仲裁技术及灵活的通信方式适应了汽车的实时性和可靠性要求。CAN 总线分为高速和低速两种，高速 CAN 的最高速度为 1Mbit/s（C 类总线），低速 CAN 的最高速度为 250Kbit/s（B 类总线），如图 12-22 所示。

CAN 总线一般为线型结构，所有节点并联在总线上。当一个节点损坏时，其他节点依然能正常工作。但当总线一处出现短路时，整个总线便无法工作。CAN 总线采用 CSMA/CA（Carrier Sense Multiple Access with Collision Avoidance，载波监听多路访问/冲突避免）机制。各节点会一直监听总线，发现总线空闲时便开始发送数据。当多个节点同时发送数据时，会通过一套仲裁机制竞争总线。每个节点会先发送数据的 ID，ID 越小表示优先级越大，优先级大的会自动覆盖小的 ID。当节点发现自己发送的 ID 被覆盖时，就知道有比它优先级更高的消息正在被发送，便自动停止发送。优先级最高的消息获得总线使用权，开始发送数据。当高优先级的数据包发送完后，各节点便又尝试竞争总线，如此反复，能最大限度地利用总线。弊端是会有时效延迟，优先级越低的数据包，可能需要等待的时间越长。从这一点上讲，CAN 总线不是一种实时总线。当 CAN 总线有节点发现当前发送的数据有误时，会发送错误帧告知总线上的所有节点。发送错误数据的节点会重发。每个节点都有一个错误计数器。当一个节点总是发送或接收错误超过一定次数时，会自动退出总线。

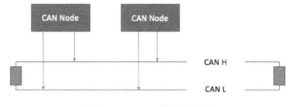

图 12-22　CAN 总线结构图

3. 高速容错网络协议 FlexRay

FlexRay 总线数据收发采取时间触发和事件触发的方式。利用时间触发通信时，网络中的各个节点预先知道彼此将要进行通信的时间，接收器提前知道报文到达的时间，报文在总线上的时间可以预测出来。即便行车环境恶劣多变，干扰了系统传输，FlexRay 协议也可以确保将信息延迟和抖动降至最低，尽可能保持传输的同步与可预测。这对需要持续及高速性能的应用（如线控刹车、线控转向等）来说是非常重要的。

FlexRay 总线用的是 TDMA（Time Division Multiple Access，时分多址）和 FTDMA（Flexible Time Division Multiple Access，灵活时分多址）两种周期通信方法。FlexRay 将一个通信周期分为静态部分、动态部分和网络空闲时间。静态部分使用 TDMA 方法，会为每个节点均匀分配时间片，每个节点只有在属于自己的时间片里才能发送消息，即使某个节点当前无消息可发，该时间片依然会保留（也就造成了一定的总线资源浪费）。在动态部分使用 FTDMA 方法会轮流问询每个节点有没有消息要发送，有就发送，没有就跳过。静态部分用于发送需要经常性发送的、重要性高的数据；动态部分用于发送使用频率不确定、相对不重要的数据。当 FlexRay 总线通信过程中出现数据错误时，该周期里接收的所有数据都会被丢弃，但没有重发机制。所有节点会继续进行下一个周期的通信。

FlexRay 同样也有错误计数器，当一个节点发送接收错误过多时会被踢出总线。

FlexRay 具有高速、可靠及安全的特点。FlexRay 在物理上通过两条分开的总线通信，每一条的数据速率是 10Mbit/s。FlexRay 还能提供很多网络所不具有的可靠性特点，尤其是 FlexRay 具备的冗余通信能力可实现通过硬件完全复制网络配置，并进行进度监测。FlexRay 同时提供灵活的配置，可支持各种拓扑，如总线、星型和混合拓扑。FlexRay 本身不能确保系统安全，但它具备大量功能，可以支持以安全为导向的系统（如线控系统）的设计。

宝马公司在 2007 款 X5 系列车型的电子控制减震器系统中首次应用了 FlexRay 技术，此款车采用基于飞思卡尔的微控制器和恩智浦的收发器，可以监视有关车辆速度、纵向和横向加速度、方向盘角度、车身和轮胎加速度及行驶高度的数据，实现了更好的乘坐舒适性及驾驶时的安全性和高速响应性，还将施加给轮胎的负荷变动及底盘的振动均减至最小。

12.5　小结

如果说算法是无人驾驶的灵魂，那么硬件平台就是无人驾驶的肉体。一个没有肉体的灵魂也只是孤魂野鬼而已，再"高大上"的算法也需要应用在硬件平台上才有实用价值。硬件平台的设计直接决定了无人驾驶对环境的感知能力、计算性能与能耗、鲁棒性、安全性等。无人驾驶的硬件平台又分为传感器平台、计算平台，以及控制平台 3 种。本章详细介绍了这 3 种平台及现有的解决方案。希望本章对无人驾驶从业者及爱好者选择硬件有帮助。

12.6　参考资料

[1] Velodyne 官网。

[2] Ibeo 官网。

[3] Quanergy 官网。

[4] Velodyne VLP-16 PUC.

[5] 北醒光子激光雷达官网中的产品列表。

[6] 镭神智能激光雷达官网中的产品列表。

[7] 速腾聚创多线激光雷达官网。

[8] 关于发布《微功率（短距离）无线电设备的技术要求》的通知。

[9] 舜宇车载摄像头解决方案，见官网。

[10] 《智能汽车创新发展战略（征求意见稿）》。

[11] NVIDIA 中国官网。

[12] 德州仪器 TDA2x SoC 官网。

[13] CEVA 官网，CEVA XM4 - Intelligent Vision Processor.

[14] Altera 官网中 Cyclone V SoCs 文章。

[15] Tianshi Chen, Zidong Du, Ninghui Sun, et al. DianNao: a small footprint high-throughput acceleratorfor ubiquitous machine-learning. In Proceedings of the 19th international conference on Architectural support for programming languages and operatingsystems-ASPLOS'14, pp. 269-284, Salt Lake City, UT, USA, 2014.

[16] YunjiChen, Tao Luo, Shaoli Liu, et al.. DaDianNao: A Machine- LearningSupercomputer. In Proceedings of the 47th Annual IEEE/ACM InternationalSymposium on Microarchitecture-MICRO-47, 2014.

[17] Daofu Liu, Tianshi Chen, Shaoli Liu, et al. A Machine Learning Accelerator. In Proceedings of the 20thinternational conference on Architectural support for programming languages andoperating systems, pages 369-381, 2015.

[18] Zidong Du, Robert Fasthuber, Tianshi Chen, et al. Shidiannao: Shifting vision processing closer to the sensor. InProceedings of the 42nd ACM/IEEE International Symposium on ComputerArchitecture (ISCA'15). ACM, 2015.

[19] Shaoshan Liu, Jie Tang, Zhe Zhang, et al. CAAD, Computer Architecture for Autonomous Driving, IEEE Computer, https://arxiv.org/abs/1702. 01894.

13 无人驾驶系统安全

本章主要介绍无人驾驶系统安全。对无人驾驶系统来说,安全性是至关重要的,目前针对无人车攻击的方法有许多,如何防御这些攻击以保证无人车的安全是个重要的课题。本节将详细介绍针对无人车传感器、操作系统、控制系统、车联网的攻击手段及防御方法。

13.1 针对无人驾驶的安全威胁

对无人驾驶系统来说,安全性是至关重要的。如果无人车达不到安全要求就上路是极其危险的。目前,针对无人车的攻击方法五花八门,渗透到无人驾驶系统的每个层次,包括传感器、操作系统、控制系统、车联网通信系统等。第一,针对传感器的攻击不需要进入无人驾驶系统内部,这种外部攻击法的技术门槛相当低,既简单又直接;第二,如果进入了无人驾驶操作系统,黑客可以制造系统崩溃导致停车,也可以窃取车辆敏感信息;第三,如果进入了无人驾驶控制系统,黑客可以直接操控机械部件,劫持无人车去伤人,是极其危险的;第四,车联网连接不同的无人车,以及中央云平台系统,劫持车联网通信系统也可以造成无人车间的沟通混乱。[1~3]

13.2 无人驾驶传感器的安全

由于传感器处于整个无人驾驶计算的最前端,攻击无人车最直接的方法就是攻击传感器。

这种外部攻击法并不需要入侵到无人驾驶系统内部，使得入侵的技术门槛相当低。[4,5]正是因为入侵的门槛低，才需要在传感器端做大量的工作来保证其安全。如图 13-1 所示，黑客可以轻易地攻击与误导各种传感器。在之前的章节中提到可以使用 IMU 辅助无人驾驶定位，但是 IMU 对磁场很敏感，如果使用强磁场干扰 IMU，就有可能影响 IMU 的测量。对于 GPS，如果在无人车附近设置大功率假 GPS 信号，就可以覆盖原来的真 GPS 信号，从而误导无人车的定位。通过两种简单攻击方法的结合，GPS 与 IMU 的定位系统会被轻易攻破。除了 GPS 与 IMU，我们也可以使用轮测距技术辅助无人车定位。轮测距是通过测量轮子的转速乘以轮子的周长进行测距，如果黑客破坏了轮子，那么这个定位辅助技术也会受影响。

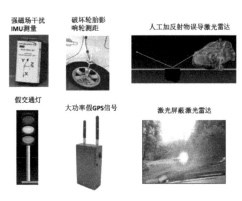

图 13-1　针对传感器的攻击示意图

激光雷达是目前无人驾驶最主要的传感器，而无人车也依赖于激光雷达数据与高精地图的匹配进行定位，但是激光雷达也可以轻易被干扰。首先，激光雷达是通过测量激光反射时间来测量深度的。如果我们在无人车周围放置强反光物，比如镜子，那么激光雷达的测量就会被干扰，返回错误信息。除此之外，如果黑客使用激光照射激光雷达，激光雷达的测量也会受干扰，会分不清哪些是自身发出的信号，哪些是外部激光的信号。另外，无人车会不断地下载更新的高精地图，如果黑客把下载的地图调包，则会造成定位失效。

计算机视觉可以辅助无人车完成许多感知的任务，比如交通灯识别、行人识别、车辆行驶轨迹跟踪等。在交通灯识别的场景中，如果无人车上的摄像机检测到红灯，则无人车就会停下来；如果检测到行人，则无人车也会停下来以免发生意外。黑客可以轻易地在路上放置假的红绿灯及假的行人，迫使无人车停车，并对其进行攻击。[6]

既然每个传感器都可以被轻易地攻击，如何保证无人车的安全呢？对此，我们需要使用多传感器融合的技术，让多个传感器互相纠正。攻击单个传感器很容易，但是同时攻击所有传感器的难度相当大。当无人车发现不同传感器的数据相互间不一致时，就知道自己有可能正在被攻击。简单的例子是如果无人车检查到交通灯，但是高精地图在此处并未标注有交通灯，那么很可能是被攻击了。又例如，如果 GPS 系统与激光雷达系统定位的位置极不一致，那么无人车很可能是被攻击了。

13.3 无人驾驶操作系统的安全

针对传感器的攻击属于外部攻击，并不需要进入无人驾驶系统。另一种攻击方式是入侵无人驾驶操作系统，劫持其中一个节点并对其进行攻击。目前的无人驾驶操作系统基本是基于 ROS 的框架实现的，ROS 本身有一定的安全性问题，攻击方法可简单总结为以下两种。[7] 第一，其中一个 ROS 的节点被劫持，然后不断地分配内存，导致其系统内存消耗殆尽，造成系统 OOM，开始关闭不同的 ROS 节点进程，使整个无人驾驶系统崩溃；第二，ROS 的话题（topic）或者服务（service）被劫持，导致 ROS 节点之间传递的信息被伪造，从而导致无人驾驶系统的异常行为。

造成第一个问题的原因是 ROS 节点本身是一个进程，可以无节制地分配资源导致崩溃，另一个原因是 ROS 节点可以访问磁盘及网络资源，并无很好的隔离机制。

造成第二个问题的主要原因是通信的信息并没有被加密，以至于攻击者可以轻易地得知通信内容。业界有不少对 ROS 节点间通信的加密尝试，比如使用 DES 的加密算法对通信的信息进行加密。在通信的信息量十分小的时候，加密与否对性能影响不大。但是，随着信息量变大，加密时间相对信息量呈几何级增长。另外，由于 ROS 通信系统的设计缺陷，加密时间也与接收信息的节点数量有直接关系。当接收信息的节点数量增长时，加密时间也随之增长。

13.4 无人驾驶控制系统的安全

车辆的 CAN 总线连接着车内的所有机械及电子控制部件，是车辆的中枢神经。CAN 总线具有布线简单、总线型结构典型、可最大限度地节约布线与维护成本、稳定可靠、实时、抗干扰能力强、传输距离远等特点。CAN 总线本身只定义 ISO/OSI 模型中的第一层（物理层）和第二层（数据链路层），因此通常情况下 CAN 总线都是独立的网络，没有网络层。在实际使用中，用户还需要自己定义应用层的协议，因此在 CAN 总线的发展过程中出现了各种版本的 CAN 应用层协议。CAN 总线采用差分信号传输，通常情况下只需要两根信号线（CAN-H 和 CAN-L）就可以进行正常的通信。在干扰比较强的场合，还需要用到屏蔽地，即 CAN-G（主要功能是屏蔽干扰信号）。CAN 总线上的任意节点均可在任意时刻主动向其他节点发起通信，节点没有主从之分，但在同一时刻优先级高的节点能获得总线的使用权。

如果 CAN 被劫持，那么黑客就可以为所欲为，造成极其严重的后果。一般来说，要进入 CAN 系统是极其困难的，但是一般车辆的娱乐系统及检修系统的 OBD-II 端口都连接到 CAN 总线，这就给了黑客进入 CAN 的机会。攻击的方式包括以下几种：

（1）**OBD-II 入侵**：OBD-II 端口主要用于检测车辆状态，通常在车辆进行检修时，技术人员会使用每个车厂开发的检测软件接入 OBD-II 端口并对汽车进行检测。由于 OBD-II 连接到 CAN 总线，只要黑客取得这些检测软件，包括 Ford's NGS、Nissan's Consult II、Toyota's Diagnostic Tester 等，便可以轻易地截取车辆信息。

（2）**电动车充电器入侵**：电动车越来越普及，充电设备也成了电动车生态必不可少的核心部件。由于电动车的充电装置在充电时会与外部充电桩通信，且电动车的充电装置会连接 CAN 总线，这就给了黑客通过外部充电桩入侵 CAN 系统的机会。

（3）**车载 CD 机入侵**：曾经有攻击的案例是将攻击代码编码到音乐 CD 中，当用户播放 CD 时，恶意攻击代码便会通过 CD 播放机侵入 CAN 总线，从而控制总线及盗取车辆核心信息。

（4）**蓝牙入侵**：如今蓝牙互连已经成为汽车通信及车上娱乐系统的标配方案。由于我们可以通过蓝牙给 CAN 发送信息及从 CAN 读取信息，也给了黑客攻击的窗口。除了取得车主手机的控制权，由于蓝牙的有效范围是 10m，黑客也可以使用蓝牙进行远程攻击。

（5）**TPMS 入侵**：TPMS 是车轮压力管理系统，也有黑客对 TPMS 展开攻击。在这种攻击方法中，黑客先把攻击代码放置在车辆的 TPMS ECU 中，当 TPMS 检测到某个胎压值时，恶意代码便会被激活，从而对车辆进行攻击。

如图 13-2 所示，一个通用的解决方法是对 ECU 接收的信息进行加密验证，以保证信息是由可信的 MCU，而不是由黑客发出的。使用加密验证，我们可以选择对称密码，或者非对称密码。对称密码的计算量小但是需要通信双方预先知道密码；非对称密码无须预先知道密码，但是计算量大。由于大部分车用 ECU 的计算能力与内存有限，通用的做法是使用对称密码加密，然后密钥在生产过程中被写入 ECU。这样做的后果是有许多 ECU 复用同一个密钥，当一个 ECU 密钥被破解后，同批的 ECU 都会有风险。为了解决这个问题，学术界和业界也提出了几种解决方案[8]：

（1）TLS 安全协议沿用非对称密码的算法对通信双方进行验证。

（2）Kerberos 是一个通用的基于对称密码的算法验证平台。

（3）TESLA 安全协议（注意：这个 TESLA 安全协议与 TESLA 汽车没有关系）提出了使用对称密码机制模拟非对称密码的做法，从而达到既安全又能降低计算量的目的。

（4）LASAN 安全协议使用两步验证的机制让通信双方实时交换密钥，然后使用对称密码的算法对信息进行验证。

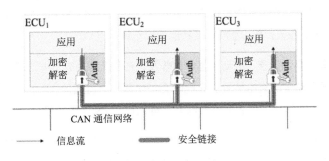

图 13-2　ECU 安全加密系统的组成

13.5　车联网通信系统的安全

当无人车上路后，它会成为车联网的一部分。V2X 是车联网通信机制的总称。可以说，V2X 是泛指各种车辆通信的情景，包括 V2V、V2I、V2P 等。通过 V2X，车辆可以获得实时路况、道路信息、行人信息等一系列交通信息，从而带来远距离环境信号。例如 V2V，最普遍的应用场景是在城市街道、高速公路中，车辆之间可以相互通信，发送数据，实现信息的共享。这些共享数据包括车辆的时速、相对位置、刹车、直行还是左拐等所有与行驶安全相关的数据，这些数据都将提前提供给周围的车辆，使得周围的车辆都能够预判到其他车辆的驾驶行为，从而实现主动的安全策略。V2X 安全防护是无人驾驶必要技术和智慧交通的重要一环，本节我们讨论 V2X 的潜在安全风险及解决方案，如图 13-3 所示。

图 13-3　车联网 V2X 系统示意图

LTE-V 与 DSRC 是当前车联网的两大技术阵营，前者主要由中国企业推动，后者的发展比 LTE-V 成熟，是欧美等国车联网的主流技术。DSRC 即专用短程通信，是基于 IEEE 802.11p 标准开发的一种高效的无线通信技术，可提供高速的数据传输，并保证通信链路的低延时和低干扰，可实现小范围内图像、语音和数据的实时、准确和可靠的双向传输。NHTSA 已经将 IEEE 802.11p 作为 DSRC 的标准协议。

IEEE 802.11p 是在 IEEE 802.11 的基础上改进的，适用于要求更严格、环境更恶劣的车间通信，其采用 5.9GHz 的频段，通信距离达 300m。在物理层层面，75MHz 被划分为 7 个 10MHz 的信道，频率最低的 5MHz 作为安全空白，中间的一个信道是控制信道，并且有关安全的信息都是广播的形式。边上相邻的两个信道可以用于服务，经过协商后可当作一个 20MHz 的信道使用，比如传输视频之类，其通信优先级较低。控制信道使用小点的带宽利于减少多普勒频移效应，两倍警戒间隔减少了多径传输引起的码间干扰。以上改动的结果使物理层的传输速率减少了一半，标准的 IEEE 802.11p 的传输速率是 3Mbit/s，最大传输速率是 27Mbit/s。室内传输范围 300m，室外最大传输距离 1000m（无阻隔状态）。在芯片级别加强信道管理（对芯片制造商提出更严格的要求），改进 MAC（Media Access Control，媒体访问控制）层让通信工作组更有效率都是 IEEE 802.11p 的特色。SAE 制定了一组基于 DSRC 的数据消息标准，包括数据内容和帧格式。这个标准的名称为 SAE J2735，它目前的工作重点是车间通信的最小性能需求和 BSM（Basic Safety Message，基本安全消息）。其中，一部分 BSM 需要较高的实时性，需要 1s 发布 10 次，另一部分信息需要根据实际场景进行广播。DSRC 将需要传输的数据标准化，并将其具体的实现方式也标准化，采用 ASN.1 = Abstract Syntax Notation One 将数据消息转换为各种代码实现，于是就有了固定的标准，并有相应的工具支持，免去了各种数据结构的代码定义、编解码实现等。

确保 V2X 通信安全的系统要满足以下两个基本条件：第一，确认消息来自合法的发送设备，这需要通过验证安全证书来保证；第二，确认消息没有在传输过程中被修改，这需要接收信息后计算信息的完整性。为了实现 V2X 的安全，欧盟发起了 V2X 安全研究项目 PRESERVE，并在项目中提出了符合 V2X 安全标准的硬件、软件和安全证书架构。[9]

（1）**硬件**：在每辆车中都存储了大量机密的密钥，如果我们使用普通的 Flash 与 RAM，密钥会被轻易盗取。另外，使用加密解密技术对计算资源消耗极大。为了解决这些问题，PRESEVER 提出了设计安全存储硬件，以及使用 ASIC 硬件加速加密解密。

（2）**软件**：在安全硬件上，PRESERVER 提供了一整套开源软件栈保障安全通信。这套软件栈提供了加密解密的软件库、电子证书认证库、与受信任的证书颁发机构的安全通信库等。

（3）**安全证书**：为了确保信息来源与可信设备，我们可以使用受信任的证书颁发机构提供安全证书与密钥。当汽车 A 向汽车 B 发送信息时，汽车 A 的发送器会在信息上添加电子签名，并用密钥对信息进行加密。汽车 B 接收信息时，会先对信息的电子证书进行认证，确认信息是由汽车 A 发送的，再使用公钥对信息进行解密，并对信息的完整性进行验证。

13.6 安全模型校验方法

为保证无人驾驶系统的安全性，我们需要从纵向对系统的每个层面进行校验。[10~13]这些层面包括代码、ECU、控制算法、车内网及车外网、自动车整体与物理环境结合的所谓网宇实体系统，甚至需要多部车辆互相通信的车联网。越往上层，系统的复杂度越高，校验也越困难，因此一般对上层系统的分析会基于下层的分析结果做抽象化处理。例如在分析车内网时，对与网络链接的 ECU 一般只考虑通信接口的模型，而不会考虑电子控制单元内的具体功能及软件。在对每个层面做安全分析时，我们也需要考虑各种不同的威胁模型和攻击向量。例如，代码的安全校验除了需要考虑缓冲区溢出，还要考虑其他模块利用 API 侵入，或者第三方软件里可能载有木马的威胁。在对车内网进行分析时，要考虑在某个 ECU 被黑客控制下可能出现的各种情况，包括阻断服务攻击（Denial of Service Attack）、修改通信件的内容、伪造通信件的来源等。由于无人驾驶系统对处理速度和容量的要求远高于传统车辆控制系统的需求，一部分单核的电子控制单元在不久的将来会被多核芯片或 GPU 取代。每个新的 ECU 将会支持多个功能或多个功能的部分实现，而这些功能会通过虚拟机管理硬件资源分配。从安全的角度来说，我们需要对虚拟机管理器进行分析，比如虚拟机与虚拟机之间的通信（intra-VM communication）要保证不被第三方干扰或窃听。无人车加入了很多新的自动行驶功能，比如最简单的自动刹车。对于这些功能的控制算法，验证时我们也需要全面地考虑前文提到的一系列威胁，包括某个传感器的信息被恶意修改、通信渠道被堵所引起的信息滞后等。因为无人车需要强大的 AI 系统做支持，所以对这些 AI 系统的不同攻击方式也在校验的考虑范围内。有研究指出，深度学习系统（应用在图像识别上）也很容易被攻击。例如，修改一张图像中的几个像素就可能使识别结果大相径庭。这个隐患大大增加了系统被黑客攻破的可能性。在车联网的层面上，常见的安全问题有通信信息被篡改，被黑客控制的车辆故意提供假信息或伪造身份，进行阻断服务攻击，女巫攻击（sybil attack：单辆车通过控制多个身份标识对网络整体进行攻击），以及盗取其他车主的私密信息（比如所在位置）。

13.7 小结

本章，我们重点介绍了关于车内网（比如前面提到的 CAN）和控制系统的安全模型和验证。现有的车内网安全协议一般建立在一些基本的加密单元上，比如对称密钥加密和非对称密钥加密。一般初始身份鉴别时需要用非对称密钥加密，而之后的通信可以用相对更快的对称密钥加密。根据不同的安全等级需求，密钥的长度会不一样。长的密钥会更安全，也会增加加密和解密的时间，因此影响到控制系统的性能。另外，长的密钥会增加通信的负担。不管是 CAN 还是 TDMA 类的车内网协议，这些附加的安全信息都可能导致通信超时（结果可能是来不及刹车），因此在安全校验的同时也必须考虑增加安全机制所产生的延时。最后，密钥的分发和管理也至关重要。这是当前面临的技术难点之一，还没有特别好的解决方案。对于协议本身的验证方法有几种。一般来说，我们先校验协议的数学模型，LASAN 就是先用形式化验证工具 Scyther 证明协议的安全性，然后做仿真来测试性能。对于控制系统，分析时会侧重考虑攻击对数据产生的影响（比如延时、丢失或假数据），然后对相应的安全方案（比如传感器数据混合处理或状态估计）做数学证明以便达到校验的目的。类似的方法也被应用在验证一些车联网的功能上，例如巡航控制。总体来说，无人车的安全问题至关重要，如果车辆被黑客攻击或控制，会危及人命。但是，不管从技术还是标准化的角度看，现阶段对于无人车安全问题的校验尚未成熟，还需要学术界和工业界的深入研究与大力开发。

13.8 参考资料

[1] S. Checkoway, D. McCoy, B. Kantor, et al. Comprehensive experimental analyses of automotive attack surfaces. In Proc. 20th USENIX Security, San Francisco, CA, 2011.

[2] K.Koscher, A.Czeskis, F.Roesner, et al. Experimental security analysis of a modern automobile. In Security and Privacy (SP), 2010 IEEE Symposium on. IEEE.pp. 117-462,May 2010.

[3] D.Dominic,S.Chhawri,R.M.Eustice,et al. Risk Assessment for Cooperative Automated Driving. In Proceedings of the 2nd ACM Workshop on Cyber-Physical Systems Security and Privacy,pp. 47-58.ACM.

[4] J.Petit, B.Feiri, F.Kargl, et al. Remote attacks on automated vehicles sensors: Experiments on camera and lidar. Black Hat Europe, 11, 2015.

[5] Y.Shoukry, P.Nuzzo, A.Puggelli, et al. Secure state estimation for cyber physical systems under sensor attacks: a satisfiability modulo theory approach. arXiv preprint arXiv:1412.4324,2014.

[6] A.Nguyem, J.Yosinski, J.Clune.Deep neural networks are easily fooled: High confidence predictions for unrecognizable images. In Proceedings of the IEEE Conference on Computer Vision and Pattern Recognition.pp. 427-436,2015.

[7] F.J.R.Lera,F.Casade, C.Fernàndez, et al. Cybersecurity in Autonomous Systems: Evaluating the performance of hardening ROS. Málaga, Spain, pp.47,2016.

[8] P.Mundhenk,S.Steinhorst,M.Lukasiewycz, et al. Lightweight authentication for secure automotive networks. In Proceedings of the 2015 Design, Automation & Test in Europe Conference & Exhibition .pp. 285-288. EDA Consortium.

[9] N.BiBmeyer, J.Petit, D.Estor, et al. PRESERVE d1. 2 v2x security architecture.Deliverable, PRESERVE consortium.

[10] S.A. Seshia, D.Sadigh, S.S.Sastry. Formal methods for semi-autonomous driving. In Proceedings of the 52nd Annual Design Automation Conference.pp.148.ACM.

[11] T.Wongpiromsarn, R.M.Murray. Formal verification of an autonomous vehicle system. In Conference on Decision and Control,May2008.

[12] E.Clarke,D.Garlan,B.Krogh，et al. Formal verification of autonomous systems NASA intelligent systems program,2001.

[13] R.Simmons,C.Pechewr,G.Srinivasmn. Towards automatic verification of autonomous systems. In Intelligent Robots and Systems, 2000.(IROS 2000). Proceedings.2000 IEEE/RSJ International Conference on,Vol. 2, pp. 1410-1415. IEEE.

14

对抗样本攻击与防御在无人驾驶中的应用

第 13 章从无人驾驶的硬件控制与通信技术的角度分析了无人驾驶系统存在的安全问题，本章将聚焦安全模型校验方法中基于人工智能模型的无人驾驶系统的决策安全性。基于交通参与主体的图像或视频流中的目标实时分类与识别方法，是当前无人驾驶系统智能决策子系统的主要手段之一。但是，基于深度学习模型的图像或视频流分类与识别算法往往存在安全隐患问题。参与交通的图像或视频流的对抗样本攻击与防御方法就是这类问题的典型代表。本章将从对抗样本攻击与防御的算法、对抗攻击与防御训练的实验平台及代表性的实验案例出发，具体讨论针对交通参与主体图像的对抗样本攻击与防御方法在无人驾驶场景中的应用问题。

2013 年，Szegedy 等人[1]首先在图像分类领域发现了一个有趣的现象：通过对目标图像添加微小的扰动就可以使基于 DNN 的图像识别系统输出错误的结论。对抗样本（Adversarial Examples）是指人为地对无人驾驶系统中的交通场景图像，包括交通标志、交通标线、车辆模型、行人等参与交通行为的图像数据集，添加细微的干扰所生成的新的输入图像样本。这类输入图像样本（具有攻击性的输入样本）可以导致无人驾驶系统中智慧决策子系统的深度学习模型得出错误的目标分类或对象识别结论。在无人驾驶领域，在识别交通场景图像的深度学习模型中,基于对抗样本攻击的常见案例有:通过细微的改变(人眼无法区分的改变)生成对抗样本,欺骗卷积神经网络模型,将"熊猫"的图像误判为"长臂猿";将比尔·盖茨的人脸图像误判为迈克尔·乔丹;将交通标志中的"停止"路标图像误判为"限速 45km/h"的标志等。这类基于对抗样本攻击的深度学习模型缺陷,是自动驾驶系统中潜在的交通安全隐患。因此,面向无人驾驶的人工智能领域对深度学习模型的推理逻辑和数学完备性理论开展了深入而广泛的研究。例如,谷歌公司的 Szegedy 等人对神经网络深度学习模型提出了两个有趣的属性:

(1)神经网络模型中包含语义信息的部分并不取决于某个独立的神经元,而是由整个网络空间决定的。

(2)基于神经网络模型的深度学习过程,从输入图像数据集到输出推理结论之间的映射关系是一种不连续的映射关系,不具备严格的数学逻辑意义上的可推理性。

他们认为正是这两个天然的属性,导致基于神经网络的深度学习模型给对抗样本留下了攻击机会。Goodfellow 等人则认为对抗样本能实现成功攻击任务,本质上是深度神经网络模型在高维空间中的线性特性导致的,并基于这种判断提出了一种高效的生成对抗样本的方法。

典型的面向交通参与对象的对抗样本攻击示例如图 14-1 所示。

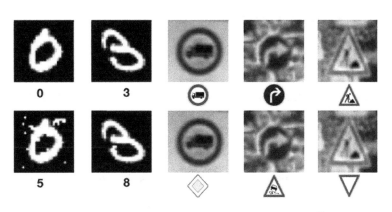

图 14-1　典型的面向交通参与对象的对抗样本攻击示例[2]

如图 14-1 所示,最上一行是真实环境中获取的五种合法交通标志样本的图像,第二行表示上一行真实标志图像对应的数字"0"、数字"3"、"货车通行"、"右转弯"和"道路施工"的标志。第三行是添加扰动后生成的对抗样本图像。由于添加的对抗扰动很小,第一行图像与第三行图像在视觉上的差异难以分辨。采用深度学习算法对第三行对抗样本图像识别输出的结果如第四行所示，对应的对抗样本学习输出结果为数字"5"、数字"8"、"黄色钻石"、"道路易滑"和"空白三角"标志。由此可见，通过对交通标志图像添加微小扰动，可以欺骗深度学习模型，产生的输出结果与真实的交通标志大相径庭。

据笔者所知，目前尚无能够完全抵抗样本攻击的"银弹"。无论某个分类器或者深度学习模型的层数有多深，或者神经网络模型的完备性有多高，使用某个特殊的小样本干扰总是能导致目标图像样本的分类器产生误判。因此，无人驾驶领域内的学术界和工业界对深度学习模型的鲁棒性充满了期待，对对抗样本攻击的防御措施也进行了广泛研究与应用。除了 DNN，对抗样本攻击对强化学习模型、RNN 等应用到语音识别、自然语言处理、文本处理等多种应用领域仍然有效。

上海理工大学无人驾驶系统安全实验室（Security of Autonomous Vehicle System Lab, SAVS）是主要从事无人驾驶系统图像识别与分类算法、车联网攻击等人工智能算法研究的实验室，对于对抗样本在无人驾驶领域中图像分类模型上的攻击方法做了一些探索和实践。本章将详细介绍 SAVS 实验室关于网联汽车攻击算法的研究成果，包括安装、配置百度安全实验室的 AdvBox 的实验环境，验证基于 AdvBox 的多种对抗样本攻击的实验。如果读者感兴趣，希望获取本章相关的实验资料，可以访问 SAVS 的官方网站。

14.1 对抗样本攻击算法

14.1.1 白盒攻击算法

采用白盒方法攻击时，攻击者需要深入了解深度学习模型的网络结构，获知模型所使用的算法及参数，从而进行梯度计算，与系统进行交互。常见的白盒攻击算法如下：

1）L-BFGS 算法

L-BFGS 算法是基于 BFGS 算法的改进版。BFGS 算法在大规模的数值计算中存储 Hessian 矩阵，因此会浪费大量的存储空间及计算资源。相比于 BFGS 算法，L-BFGS 算法在规模较大的数值计算中所展现的优势更明显。L-BFGS 算法不存储 Hessian 矩阵，只保留最近的 m 次迭代信息，来构造 Hessian 矩阵的近似矩阵。因此，L-BFGS 算法的主要特点是计算的收敛速度快，每一步迭代都能保证近似矩阵的正定，算法的鲁棒性强。

L-BFGS 算法思路

BFGS 算法中 H_{k+1} 可以表示如下：

$$H_{k+1} = \left(I - \frac{s_k y_k^T}{y_k^T s_k}\right)^T H_k \left(I - \frac{y_k s_k^T}{y_k^T s_k}\right) + \frac{s_k s_k^T}{y_k^T s_k}$$

L-BFGS 算法在此基础上，令

$$\rho_k = \frac{1}{y_k^T s_k} \qquad V_k = I - \frac{y_k s_k^T}{y_k^T s_k}$$

则 BFGS 算法中的 H_{k+1} 可以表示为

$$H_{k+1} = V_k^T H_k V_k + \rho_k s_k s_k^T$$

保留最近的 m 次迭代，因此生成新的 H_{k+1}：

$$H_{k+1} = (V_k^T V_{k-1}^T \cdots V_{k-m}^T) H_k (V_{k-m} \cdots V_{k-1} V_k)$$
$$+ (V_k^T V_{k-1}^T \cdots V_{k-m}^T) \rho_1 s_1 s_1^T (V_{k-m} \cdots V_{k-1} V_k) + \cdots$$
$$+ V_k^T \rho_{k-1} s_{k-1} s_{k-1}^T V_k + \rho_k s_k s_k^T$$

通过存储最近 m 步的 $\{s_k\}$ 和 $\{y_k\}$，可以计算出 H_k。

2）FGSM 算法

FGSM（Fast Gradient Sign Method）算法[3]最早由 Goodfellow 等人在其论文 *Explaining and Harnessing Adversarial Examples* 中提出，利用梯度下降的方法实现非线性模型的线性扰动。具体实现过程如下：

假定选择 θ 作为模型的参数，x 作为模型的输入，y 作为输出的标签，$J(\theta,x,y)$ 作为训练神经网络的损失函数。在 θ 当前值的附近线性化损失函数 $J(\theta,x,y)$，可以获得一个最佳正则限制扰动 $\eta = \varepsilon \text{sign}(\nabla_x J(\theta,x,y))$，从而使用反向传播法快速计算相应的梯度值。

利用 FGSM 算法进行对抗性训练的损失函数可定义为

$$\tilde{J}(\theta,x,y) = \alpha J(\theta,x,y) + (1-\alpha) J(\theta,x,\varepsilon \text{sign}(\nabla_x J(\theta,x,y)))$$

3）BIM 算法

BIM 算法[4]是由 Alexey Kurakin 等人在其论文 *Adversarial Examples In The Physical*

World 中提出的。BIM 算法以 FGSM 算法为基础，基于 L_∞ 范数约束，可用于快速生成对抗样本。

在对非指定目标进行攻击时，通过对 FGSM 算法的迭代计算生成对抗样本。为了确保它们位于原始图像的一个相邻区域，加入 Clip 函数用于图像归一化的值域回归：

$$X_0^{adv} = X, X_{N+1}^{adv} = \text{Clip}_{X,\varepsilon}\{X_N^{adv} + \alpha \text{sign}(\nabla_X J(X_N^{adv}, y_{true}))\}$$

在对指定目标进行攻击时，可以使用类似的迭代方法生成对抗样本：

$$X_0^{adv} = X, X_{N+1}^{adv} = \text{Clip}_{X,\varepsilon}\{X_N^{adv} - \alpha \text{sign}(\nabla_X J(X_N^{adv}, t))\}$$

在实际生成对抗样本的过程中，α 一般取值为 1，即在每一步中只改变了每个像素的值。迭代的次数为 $\min(\varepsilon + 4, 1.25\varepsilon)$。虽然 BIM 算法与 FGSM 算法同样简洁高效，算法思想易于理解，但 BIM 算法的攻击效果显著优于 FGSM 算法。

4）ILCM

ILCM（Iterative Least-Likely Class Method）[4]攻击方法会导致非常荒谬的分类错误，比如将"狗"识别为"飞机"。它试图创建一个对抗图像样本，并将其分类为一个特定的目标对象。根据图像 X 的训练网络的预测，对其进行分类：

$$y_{LL} = \arg\min_y\{p(y|X)\}$$

为了生成一个被分类为特定目标图像的对抗图像，可以通过在符号方向 $\text{sign}\{\nabla_X \log p(y_{LL}|X)\}$ 上做迭代计算产生最大化的 $\log p(y_{LL}|X)$。最后一个表达式 $\text{sign}\{-\nabla_X J(X, y_{LL})\}$ 是神经网络的交叉熵损失，如下式所示：

$$X_0^{adv} = X, X_{N+1}^{adv} = \text{Clip}_{X,\varepsilon}\{X_N^{adv} - \alpha \text{sign}(\nabla_X J(X_N^{adv}, y_{LL}))\}$$

5）MI-FGSM

动量法 MI-FGSM（Momentum Iterative Fast Gradient Sign Method）[5]是一种加速梯度下降算法的技术，它是通过在不同迭代的损失函数的梯度方向上积累速度向量来计算加速梯度下降的算法。在随机梯度下降法中，动量法也是稳定有效的。

从一个真实的例子 x 中生成一个非目标的对抗示例 x^*，它满足 L_∞ 范数约束，基于梯度的方法解决约束优化问题，寻找对抗样本，如下所示：

$$y_{LL} = \arg\max_y J(x^*, y), \quad \text{s.t.} \quad \|x^* - x\|_\infty \leq \varepsilon$$

其中ε为对抗干扰的大小。FGSM算法通过对数据点周围的决策边界做线性假设，将梯度的符号应用到一个真实的例子中，从而生成一个对抗性的例子。然而在实践中，当失真较大时，线性假设可能不成立，使得FGSM算法产生的对抗性的例子欠拟合，限制了它的攻击能力。相反，迭代FGSM算法在每次迭代中贪婪地将对抗性示例移动到梯度符号的方向上，从而很容易陷入糟糕的局部最大值和过拟合状态，这种模型不太可能跨模型传输。

为了打破这种状态，可以将动量集成到迭代的FGSM算法中，从而稳定更新方向，摆脱局部最大值的"陷阱"。因此，在增加循环迭代计算时，基于动量的方法可以作为迭代FGSM白盒模型的对手。

6）JSMA

Papernot等人在 *The Limitations of Deep Learning in Adversarial Settings* 中介绍了一种基于L_0的范数约束的优化攻击，即JSMA（Jacobian-based Saliency Map Attack）[6]。在高水平上，攻击是一种贪婪的算法，它每次可以选择多个像素，但只能修改其中一个，从而增加每次迭代的目标分类。用梯度$\nabla Z(x)_l$可以计算一个显著性映射，它可以模拟每个像素对结果分类的影响。

一个较大的值表明，改变它将大大增加模型标识为图像目标类l的可能性。基于显著性映射原则，将挑选最重要的像素并修改它来增加类别l的可能性。重复这一过程，直到大于该像素设定的阈值，使得攻击可检测，或者成功地改变分类计算的类别。

如下式所示，可以使用一对像素来定义显著性映射[7]：

$$\alpha_{pq} = \sum_{i=\{p,q\}} \frac{\partial Z(x)_l}{\partial x_i}$$

$$\beta_{pq} = \left(\sum_{i=\{p,q\}} \sum_{j} \frac{\partial Z(x)_j}{\partial x_i}\right) - \alpha_{pq}$$

其中α_{pq}表示像素p和q的变化会改变目标分类的程度，β_{pq}表示p和q会改变模型在其他指标上的输出程度，然后根据下式判断：

$$(p^*, q^*) = \arg\max(-\alpha_{pq} \cdot \beta_{pq}) \cdot (\alpha_{pq} > 0) \cdot (\beta_{pq} < 0)$$

如果$\alpha_{pq} > 0$，则表明目标分类命中的概率更高；如果$\beta_{pq} < 0$，则表明其他类命中的

概率较低，$-\alpha_{pq} \cdot \beta_{pq}$ 的值就是最大值（注：JSMA 使用倒数第二层 Z 的输出，在计算渐变的过程中不使用 Softmax F 的输出）。

7）DeepFool

DeepFool[8]最早由 S. Moosavi-Dezfooli 等人在 *DeepFool: a simple and accurate method to fool deep neural networks* 中提出。DeepFool 算法是基于L_2范数约束优化的非目标攻击技术，与 L-BFGS 方法相比，它能有效地产生更有效的对抗性示例。多分类模型可以视作二分类模型的聚合。如图 14-2 所示，假设分割平面是一条直线，直线的两侧分别对应不同的分类结果，可以很容易地看出f在点x_0处的鲁棒性，$\Delta(x_0; f)$等于从x_0到平面 $F = \{x: \boldsymbol{\omega}^T \boldsymbol{x} + b = 0\}$的距离。

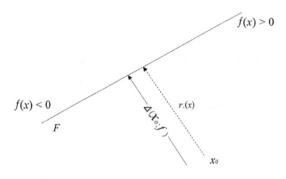

图 14-2　DeepFool 图例

如算法 1 所示，以最简单的二分类模型为例，假设$\hat{k}(x) = \text{sign}(f(x))$，其中$f$是任意标量值图像分类函数$f: \boldsymbol{R}^n \to \boldsymbol{R}$。再定义$F \stackrel{\text{def}}{=} \{x: f(x) = 0\}$，置$f(x)$等于 0。

算法 1　DeepFool：二分类模型

1: **input:** Image x, classifier f.
2: **output:** Perturbation $\hat{r}$.
3: Initialize $x_0 \leftarrow x$, $i \leftarrow 0$.
4: **while** $\text{sign}(f(x_i)) = \text{sign}(f(x_0))$ **do**
5:　　$r_i \leftarrow -\frac{f(x_i)}{\|\nabla f(x_i)\|_2^2} \nabla f(x_i)$,
6:　　$x_{i+1} \leftarrow x_i + r_i$,
7:　　$i \leftarrow i + 1$.
8: **end while**
9: **return** $\hat{r} = \sum_i r_i$.

如果想改变某一点的分类结果，则一定要跨过分割平面。显然，最短的移动距离就是 x_0 到 F 的正交投影。向量化表示距离如下，其中 ω 为参数矩阵：

$$\frac{f(x)\omega}{\|\omega\|_2^2}$$

在实际操作过程中，分割平面往往是非线性的，此时可以采用微积分思想。当移动的距离很小时，可以近似地认为分割平面相对该点是线性的。每次迭代时，该点都以很小的移动距离不断逼近分割平面。

在进行迭代计算时，多分类模型与二分类模型不同，需要选取该点向不同分类标签移动时，距离最短的那个。

算法 2 DeepFool：多分类模型

1: **input:** Image x, classifier f.
2: **output:** Perturbation $\hat{r}$.
3: Initialize $x_0 \leftarrow x$, $i \leftarrow 0$.
4: **while** $\hat{k}(x_i) = \hat{k}(x_0)$ **do**
5:    **for** $k \neq \hat{k}(x_0)$ **do**
6:       $w'_k \leftarrow \nabla f_k(x_i) - \nabla f_{\hat{k}(x_0)}(x_i)$,
7:       $f'_k \leftarrow f_k(x_i) - f_{\hat{k}(x_0)}(x_i)$.
8:    **end for**
9:    $\hat{l} \leftarrow \arg\min_{k \neq \hat{k}(x_0)} \frac{|f'_k|}{\|w'_k\|_2}$
10:   $r_i \leftarrow \frac{|f'_l|}{\|w'_l\|_2^2} w'_l$
11:   $x_{i+1} \leftarrow x_i + r_i$,
12:   $i \leftarrow i + 1$.
13: **end while**
14: **return** $\hat{r} = \sum_i r_i$.

---

8) C&W 攻击算法

C&W 攻击算法可以生成对抗样本，然后打印出交通标志的海报，并将其覆盖于实际的交通标牌或标线上，形成海报打印攻击；也可以在纸张上打印扰动图像并粘贴到真实标志上，形成贴纸扰动攻击。C&W 攻击算法实质上包括三个不同的攻击算法，分别通过限制对抗样本与原始图像之间的 L_0、L_2 和 L_∞ 距离控制图像的扰动，并通过目标函数的参数 k 控制生成对抗样本的置信度。

C&W 攻击算法首先定义图像 x，寻找对抗实例的目标函数为

$$\text{Minimize } D(x, x+\delta)$$

$$C(x+\delta) = t,\ x+\delta \in [0,1]^n$$

当 x 固定时，目标是找到最小化的方法。也就是说，要找到一个小的改变量 δ，使得图像 x 的分类发生变化，且结果 $D(x, x+\delta)$ 仍然是一个有效的图像。这里的 D 是一些距离度量，它要么是基于 L_0 或 L_2 的范数约束，要么是基于 L_∞ 的范数约束。

1. 基于 L_2 的范数约束攻击

对于给定图像 x，选择一个目标类 t，然后寻找 ω 解决最小化问题，f 定义为

$$f(x') = \max(\max\{Z(x')_i : i \neq t\} - Z(x')_t, -k)$$

这个目标函数 f 是最优解函数，只需稍加修改就可以通过调整参数 k 来控制错误分类的可信度。参数 k 激励求解器找到一个具有高度自信的对抗性实例 x'，在此攻击中，将参数 k 设置为 0。

2. 基于 L_0 的范数约束攻击

因为 L_0 距离度量不易通过微分计算获得，不适合应用于标准梯度下降计算的方法，所以只能使用迭代计算法。在每个迭代计算过程中，使用 L_2 攻击来识别一些对分类器输出没有太大影响的图像像素，然后修复这些像素，从而保证它们的像素值不会被改变。在每次迭代计算过程中，固定像素的集合都在增长，直到通过消除过程确定了一个最小的像素子集，最终生成一个对抗的样本。

更具体地讲，在每次迭代计算过程中只调用 L_2 攻击，仅限于修改允许集中的像素。让最小化目标函数中的 δ 作为输入图像 x 的 L_2 攻击计算的返回值，从而 $x+\delta$ 就构成了一个对抗样本的例子。然后计算目标函数 $g = \nabla f(x+\delta)$ 的梯度值。选择像素 $i = \arg\min_i g_i \cdot \delta_i$，并固定 i，然后把 i 从允许集中移除。$g_i \cdot \delta_i$ 的值，即 $f(\cdot)$ 从目标图像的第 i 个像素的减少量。当 x 移动到 $x+\delta$ 时，g_i 即在获得的函数 f 中的减少量。每个单位改变第 i 个像素，然后乘以第 i 个像素的改变量。重复以上过程，直到 L_2 对抗攻击行为找不到对抗样本为止。

3. 基于 L_∞ 的范数约束攻击

因为 L_∞ 距离度量是不可微分的，所以不适用于计算标准梯度下降算法。解决方案仍

然是迭代计算法。在目标函数中用一个惩罚函数来替换L_2项,如下式所示。该惩罚函数对于任何超过τ(初始值设定为 1,在每轮迭代计算过程中逐步减小)的项都要进行惩罚性计算。因为损失项同时惩罚所有的大数值,所以可以有效防止计算结果发生振荡。具体地讲,在每轮迭代计算过程中都要解决最小化计算的问题。

$$c \cdot f(x+\delta) + \sum_i [(\delta_i - \tau)^+]$$

$$\left\| \frac{1}{2}(\tanh(\omega)+1) - x \right\|_2^2 + c \cdot f\left(\frac{1}{2}(\tanh(\omega)+1)\right)$$

在每轮迭代计算后,如果所有的i都满足$\delta_i < \tau$,就将τ减小 0.9,一直重复;如果$\delta_i \geqslant \tau$,则停止搜索。同样,必须选择一个好的常数c以供L_∞的对抗攻击使用。计算方法与L_0攻击类似:最初将c设置为非常小的值,并以c值运行L_∞对抗攻击。如果迭代计算中止了,则将c乘以 2,再次尝试迭代计算,直到成功收敛为止。如果c超过某个固定的阈值,就可以终止搜索。

每次迭代计算时都使用"热启动"提高梯度下降算法的计算收敛速度,该算法的收敛速度和基于L_2的范数约束攻击算法(只有一个起点)几乎一样快。

14.1.2 黑盒攻击算法

黑盒攻击完全将深度学习模型当成一个黑盒,攻击者并不知道该深度学习模型的具体算法和参数,而是根据输出的反馈不断调整输入数据,反复与系统进行交互从而达到图像样本攻击的目的。与白盒攻击相比,黑盒攻击的难度更大。常见的黑盒攻击算法如下:

1. 单像素攻击

单像素攻击(Single Pixel Attack)[9],只需改变图像中的一个像素点即可实现对抗攻击。可以将生成对抗性图像样本形式化为具有约束的优化问题。

输入的图像X可以由n个像素向量表示,即$X = (x_1, ..., x_n)$,其中每个向量元素表示一个像素,设f是接收n维输入的目标图像分类器,t为类别,$X = (x_1, ..., x_n)$是正确分类为类t的原始自然图像。因此,属于类t的X的概率是$f_t(X)$。向量$e(X) = (e_1, ..., e_n)$是根据初始图像X、目标类adv和最大修改器限制L的附加对抗扰动向量。L总是通过向量$e(X)$的长度来测量。在针对性攻击的情况下,攻击者的目标是找到针对以下问题的优化解决方案$e(X)^*$:

$$\text{maximize}_{e(X)^*} \quad f_{adv}(X + e(X))$$

$$\text{s.t. } \tan\|e(X)\| \leqslant L$$

单像素扰动的问题可以分解为两部分：确定扰动哪个扰动对象，以及扰动的程度。

那么问题就可以简化为

$$\text{maximize}_{e(X)^*} \quad f_{adv}(X + e(X))$$

$$\text{s.t. } \tan\|e(X)\|_0 \leqslant d$$

单像素攻击，即 $d=1$。

注意：通过扰动所有像素构建通常的对抗样本，对于扰动强度具有总体约束；而单像素攻击算法则是控制扰动的像素个数，对于扰动强度不做限制。

2. 局部搜索攻击

局部搜索攻击（Local Search Attack）[10]也是迭代搜索的计算过程，在每一轮迭代计算过程中，使用局部邻域来细化当前的图像，并且最小化网络将给真实类别标签分配高置信度的概率。虽然该算法简单，但是对生成具有相当小扰动的对抗图像方面的对抗攻击效果显著。局部搜索方法可以生成一些可靠的对抗样本，并且几乎没有任何干扰。与大多数攻击算法都需要扰乱图像的所有像素相比，局部搜索攻击的另一个特点就是可以只在对抗图像的生成过程中扰乱小部分像素。此外，局部搜索攻击算法也不需要访问完整的概率向量。

对于一般的优化计算问题，该算法的工作原理如下：考虑一个目标函数 $f(z): \mathbf{R}^n \to \mathbf{R}$，目标是最小化 $f(z)$。局部搜索算法按轮次搜索。每轮都有两个步骤，让 z_{i-1} 成为第 $i-1$ 次迭代后的解决方案。第一步是选择点 $Z = \{\hat{z}_1, ..., \hat{z}_n\}$ 的一个小子集，即一个所谓的局部邻域，对每个 $\hat{z}_j \in Z$ 都计算 $f(\hat{z}_j)$ 的值。通常，集合 Z 由接近于当前 z_{i-1} 的点组成。第二步，综合考虑前面的解决方案 z_{i-1} 和 Z 中的点，选择一个新的解决方案 z_i。因此，$z_i = g(f(z_{i-1}), f(\hat{z}_1), ..., f(\hat{z}_n))$，其中 g 是一些预定义的变换函数。

通过调整通用搜索程序，使其有效地搜索关键集。进而优化计算过程，将尝试启用最小化网络算法确定扰动图像含有原始图像的类标签概率，再用局部搜索算法，最终生成的扰动图像与原始图像只相差几个像素。直观地看，在每一个计算轮次中，局部搜索算法通过理解几个像素对输出的影响，计算出当前图像梯度的隐式近似值，并更新当前图像。局部搜索攻击算法的伪代码如算法3所示。

算法 3	LocSearchAdv (NN)
1:	**Input:** 输入的图片 I 带有正确标注的标签 $c(I) \in \{1,...,C\}$，两个
2:	非奇异的参数 $p \in \mathbb{R}$、$r \in [0,2]$，4 个其他参数邻接方阵长度的半值
3:	$d \in \mathbb{N}$，每次奇异的像素个数 $t \in \mathbb{N}$，最大错误分类阈值 $k \in \mathbb{N}$，和最
4:	大次数的上限值 $R \in \mathbb{N}$
5:	**Output:** 输出结果取决于最终是否找到对抗性样本 $\hat{I}_0 = I$, $i = 1$
6:	从 I 中随机挑选 10%的像素位置点形成$(P_x, P_y)_0$
7:	While $i \leqslant R$ do:
8:	{用邻域计算函数g}
9:	$\mathcal{J} \leftarrow \cup_{(x,y) \in (P_x, P_y)_{i-1}} \{\text{PERT}(\hat{I}_{i-1}, p, x, y)\}$
10:	对每个 $\hat{I} \in \mathcal{J}$，计算数值 $(I) = f_{c(I)}(I)$ ($f_{c(I)}(I) = o_{c(I)}$，
11:	$NN(\hat{I}) = (o_1,...,o_C))$
12:	sorted($\mathcal{J}$) $\leftarrow \mathcal{J}$中的图像按数值进行降序排序
13:	$(P_X^*, P_Y^*)_i \leftarrow \{(x,y) : \text{PERT}(\hat{I}_{i-1}, p, x, y) \in \text{sorted}(\mathcal{J})[1:t]\}$ （随
14:	机打破内部关联）
15:	{扰动图像$\hat{I}_i$的生成}
16:	for $(x,y) \in (P_X^*, P_Y^*)_i$ 和每个通道 b do
17:	$\hat{I}_i(b,x,y) \leftarrow \text{CYCLIC}(r,b,x,y)$
18:	end for
19:	{检查扰动图像$\hat{I}_i$是否是对抗图像}
20:	if $c(I) \notin \pi(NN(\hat{I}_i), k)$ then
21:	return Success
22:	end if
23:	{更新下一轮中像素位置点的邻域}
24:	$(P_x, P_y)_i$
25:	$\leftarrow \cup_{\{(a,b) \in (P_X^*, P_Y^*)_{i-1}\}} \cup_{\{x \in [a-d, a+d], y \in [b-d, b+d]\}} (x,y)$
26:	$i \leftarrow i + 1$
27:	**End while**
28:	**Return** Failure

14.2 对抗样本防御算法

14.2.1 特征压缩法

神经网络的特征值空间通常较大，存在较多冗余的特征值，给对抗样本攻击者提供了构建对抗性示例的机会。特征压缩（Feature Squeezing）[11]将对应于原始空间中的众多不同特征向量的样本合并成单个样本，通过减少样本的冗余特征缩小攻击者可以利用的搜索空间。

交通图像的特征压缩法通常有两类：减少图像中每个像素颜色的位深度，以及空间平滑法。这两类策略可以与其他防御算法互补，并且可以在联合检测框架中进行组合，以实现针对最先进攻击的高检测率。

1．减少图像中每个像素颜色的位深度

8位灰度图像为每个像素提供了2^8(0~255)个数值，其中0是黑色，255是白色，中间数字表示不同程度的灰色。将每个像素压缩到2^i个数值，可以有效降低被攻击的可能性，而且不会影响神经网络识别交通标志图像的能力。

原始8位图像的深度压缩为i位图像的基本算法思路如下：

首先将输入图像标准化到[0,1]，使得不用更改目标模型的任何内容。为了压缩到i位深度($1 \leqslant i \leqslant 7$)，需要乘以$(2i-1)$并取整。然后将整数缩放回[0,1]空间，并除以$(2i-1)$。使用整数舍入运算，就将原始的256灰度深度的图像压缩到了2^i。

2．空间平滑法

空间平滑法（也称为模糊法）是一组在图像处理中广泛使用的降低图像噪声的处理技术。通常有两类空间平滑方法：局部平滑法和非局部平滑法。

1）局部平滑（Local Smoothing）法

局部平滑法又包含高斯平滑法、平均值平滑法和中值平滑法。

局部平滑法使用附近的像素来平滑每一个像素，通过选择不同的机制来加权邻近的像素。中值平滑（也称为中值模糊或中值滤波）在减轻L_0攻击产生的敌对示例方面特别有效。

中值过滤器在图像的每个像素上运行一个滑动窗口，中值滤波通常采用正方形的滑动窗口。滑动窗口中心的像素被其相邻像素的中值所取代。实际上并没有减少图像中像素的数量，仅在附近的像素上传播像素值。中值滤波本质上使得相邻像素变得更相似，从而达到压缩图像样本的目的。滑动窗口的尺寸大小是一个可配置的参数，该参数可以被动态设置为[1, 整个图像容量]区间中的某个特定值。如果滑动窗口被设置为最大值（即等于整个图像的容量），则会将整个图像拉平为某个固定的颜色灰度值。此时，由于没有真正的像素来填充滑动窗口，窗口边缘的像素可以使用一些填充方法。例如，反射填充可以将图像与窗口边缘进行镜像，在必要时可以计算滑动窗口的中值。

中值平滑法对于消除图像中的黑色和白色像素效果明显，还能保留目标图像的边缘。相邻区域的像素点是相似相关的，对整个图像进行平滑计算不会影响图像的整体质量，并且可以消除图像的加性噪声。

2）非局部平滑（Non-local Smoothing）法

非局部平滑法与局部平滑法的差异较大，它可以在相对较大的区域内平滑相似的像素。对于某个给定的小块区域图像，非局部平滑法通过在图像的较大区域中检索到多个相似的小块区域图像，并用这些小块区域图像的平均值替换区域中心的小块区域图像。假设噪声的平均值为零，那么在保持物体边缘的同时，平均值相同的小块将会抵消噪声。与局部平滑法类似，计算多个相似小块区域图像的平均值的方法也对应有高斯平滑法、平均值平滑法和中值平滑法。例如，选择高斯内核的某种变体，并允许控制与均值的偏差。非局部平滑法的参数通常包括搜索窗口大小（用于搜索类似小块图像的较大图像区域）、小块的尺寸大小和图像频率的过滤强度（高斯内核的带宽）等。

14.2.2 标签平滑法

与对抗性训练不同的是，不同的防御系统旨在提高深度神经网络的鲁棒性，使之与攻击无关。在这些攻击性技术中，防御性方法使模型分两个步骤强化模型：首先训练分类模型，它的分类器通过除以常数 T 来平滑。然后，使用相同的输入训练第二个模型，但不是将原始标签提供给第二个模型，而是将来自第一个模型最后一层的概率向量用作软目标，将第二个模型用于将来的部署。用这种策略训练第二种模型的优点是它能使损耗函数更平滑。通过使用平滑的标签来训练一个模型，可以以更低的成本获得类似的行为。

这种被称为"标签平滑"（Label Smoothing）[12]的技术，把类标签替换成软目标（目标类的值接近 1，而其他类的权重则取决于其他类），并使用这些新值代替真正的标签来训练模型，因此可以省去训练额外模型的需求进行防御。

14.2.3 高斯增强法

高斯增强（Gaussian Augmentation）[12]法支持数据增强防御的直观性，例如对抗训练是约束模型对一个真实的实例做出相同的预测，它轻微的扰动版本应该增加它的泛化能力。虽然对抗性训练提高了模型对白盒攻击的鲁棒性，但它不能有效地防御黑盒攻击。这是因为模型仅在几个方向上加强（通常是每个输入示例一个），使其很容易被其他方向攻击。此外，没有用于防止模型对不确定的区域做出可靠决策的机制，即不是由数据样本表示的输入空间的部分。相反，用高斯噪声扰动来增加训练集，一方面允许探索多个方向；另一方面，可以使模型的置信度得到提升。虽然以前的属性可以通过任何类型的噪声（例如均匀噪声）来实现，但后者是使用高斯分布来进行扰动的特殊情况。

高斯增强提供了最平滑的 ReLU 激活模型。特征压缩和标签平滑都能在模型中产生较高的梯度，而其他的防御算法则会强制接近原始未受保护模型的平滑度。一般性差异分析 GDA（Generalized Discriminat Analysis）有助于平滑模型置信度，而不影响真实示例的准确性（有时甚至还能改进它）。注意，对 GDA 来说，其损失函数值的变化比其他防御方法更平滑。

14.2.4 防御性对抗训练

面向对抗攻击行为的防御性对抗训练，可以给被攻击的深度学习模型提供真实的图像样本和对抗性样本，也可使用修改后的目标函数增强深度学习训练的数据和扰动样本，如下式所示：

$$\tilde{J}(\theta, x, y) = \alpha J(\theta, x, y) + (1 - \alpha) J(\theta, x + \Delta x, y)$$

这类防御性训练的目的是在特定方向（对抗的扰动）上增加深度学习模型的鲁棒性，确保被攻击的深度学习模型能够为真实的图像样本和沿特定方向扰动的样本预测到相似类或同类像素。14.4 节的后续实验过程中，对抗训练模型使用了一个或多个攻击策略，例如 FGSM 算法、DeepFool 和虚拟对抗示例。

然而，对抗训练模型[12]通常仅对原始的被攻击的深度学习模型的对抗样本有效。如果攻击者使用不完全相同的对抗训练模型计算扰动样本，那么防御训练就有可能失效。此外，如果采用两步攻击法，仍然可能绕过防御性对抗训练。两步攻击法通常先对一个图像样本进行计算随机扰动，然后用经典的攻击算法实现攻击行为。两步攻击法和黑盒攻击的成功，主要归因于训练样本的图像质量损失严重。如果对抗样本在特定扰动方向上存在平滑损失，可能会使基于梯度方向的攻击无效。但是，有可能使得损失在其他方向上更明显，导致新的攻击模型更加脆弱。

14.3 实验平台安装及环境配置

AdvBox 是一款由百度安全实验室研发的深度学习模型安全的工具箱，目前原生支持 PaddlePaddle、PyTorch、Caffe2、MXNet、Keras 及 TensorFlow 等多种深度学习平台。AdvBox 同时支持 GraphPipe，屏蔽了底层使用的深度学习平台，使用户可以实现"零编码"，仅通过几个命令就可以对 PaddlePaddle、PyTorch、Caffe2 等平台生成的深度学习模型进行黑盒攻击[13]。

本章所示的实验主要在 Ubuntu 服务器系统下的 PaddlePaddle 环境中完成，并结合 TensorFlow 平台及 CUDA 编程模型实现攻击算法及防御算法。PaddlePaddle 也可以在 macOS 系统上运行。

14.3.1 PaddlePaddle 的安装（Ubuntu 系统）

1. 创建 PaddlePaddle 环境

目前，AdvBox 仅支持 Python 2.*、PaddlePaddle 0.12 以上的版本。笔者在 Ubuntu 操作系统上使用 Anaconda 创建不同的 Python 环境，解决 Python 多版本不兼容的问题。

```
conda create --name pp python=2.7
```

Conda 的创建命令和 Python 编译环境如图 14-3 所示。

```
capal@capal:~/johnny$ conda create --name pp python=2.7
Solving environment: done

==> WARNING: A newer version of conda exists. <==
  current version: 4.5.4
  latest version: 4.5.11

Please update conda by running

    $ conda update -n base conda


## Package Plan ##

  environment location: /home/capal/anaconda2/envs/pp

  added / updated specs:
    - python=2.7


The following packages will be downloaded:

    package                    |            build
    ---------------------------|-----------------
    sqlite-3.25.2              |       h7b6447c_0         1.9 MB
    python-2.7.15              |       h9bab390_2        12.7 MB
    certifi-2018.10.15         |           py27_0         139 KB
    pip-18.1                   |           py27_0         1.8 MB
    openssl-1.1.1              |       h7b6447c_0         5.0 MB
    setuptools-40.5.0          |           py27_0         614 KB
    wheel-0.32.2               |           py27_0          35 KB
    ------------------------------------------------------------
                                           Total:        22.2 MB

The following NEW packages will be INSTALLED:

    ca-certificates: 2018.03.07-0
    certifi:         2018.10.15-py27_0
    libedit:         3.1.20170329-h6b74fdf_2
    libffi:          3.2.1-hd88cf55_4
    libgcc-ng:       8.2.0-hdf63c60_1
    libstdcxx-ng:    8.2.0-hdf63c60_1
    ncurses:         6.1-hf484d3e_0
    openssl:         1.1.1-h7b6447c_0
    pip:             18.1-py27_0
    python:          2.7.15-h9bab390_2
    readline:        7.0-h7b6447c_5
    setuptools:      40.5.0-py27_0
    sqlite:          3.25.2-h7b6447c_0
    tk:              8.6.8-hbc83047_0
    wheel:           0.32.2-py27_0
    zlib:            1.2.11-ha838bed_2

Proceed ([y]/n)? y

Downloading and Extracting Packages
sqlite-3.25.2        | 1.9 MB | ############################################################ | 100%
```

图 14-3　创建 Anaconda 支持的多 Python 兼容环境

通过以下命令激活 PaddlePaddle 环境：

source activate pp

操作步骤如图 14-4 所示。

```
#
# To activate this environment, use:
# > source activate pp
#
# To deactivate an active environment, use:
# > source deactivate
#
capal@capal:~/johnny$
capal@capal:~/johnny$
capal@capal:~/johnny$ source activate pp
(pp) capal@capal:~/johnny$
(pp) capal@capal:~/johnny$
```

图 14-4　激活 PaddlePaddle 环境

如果 Ubuntu 操作系统上没有预先安装 Anaconda 软件，则可以在 Ubuntu 操作系统上通过 wget 命令下载安装脚本，然后执行 bash 安装脚本。可参考图 14-5 所示的步骤下载安装脚本，参考图 14-6 所示的步骤执行脚本文件，完成安装工作。Anaconda 软件成功安装后的系统提示如图 14-7 所示。

执行下载 Anaconda 软件的 Shell 脚本程序：

```
wget https://repo.anaconda.com/archive/Anaconda2-5.2.0-Linux-x86_64.sh
```

```
root@capal:/home/johnny# wget https://repo.anaconda.com/archive/Anaconda2-5.2.0-Linux-x86_64.sh
--2018-11-09 13:45:42--  https://repo.anaconda.com/archive/Anaconda2-5.2.0-Linux-x86_64.sh
Resolving repo.anaconda.com (repo.anaconda.com)... 104.17.107.77, 104.17.108.77, 104.17.109.77, ...
Connecting to repo.anaconda.com (repo.anaconda.com)|104.17.107.77|:443... connected.
HTTP request sent, awaiting response... 200 OK
Length: 632688935 (603M) [application/x-sh]
Saving to: 'Anaconda2-5.2.0-Linux-x86_64.sh.1'

Anaconda2-5.2.0-Linux-x86 100%[===========================>] 603.38M  9.39MB/s    in 65s

2018-11-09 13:46:49 (9.22 MB/s) - 'Anaconda2-5.2.0-Linux-x86_64.sh.1' saved [632688935/632688935]
```

图 14-5　下载 Anaconda 软件

执行 Anaconda 软件的安装程序：

```
bash Anaconda2-5.2.0-Linux-x86_64.sh
```

```
root@capal:/home/johnny# bash Anaconda2-5.2.0-Linux-x86_64.sh
Welcome to Anaconda2 5.2.0

In order to continue the installation process, please review the license
agreement.
Please, press ENTER to continue
>>>
=================================
Anaconda End User License Agreement
=================================

Copyright 2015, Anaconda, Inc.
```

图 14-6　安装 Anaconda 软件

```
installing: odo-0.5.1-py27h9170de3_0 ...
installing: scikit-image-0.13.1-py27h14c3975_1 ...
installing: statsmodels-0.9.0-py27h3010b51_0 ...
installing: blaze-0.11.3-py27h5f341da_0 ...
installing: seaborn-0.8.1-py27h633ea1e_0 ...
installing: anaconda-5.2.0-py27_3 ...
installation finished.
Do you wish the installer to prepend the Anaconda2 install location
to PATH in your /root/.bashrc ? [yes|no]
[no] >>> yes

Appending source /home/johnny/anaconda2/bin/activate to /root/.bashrc
A backup will be made to: /root/.bashrc-anaconda2.bak


For this change to become active, you have to open a new terminal.

Thank you for installing Anaconda2!

===========================================================================
```

图 14-7　Anaconda 软件安装成功

Anaconda 软件安装成功后，可以执行如下指令，查看 Anaconda 软件的版本号，确认脚本安装是否成功。

```
conda -version
```

输出结果如图 14-8 所示。

```
root@capal:/home/johnny# conda --version
conda 4.5.4
```

图 14-8　查看 Anaconda 版本

2. 安装 PaddlePaddle

可以直接使用 pip 工具安装 PaddlePaddle，如以下命令所示：

```
pip install paddlepaddle
```

如果希望指定版本进行安装，则可参考如下命令指明 PaddlePaddle 的版本号：

```
pip install paddlepaddle==0.12.0
```

如果希望使用 GPU 加速训练过程，则可以根据如下命令安装支持 GPU 版本的 PaddlePaddle：

```
pip install paddlepaddle-gpu
```

paddlepaddle-gpu 针对不同的 cuDNN 和 CUDA 具有不同的编译版本。以本实验室的 GPU 服务器为例，我们支持的 CUDA 版本为 10.0.130，cuDNN 版本为 7.3.1，对应安装参数 paddlepaddle-gpu 设置为 paddlepaddle-gpu==0.15.0.post97。目前，paddlepaddle-gpu 最高只能支持到 CUDA 9，因此目前使用的版本为 0.15.0.post97。paddlepaddle-gpu 的成功安

装提示如图 4-9 所示。

```
pip install paddlepaddle-gpu==0.15.0.post97
```

```
Requirement already satisfied: requests==2.9.2 in /home/capal/anaconda2/envs/pp/lib/python2.7/site-pa
ckages (from paddlepaddle-gpu==0.15.0.post97) (2.9.2)
Requirement already satisfied: recordio==0.1.0 in /home/capal/anaconda2/envs/pp/lib/python2.7/site-pa
ckages (from paddlepaddle-gpu==0.15.0.post97) (0.1.5)
Requirement already satisfied: Pillow in /home/capal/anaconda2/envs/pp/lib/python2.7/site-packages (f
rom paddlepaddle-gpu==0.15.0.post97) (5.3.0)
Requirement already satisfied: opencv-python in /home/capal/anaconda2/envs/pp/lib/python2.7/site-pack
ages (from paddlepaddle-gpu==0.15.0.post97) (3.4.3.18)
Requirement already satisfied: rarfile in /home/capal/anaconda2/envs/pp/lib/python2.7/site-packages (
from paddlepaddle-gpu==0.15.0.post97) (3.0)
Requirement already satisfied: nltk>=3.2.2 in /home/capal/anaconda2/envs/pp/lib/python2.7/site-packag
es (from paddlepaddle-gpu==0.15.0.post97) (3.3)
Requirement already satisfied: python-dateutil>=2.1 in /home/capal/anaconda2/envs/pp/lib/python2.7/si
te-packages (from matplotlib->paddlepaddle-gpu==0.15.0.post97) (2.7.5)
Requirement already satisfied: subprocess32 in /home/capal/anaconda2/envs/pp/lib/python2.7/site-packa
ges (from matplotlib->paddlepaddle-gpu==0.15.0.post97) (3.5.3)
Requirement already satisfied: cycler>=0.10 in /home/capal/anaconda2/envs/pp/lib/python2.7/site-packa
ges (from matplotlib->paddlepaddle-gpu==0.15.0.post97) (0.10.0)
Requirement already satisfied: backports.functools-lru-cache in /home/capal/anaconda2/envs/pp/lib/pyt
hon2.7/site-packages (from matplotlib->paddlepaddle-gpu==0.15.0.post97) (1.5)
Requirement already satisfied: pytz in /home/capal/anaconda2/envs/pp/lib/python2.7/site-packages (fro
m matplotlib->paddlepaddle-gpu==0.15.0.post97) (2018.7)
Requirement already satisfied: pyparsing!=2.0.4,!=2.1.2,!=2.1.6,>=2.0.1 in /home/capal/anaconda2/envs
/pp/lib/python2.7/site-packages (from matplotlib->paddlepaddle-gpu==0.15.0.post97) (2.3.0)
Requirement already satisfied: kiwisolver>=1.0.1 in /home/capal/anaconda2/envs/pp/lib/python2.7/site-
packages (from matplotlib->paddlepaddle-gpu==0.15.0.post97) (1.0.1)
Requirement already satisfied: setuptools in /home/capal/anaconda2/envs/pp/lib/python2.7/site-package
s (from protobuf==3.1->paddlepaddle-gpu==0.15.0.post97) (40.5.0)
Installing collected packages: paddlepaddle-gpu
Successfully installed paddlepaddle-gpu-0.15.0.post97
(pp) capal@capal:~/johnny$
```

图 14-9 PaddlePaddle-gpu 成功安装提示

查看服务器的 cuDNN 和 CUDA 版本的方法为：

```
#cuda 版本
cat /usr/local/cuda/version.txt
#cudnn 版本
cat /usr/local/cuda/include/cudnn.h | grep CUDNN_MAJOR -A 2
#或者
cat /usr/include/cudnn.h | grep CUDNN_MAJOR -A 2
```

14.3.2 PaddlePaddle 的安装（macOS 系统）

在 macOS 操作系统上安装 paddlepaddle 包的方式比较特殊，需要在 Docker 镜像上直接运行。参考操作如以下命令所示：

```
docker pull paddlepaddle/paddle
docker run --name paddle-test -v $PWD:/paddle --network=host -it paddlepaddle/paddle /bin/bash
```

如果 macOS 系统上没有预先装 Docker，则需要先下载再安装。

14.3.3 多 GPU 支持的配置

如果需要使用多块 GPU 板卡加速计算，则需要安装 NCCL 库。

例如，需要下载安装支持 Ubuntu 16.04 操作系统的 NCCL 2.2.13 和 CUDA 8 软件。可以参考如下命令在 Ubuntu 操作系统上安装：

```
apt-get install libnccl2=2.2.13-1+cuda8.0 libnccl-dev=2.2.13-1+cuda8.0
```

在 Ubuntu 操作系统上，可以按如下方式配置 NCCL 的环境变量：

```
export NCCL_P2P_DISABLE=1
export NCCL_IB_DISABLE=1
```

14.3.4 支持 Caffe 及 TensorFlow

1）Caffe 平台支持转换成 PaddlePaddle 格式

PaddlePaddle 提供了 Caffe 平台的转换工具 caffe2fluid。

2）TensorFlow 平台支持转换成 PaddlePaddle 格式

PaddlePaddle 提供了 TensorFlow 平台的转换工具 tf2paddle。

14.3.5 部署 AdvBox 代码

可以参考 git clone 命令直接同步 AdvBox 的代码，其中的示例代码在 https://github.com/baidu/AdvBox.git 的 tutorials 目录下。

克隆部署成功后的系统提示如图 14-10 所示。

```
(pp) capal@capal:~/johnny$ git clone https://github.com/baidu/AdvBox.git
正克隆到 'AdvBox'...
remote: Enumerating objects: 14, done.
remote: Counting objects: 100% (14/14), done.
remote: Compressing objects: 100% (13/13), done.
remote: Total 1170 (delta 2), reused 6 (delta 1), pack-reused 1156
接收对象中: 100% (1170/1170), 59.61 MiB | 75.00 KiB/s, 完成.
处理 delta 中: 100% (735/735), 完成.
检查连接... 完成。
(pp) capal@capal:~/johnny$
```

图 14-10 部署 AdvBox 成功后的系统提示

14.3.6 样本攻击的测试

安装完 AdvBox 后,可以运行 tutorials 中的攻击示例代码,检验样本攻击的环境是否配置完整和正确。

运行如下命令,可以初步尝试 FGSM 攻击算法的攻击测试:

```
python mnist_tutorial_fgsm.py
```

图 14-11 展示了 MNIST 生成训练模型执行过程中,Ubuntu 操作系统返回的部分提示。

图 14-11 Ubuntu 操作系统返回的部分提示

生成训练完成后,便可进行攻击测试。图 14-12 和图 14-13 分别展示了攻击测试和攻击完成后的系统提示。

执行 FGSM 算法的攻击测试程序:

```
python mnist_tutorial_fgsm.py
```

图 14-12 进行攻击测试

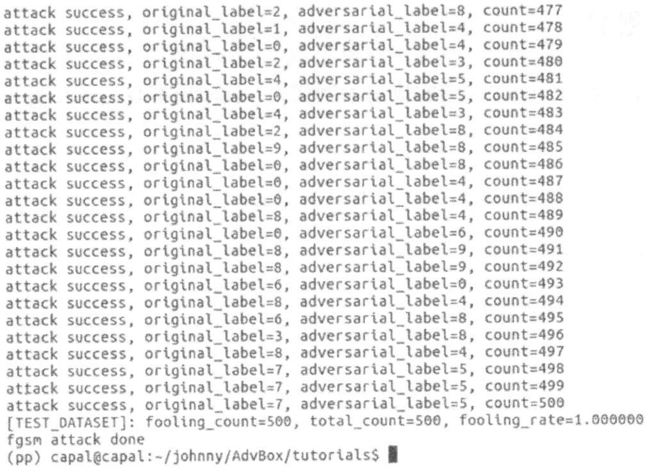

```
attack success, original_label=2, adversarial_label=8, count=477
attack success, original_label=1, adversarial_label=4, count=478
attack success, original_label=0, adversarial_label=4, count=479
attack success, original_label=2, adversarial_label=3, count=480
attack success, original_label=4, adversarial_label=5, count=481
attack success, original_label=0, adversarial_label=5, count=482
attack success, original_label=4, adversarial_label=3, count=483
attack success, original_label=2, adversarial_label=8, count=484
attack success, original_label=9, adversarial_label=8, count=485
attack success, original_label=8, adversarial_label=8, count=486
attack success, original_label=6, adversarial_label=4, count=487
attack success, original_label=6, adversarial_label=4, count=488
attack success, original_label=8, adversarial_label=4, count=489
attack success, original_label=0, adversarial_label=6, count=490
attack success, original_label=8, adversarial_label=9, count=491
attack success, original_label=8, adversarial_label=9, count=492
attack success, original_label=6, adversarial_label=0, count=493
attack success, original_label=8, adversarial_label=4, count=494
attack success, original_label=6, adversarial_label=8, count=495
attack success, original_label=3, adversarial_label=8, count=496
attack success, original_label=8, adversarial_label=4, count=497
attack success, original_label=7, adversarial_label=5, count=498
attack success, original_label=7, adversarial_label=5, count=499
attack success, original_label=7, adversarial_label=5, count=500
[TEST_DATASET]: fooling_count=500, total_count=500, fooling_rate=1.000000
fgsm attack done
(pp) capal@capal:~/johnny/AdvBox/tutorials$
```

图 14-13　攻击测试完毕后的系统提示

从运行结果看，本次攻击测试实验执行 FGSM 算法的攻击成功率为 100%。

14.4　AdvBox 攻击与防御实验

14.4.1　面向 CNN 模型的白盒攻击

首先，生成攻击用的模型，AdvBox 的测试模型是一个识别 MNIST 的 CNN 模型：

```
python mnist_model.py
```

运行结果如下：

```
pass_id=1 acc=0.96 pass_acc=0.9697166452308495
pass_id=1 pass_acc=0.9697166452308495
pass_id=2 acc=1.0 pass_acc=1.0
pass_id=2 pass_acc=1.0
train mnist done
```

图 14-14 所示为用 CCN 模型训练 MNIST 数据集示例。

14 对抗样本攻击与防御在无人驾驶中的应用

图 14-14 用 CNN 模型训练 MNIST 数据集示例

然后，运行攻击代码（以执行 FGSM 算法的攻击演示代码为例）：

```
python mnist_tutorial_fgsm.py
```

部分运行结果如下：

```
attack success, original_label=1, adversarial_label=2, count=496
attack success, original_label=4, adversarial_label=8, count=497
attack success, original_label=5, adversarial_label=8, count=498
attack success, original_label=2, adversarial_label=3, count=499
attack success, original_label=4, adversarial_label=5, count=500
[TEST_DATASET]: fooling_count=488, total_count=500, fooling_rate=0.976000
fgsm attack done
```

从运行结果来看，FGSM 算法的攻击成功率为 97.6%。

14.4.2 面向 ResNet 模型的白盒攻击

类似地，首先需要生成攻击用的深度学习模型，本次实验展示的是基于 CIFAR10 数据集的 ResNet 深度学习模型的攻击案例。

执行 ResNet 深度学习模型的训练程序：

```
python cifar10_model.py
```

运行结果如图 14-15 所示,CIFAR10 数据集训练完毕。

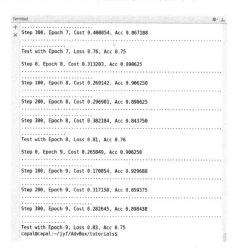

图 14-15　训练 CIFAR10 数据集的 ResNet 模型

然后,运行攻击代码(以 FGSM 算法的演示代码为例):

```
python cifar10_tutorial_fgsm.py
```

运行结果如图 14-16 所示。

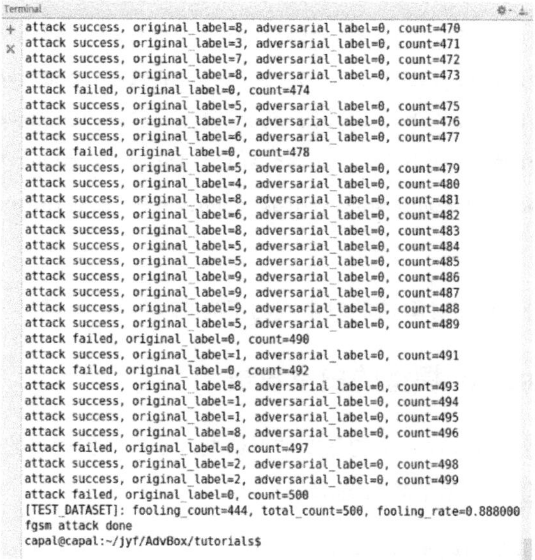

图 14-16　面向 ResNet 模型的 FGSM 攻击

发起的 500 次 FGSM 算法攻击中，成功攻击 444 次，攻击成功率达到 88.8%。

14.4.3 面向 CNN 模型的黑盒攻击

同样，先面向 MNIST 数据集训练 CNN 深度学习模型。训练步骤参考 14.4.1 节。

CNN 模型训练完成后，即可运行攻击代码。以黑盒攻击算法 SinglePixelAttack 执行攻击行为为例，执行如下命令：

```
python mnist_tutorial_singlepixelattack.py
```

运行结果如图 14-17 所示。

图 14-17 SinglePixelAttack 攻击完毕

从运行结果来看，SinglePixelAttack 算法的攻击成功率为 100%。

14.4.4 面向 CNN 模型的特征压缩防御方法

传统的深度学习模型可能存在冗余的特征项，因此这些冗余的特征项被利用作为样本攻击的缺口。通过特征压缩（Feature Squeezing）[11]防御方法可以有效减少冗余特征，抵抗样本攻击。

实现步骤仍然是先生成攻击用的深度学习模型，本实验仍然选用 MNIST 数据集，对 CNN 模型进行训练。

执行 CNN 深度学习模型的训练程序：

```
python mnist_model.py
```

然后运行如下攻击代码，攻击具有特征压缩防御措施的 CNN 模型。

```
python mnist_tutorial_defences_feature_squeezing.py
```

运行结果如图 14-18 所示。攻击没有加固的传统 CNN 模型，FGSM 攻击算法的成功率为 42.8%；而攻击特征压缩防御加固后的 CNN 模型，FGSM 攻击算法的成功率下降到 8.6%。实验证明，采用特征压缩的方法是抵抗对抗样本攻击的有效防御手段。

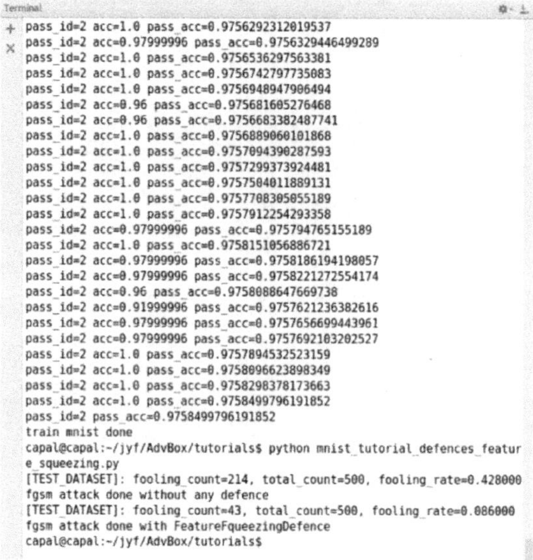

```
Terminal
pass_id=2 acc=1.0 pass_acc=0.9756292312019537
pass_id=2 acc=0.97999996 pass_acc=0.9756329446499289
pass_id=2 acc=1.0 pass_acc=0.9756536297563381
pass_id=2 acc=1.0 pass_acc=0.9756742797735083
pass_id=2 acc=1.0 pass_acc=0.9756948947906494
pass_id=2 acc=0.96 pass_acc=0.975681605276468
pass_id=2 acc=0.96 pass_acc=0.9756683382487741
pass_id=2 acc=1.0 pass_acc=0.9756889060101868
pass_id=2 acc=1.0 pass_acc=0.9757094390287593
pass_id=2 acc=1.0 pass_acc=0.9757299373924481
pass_id=2 acc=1.0 pass_acc=0.9757504011889131
pass_id=2 acc=1.0 pass_acc=0.9757708305055189
pass_id=2 acc=1.0 pass_acc=0.9757912254293358
pass_id=2 acc=0.97999996 pass_acc=0.975794765155189
pass_id=2 acc=1.0 pass_acc=0.9758151056886721
pass_id=2 acc=0.97999996 pass_acc=0.9758186194198057
pass_id=2 acc=0.97999996 pass_acc=0.9758221272554174
pass_id=2 acc=0.96 pass_acc=0.9758088647669738
pass_id=2 acc=0.91999996 pass_acc=0.9757621236382616
pass_id=2 acc=0.97999996 pass_acc=0.9757656699443961
pass_id=2 acc=0.97999996 pass_acc=0.9757692103202527
pass_id=2 acc=1.0 pass_acc=0.9757894532523159
pass_id=2 acc=1.0 pass_acc=0.9758096623898349
pass_id=2 acc=1.0 pass_acc=0.9758298378173663
pass_id=2 acc=1.0 pass_acc=0.9758499796191852
pass_id=2 pass_acc=0.9758499796191852
train mnist done
capal@capal:~/jyf/AdvBox/tutorials$ python mnist_tutorial_defences_featur
e_squeezing.py
[TEST_DATASET]: fooling_count=214, total_count=500, fooling_rate=0.428000
fgsm attack done without any defence
[TEST_DATASET]: fooling_count=43, total_count=500, fooling_rate=0.086000
fgsm attack done with FeatureFqueezingDefence
capal@capal:~/jyf/AdvBox/tutorials$
```

图 14-18　分别攻击传统 CNN 模型和特征压缩防御后的 CNN 模型

14.4.5　面向 CNN 模型的高斯增强防御方法

交通图像的高斯增强（Gaussian Augmentation）手段，也是防御对抗样本攻击的有效方法。本次实验依然先生成攻击用的深度学习模型，同样采用 MNIST 数据集对 CNN 模型进行训练。模型训练执行如下指令，训练的步骤和结果与 14.4.4 节中训练 CNN 模型的一致。

```
python mnist_model.py
```

训练结束后,可以参考如下指令执行带高斯增强加固模块的 CNN 模型,样例程序保存在 mnist-gad 目录下:

```
python mnist_model_gaussian_augmentation_defence.py
```

运行结果如图 14-19 所示,高斯增强加固模型运行完毕。

图 14-19 生成高斯增强加固后的模型

最后,尝试攻击带高斯增强模块的 CNN 模型:

```
python mnist_tutorial_defences_gaussian_augmentation.py
```

运行结果如图 14-20 所示。对比分析传统的 CNN 模型和具有高斯增强模块的 CNN 模型,实验结果表明用 FGSM 算法攻击传统 CNN 模型的成功率为 43.3%,攻击具有高斯增强模块的 CNN 模型的成功率下降到 35.6%。

图 14-20　分别攻击未加固 CNN 模型和高斯增强加固后的 CNN 模型

14.5　防御建议

对抗样本攻击通过巧妙地找到训练集中的弱点，成功发起攻击。但是，对于图像和语音识别应用的场景，做到有效的防御并不困难，主要方法可以归纳为以下三种。

（1）**补充人机交互认证手段**：例如，系统设定用户对识别后的对象进行再次提醒、再确认，或者通过语音或简单数值计算等方式进行交互式验证。另外，可以补充其他生物特征模式进行验证。

（2）**提高对抗攻击的启动门槛**：例如，对语音数据集增加声纹数据样本，避免恶意语音的对抗攻击。通过对图像数据集增加滤波器等方式过滤恶意高频分量等。

（3）**提高深度学习模型本身的抗攻击性**：例如，增加深度学习模型的深度和对抗攻击验证模块，增强深度学习模型识别恶意攻击样本的能力。

14.6　小结

近年来，深度学习模型的研究取得了长足发展，被广泛应用到图像识别、目标分类、自然语言处理等多种应用领域。当前，所有无人驾驶汽车至少安装有两个以上的高清摄像头，用于获取车辆周边环境（包括交通标志、标牌、标线、行人、车辆等）的图像与视频流。无人驾驶汽车智能决策子系统通过深度学习模型分类并识别通过摄像头获取的交通图像或视频流，从而进一步做出是否停车、是否减速、是否避让等动作。TESLA 公司 CEO 伊隆·马斯克称，未来 TESLA 的无人驾驶汽车将摒除 LIDAR 和激光雷达等传感器，只依靠摄像头获取的交通图像或视频流和 GPS 系统就能完成无人驾驶操作的智能化决策[14]。这就使得依靠交通图像或视频流进行深度学习与智能化决策模型的准确性、鲁棒性、抗干扰和抗攻击性显得更重要。

14.7 参考资料

[1] Christian Szegedy,Wojciech Zaremba, Ilya Sutskever, et al.Intriguing properties of neural networks. Computer Science, 2013.

[2] N.Papernot, P.McDaniel, I.Goodfellow, et al, Practical Black-Box Attacks against Machine Learning·Proceedings of the 2017 ACM on Asia Confrence on Computer and Communications Security(ASIA CCS), Abu Dhabi, April.02-06, pp.506-519, 2017.

[3] Goodfellow I J, Shlens J, Szegedy C. Explaining and harnessing adversarial examples (2014). arXiv preprint arXiv:1412.6572.

[4] Kurakin A, Goodfellow I, Bengio S. Adversarial examples in the physical world. arXiv preprint arXiv:1607.02533, 2016.

[5] Dong Y, Liao F, Pang T, et al. Boosting adversarial attacks with momentum. arXiv preprint arXiv:1710.06081, 2017.

[6] Papernot N, McDaniel P, Jha S, et al. The limitations of deep learning in adversarial settings. Security and Privacy (EuroS&P), 2016 IEEE European Symposium on. IEEE,pp.372-387, 2016.

[7] Carlini N, Wagner D. Towards evaluating the robustness of neural networks//2017 IEEE Symposium on Security and Privacy (SP), pp.39-57, 2017.

[8] Moosavi-Dezfooli S M, Fawzi A, Frossard P. Deepfool: a simple and accurate method to fool deep neural networks. Proceedings of the IEEE Conference on Computer Vision and Pattern Recognition. pp. 2574-2582, 2016.

[9] Su J, Vargas D V, Kouichi S. One pixel attack for fooling deep neural networks. arXiv preprint arXiv:1710.08864, 2017.

[10] Narodytska N, Kasiviswanathan S P. Simple black-box adversarial perturbations for deep networks. arXiv preprint arXiv:1612.06299, 2016.

[11] Xu W, Evans D, Qi Y. Feature squeezing: Detecting adversarial examples in deep neural networks. arXiv preprint arXiv:1704.01155, 2017.

[12] Zantedeschi V, Nicolae M I, Rawat A. Efficient defenses against adversarial attacks//Proceedings of the 10th ACM Workshop on Artificial Intelligence and Security. ACM, pp. 39-49, 2017.

[13] Baidu AdbBox 网页。

[14] Elon Musk, The future we're building and boring, TED 2017[OL], https://www.ted.com/talks/elon_musk_the_future_we_re_building_and_boring/transcript, 2017.

15 无人驾驶数据服务通信协议

15.1 数据服务通信协议发展历史

车辆数据服务通信协议的发展可以分为三大阶段,如图 15-1 所示。第一阶段,由 2G、3G、4G 等技术实现的车载信息服务,包括车载导航、车辆诊断、影音娱乐等;第二阶段,由 LTE-V2X 等技术实现的高级辅助驾驶应用,包括实时交通信息共享、应急车辆通行预警、碰撞预警等;第三阶段,将通过 5G 技术的普及逐步引入面向无人驾驶的应用,如远程驾驶、环境感知、编队行驶、高精地图下载等[1]。

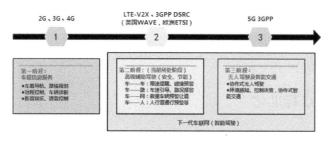

图 15-1 车载数据通信协议的发展[2]

车辆数据通信标准竞争早已在 IEEE 802.11p 和 3GPP 阵营的 Cellular-V2X 间展开[3]。两大阵营各自采用 DSRC 路线和 Cellular-V2X 路线。DSRC 在美国的车联网标准体系由 IEEE 和 SAE 共同完成，包括了 IEEE 802.11p、IEEE 1609、SAE J2735、J2945 等协议标准。欧洲的智能交通系统由 ISO、ETSI 和 CEN 共同完成。中国车联网领域的标准体系主要由工业与信息化部领导的 TIAA、CCSA，交通部领导的 C-ITS（China ITS Industry Alliance，中国智能交通产业联盟），未来移动通信论坛（Future Forum），中国汽车工程学会（SAE-China）及全国汽车标准化委员会（NTCAS/TC485）等机构联合制定和发布[3]。

DSRC 标准发布于 2010 年，目前处于行业应用的先发位置。从技术角度看，DSRC 采用轻调度、无功控等简单设计；从应用角度看，其芯片和终端已具备商用能力。近年来，3GPP 为 Cellular-V2X 制定了一系列技术标准，这些标准继承了蜂窝网运营管理的优势，能提供更快的传输速度，后续演进能力明显[2]。目前使用的 Cellular-V2X（下文简称 C-V2X）标准基于 LTE V2X，即 LTE Release-14 版本；LTE Release-15 对其进行增强，即 LTE-eV2X。LTE-V 及其演进版本预计可以满足未来 10 年车联网领域的需求。未来，3GPP 将在 5G Release-16 版本中引入基于 5G 空口的车联网，即 5G NR-V2X。相比 Release-15 版本，Release-16 版本可以满足智能交通应用在数据带宽、响应速度等方面的需求。

15.2 DSRC

DSRC 是一种双向半双工中短距离无线通信技术，用以实现数据高速传输，带宽有效范围 3~27Mbit/s。通过指定授权带宽，DSRC 可以实现安全可靠的通信。同时，DSRC 具有快速获取网络的能力，可立即建立通信。在 DSRC 环境中，安全应用比非安全应用的优先级高，可以实现主动安全应用的高频更新；同时，使用公钥基础设施（Public Key Infrastructure，PKI）实现安全信息认证和隐私保护[4]。DSRC 通信延迟在毫秒级，这样的低延迟使主动安全应用能够有足够的时间及时确认彼此并传输信息。DSRC 在高速行驶条件下可以良好工作，其性能也免受诸如雨、雾、雪等极端天气条件的影响，可靠性高。DSRC 支持 V2V 和 V2I 通信，支持互操作性，有利于普遍部署应用。这一系列的优点足以满足车联网目前的应用要求[5]。

15.2.1 DSRC 标准化

美国是推动 DSRC 应用的最主要的国家之一，美国交通部长期致力于 DSRC 的试点部署工作，早在 1999 年便选定 DSRC 为 V2V 通信方案，迄今已投入了约 10 亿美元开展开发测试。美国高速公路安全管理局在 2016 年 12 月发布了 V2V 通信法规提案，计划从 2021 年起实施新的法规，要求所有新增轻型车辆必须搭载基于 DSRC 的 V2V 技术。

美国依托 IEEE 和 SAE 两大协会为 DSRC 制定了完整的标准协议框架[6]，如图 15-2 所示，以 IEEE 1609/IEEE 802.11p 为车载短距无线通信协议标准；以 IEEE 802.11p 和 IEEE 1609.4 为 MAC 层、IEEE 1609.3 为网络层、IEEE 1609.2 为安全子层、IEEE 1609.11 和 SAE J2735 为应用层。IEEE 802.11p 标准在车载环境下可以提供达 3~27 MB/s 的传输速率，这大大改善了高速移动环境下的传输效果[7]。在此基础上，欧盟采用了不同的应用层标准，欧洲 CEN/TC 278 DSRC 标准采用的是 5.8 GHz 被动式微波通信，其通信速率中等（500 Kb/s 上行，250 Kb/s 下行）[8]。目前使用的 ASTM E 2213—03 协议是 IEEE 802.11 协议的改进版本，以实现向 IEEE 802.11p 过渡。ASTM E 2213—03 在 MAC 层和物理层上做出了一系列的规定和改进，以适应车载环境及 ITS 应用的需求。日本也构建了自己的 DSRC 通信框架，采用了不同的数据字典、信息集和协议。

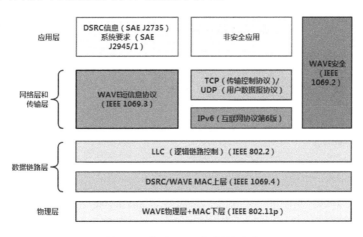

图 15-2 美国 DSRC 标准协议框架

在频谱分配方面，美国联邦通信委员会将 5850MHz~5925MHz 作为 V2V 和 V2I 通信的专用频谱，这与一些常见的通信协议有所不同。例如，Wi-Fi、蓝牙和 ZigBee 都是共享开放的 2.4GHz 频带。该委员会进一步将这一频段分成 7 个独立的频道，如图 15-3 所示，分别为频道 172、174、176、178、180、182 和 184；各频道频宽均为 10MHz。其中，频道 178 为控制频道（Control Channel，CCH），负责 WAVE 服务广播信息（WAVE Service Advertisement，WSA）数据包；其他频道为服务频道（Service Channel，SCH），只能传递 WAVE 短信息（WAVE Short Message，WSM）数据包。每辆车利用信道 172 交互 DSRC

基础安全信息，通过每秒 10 到 20 次频率的通信避免碰撞的发生。信道 184 是长距离高功率信道，将使用更高优先级进行紧急信息传播[9]。DSRC 信息内容示例如图 15-4 所示，每一条信息都包含两大部分内容。第一部分内容是强制性信息，将向外传播车辆位置、速度、方向、角度、加速度、制动系统状态、车辆尺寸等必要信息。第二部分内容是可选信息，传播的是车辆防抱死制动系统状态、历史路径、传感器数据、方向盘状态等信息。

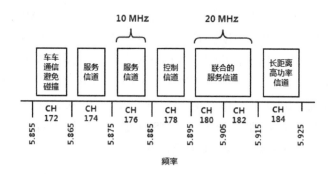

图 15-3　美国 DSRC 频道分配示意图

```
BasicSafetyMessageVerbose ::= SEQUENCE {
-- Part I, sent at all times
   msgID             DSRCmagID,              --App ID value, 1 byte
   magCnt            MsgCount,               --1 byte
   id                TemporaryID,            --4 bytes
   SecMark           DSecond,                --2 bytes
-- pos                PositionLocal3D,
   lat               Latitude,               --4 bytes
   long              Longitude,              --4 bytes
   elev              Elevation,              --2 bytes
   accuracy          PositionalAccuracy,     --4 bytes
-- motion             Motion,
   speed             TransmissionAndSpeed,   --2 bytes
   heading           Heading,                --2 bytes
   angle             SteeringWheelAngle,     --1 byte
   accelSet          AccelerationSet4Way,    --7 bytes
-- control            Control,
   brakes            BrakeSystemStatus,      --2 bytes
-- basic              VehicleBasic,
   size              VehicleSize,            --3 bytes
-- part II, sent as required
-- part II
   safetyExt         VehicleSafetyExtension  OPTIONAL,
   status            VehicleStatus           OPTIANAL,
   ... -- # LOCAL_CONTENT
```

图 15-4　DSRC 信息内容示例

欧洲电信标准协会也在 5.9GHz 频段内进行 DSRC 频谱分配，目前已将其中 30MHz 的频谱用于智能交通系统，未来将扩展到整个 5855~5925MHz 频段。日本在将 5770MHz~5850MHz 频段用于 DSRC 电子收费和 V2V 通信应用的同时，也将分配 755.5~764.5MHz 频段用于智能交通系统以避免频谱拥塞。韩国和澳大利亚目前也已经将 5855~5925MHz 频段预留给智能交通系统。中国目前对于 DSRC 的频谱分配尚无正式规定,但关于 5.9GHz 频段通信在 V2X 无人驾驶等领域中的应用已讨论已久。

15.2.2　DSRC 通信机制

DSRC 车载通信系统如图 15-5 所示，由车载单元（On Board Unit，OBU）、路侧单元（Road Side Unit，RSU）及专用短距离无线通信协议 3 部分组成。

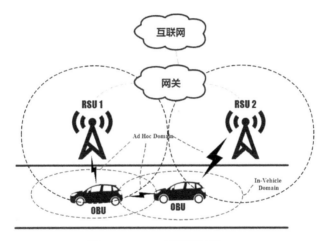

图 15-5　DSRC 车载通信系统

车载单元装配在移动车辆上，相当于通信系统中的移动终端，基于嵌入式处理能力为车辆和 RSU 之间的高速数据交换提供保障。目前通用的 OBU 种类繁多，其主要差异集中在所使用的通信方式和通信频段。路侧单元主要是指安装车道侧的通信及计算设备，由设备控制器、天线、计算系统及其他附属模块组成。路侧单元不间断地与车载单元进行实时高速通信，协作完成车辆识别、特定目标检测及图像抓拍等功能。

DSRC 系统采用车-路（V2R）通信和车-车（V2V）通信两种形式。其中，V2R 是指车辆通过车载单元与路边单元进行通信，属于移动车辆节点与固定路侧节点之间的通信，因此采用基于单跳（Single-Hop）网络的 Ad Hoc 网络模型；车-车通信是车辆间通信，属于移动节点之间的通信，因此采用基于多跳（Multi-Hop）网络的 Ad Hoc 网络模型。

1. V2R 通信

V2R 通信主要面向智能收费系统、智能停车系统、车载网络的多媒体下载等非安全性应用，以 ETC（Electronic Toll Collection，电子不停车收费）系统为代表：ETC 系统通过在特定车道上的部署，可以通过 OBU 与 RSU 的通信，自动地完成整个收费过程。除此之外，DSRC 的 V2R 通信还可以应用在电子地图的下载和交通调度上，车辆可以通过与 RSU 通信获得电子地图、路况信息等，从而选择最优路线，缓解交通拥堵。

2. V2V 通信

V2V 通信主要应用在车辆公共安全领域，包括汽车主动避让、前方障碍物检测和避让等领域。车辆之间通过通信，告知周围车辆前方的障碍物或车祸等情况，以碰撞警告信息的方式，向其他车辆预警。将 DSRC 技术应用于交通公共安全领域，能够有效地提高交通行驶中的安全水平，减少交通事故的发生，降低直接和非直接的经济损失。

OBU 和 RSU 在车辆行驶过程中进行通信，一旦离开了当前 RSU 的射频范围，当前 RSU 连接中断，移动的 OBU 就必须跟下一个 RSU 重新建立 DSRC 连接，这个过程称为 RSU 连接切换。如图 15-6 所示，RSU 连接切换按流程可以分成 3 个阶段：切换准备阶段、切换重新注册阶段和重新关联阶段。在切换准备阶段，OBU 通过当前连接信号质量下降、信噪比上升等参数现象，判断与当前 RSU 的通信即将中断。接下来，OBU 对周围的 RSU 进行扫描，在扫描过程中，测量周边 RSU 的下行链路质量，按优先级排列寻找新的目标 RSU。在重新注册阶段，OBU 选定优先级最高的 RSU 为切换目标，在完成一系列的消息交互后，断开与前 RSU 的连接，重新接入目标 RSU。在重新关联阶段，两节点在网络层重新建立起 IP 层连接，最终实现无缝切换[5]。

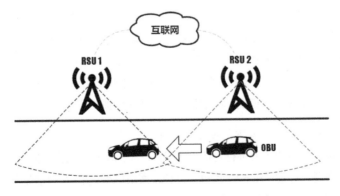

图 15-6　DSRC 中的 RSU 连接切换过程示意

由上可知，切换过程对系统性能的影响主要集中在切换的延时、切换成功率和数据包的丢失率等方面。为了降低切换总延时，就必须降低重新认证和重新关联的耗时，使用更优化的切换算法实现快速 RSU 切换。要提高切换的成功率就需要对切换的判决算法进行改进，防止切换过程中出现乒乓效应。另外，必须保证切换的无缝实现，降低数据包的丢失。

15.2.3　DSRC 通信协议关键技术

DSRC 通信协议采用简化的 3 层协议结构，包括物理层（PHY）、数据链路层（LLC）和应用层（Application）。其中，物理层是底层协议，主要完成帧传输控制、信道激活/失效，帧收发定时及同步等功能并指示物理层状态。DSRC 协议在物理层采用 OFDM 技术，OFDM 技术具有光谱效率高、多径衰落抑制、接收机设计简单等优点。在物理层，DSRC 协议提供了成对的上/下行信道，并区分优先信道和普通信道。

数据链路层向上提供一条无差错的链路，提供差错控制、流量控制、信息的可靠传输等功能。这些功能主要依赖 MAC 层的实现。MAC 层位于物理层和网络层之间，MAC 层对上层数据流数据进行打包分片，并按照 MAC 层的格式要求将其封装成 MAC 数据包，然后使用调度算法，将数据包分发到物理层，通过物理层节点间的端对端传送，实现 V2V 通信或 V2R 通信。MAC 层利用信令控制的方法提高整个系统的性能，以协调上下层的数据传输。在控制信号流的处理上，MAC 层不仅要负责传输的可靠性，还需要实现相应的控制操作。MAC 层提供 MAC 资源切换技术、调度技术、QoS 架构、链路预测及自适应技术等核心功能，这是高速车载通信实现移动和漫游的能力、高效与安全的接入切换、通信容量增大和传输距离增加的保障。

应用层使用数据链路层提供的服务，完成通信初始化、程序释放、广播服务支持、远程应用等相关操作。

15.2.4　DSRC 通信协议优劣

如前所述，从技术角度，DSRC 采用轻调度、无功控等简单设计，应用门槛低；从应用角度，其芯片和终端已具备商用能力，目前均处于行业应用的先发位置。在技术优势上，DSRC 的最强优势在网络安全领域，它拥有一套数字签名密钥系统，而目前 LTE-V2X 尚未考虑到网络安全部分。在 DSRC 应用中，使用 IEEE 802.11p 实现 CSMA-CA 协议，解决指定区段多用户冲突问题，并检查无线信道的使用状态来杜绝冲突的发生。

LTE-V2X 没有等效的机制，两个用户可能使用相同的信道资源发送消息，会发生冲突却不会被检测到。

DSRC 也存在一定的局限性。第一，DSRC 采用的载波侦听多路访问（Carrier Sense Multiple Access-Collision Avoidance，CSMA-CA）协议在高度密集的交通情况下数据包译码失败的概率增加[9]；第二，DSRC 物理层的正交频分复用（Orthogonal Frequency Division Multiplexing，OFDM）技术限制了通信信号的最大传输功率及传输范围。一般情况下，DSRC 覆盖距离大约为 500m，极端情况会到 225m，并不适用于需要长通信距离或合理反应时间的应用场景[10]；第三，DSRC 属于视距传输技术，障碍物较多的城市路况将降低 DSRC 的使用效果；第四，基于 DSRC 的 V2I 系统需要更完备的基础设施部署。DSRC 覆盖距离短，要想解决短距离覆盖的问题，就要加大路侧单元部署密度，基础设施完备度要求也将随之增高；第五，自动驾驶对车联网通信范围、鲁棒性和可靠性等具有更高要求，而目前的 DSRC 标准缺乏相关应用研究，未来的技术演进路线仍不明确。

15.3　C-V2X

15.3.1　C-V2X 简介

针对 DSRC 技术可能存在的问题，通信业提出了 C-V2X 解决方案。C-V2X 是一项利用和提高现有的长期演进技术（Long Term Evolution，LTE）特点及网络要素的新兴技术，作为第三代合作伙伴计划（The 3rd Generation Partnership Project，3GPP）Release-14 规范的一部分，该初始标准侧重于 V2V 通信，并逐渐增强对其他 V2X 操作场景的支持。C-V2X 为实现邻近通信服务，引入了新的设备到设备通信（Device-to-Device，D2D）接口 PC5，并且已针对高速度（可达 250km/h）和高密度（数千个节点）的车辆应用情景进行了改善。在此基础上，C-V2X 能够针对"覆盖范围内"和"覆盖范围外"两种情景提供通信服务（如图 15-7 所示）[11]，前者基于资源调度模式，由基站安排传输资源，基站与车载设备通过 Uu 接口通信；而对车辆处于基站覆盖范围以外的场景，也可以基于自动资源选择模式，实现分布式调度，车辆之间可以直接通过 PC5 接口通信。为解决 C-V2X Release-15 版本中无法满足的智能交通应用需求，3GPP 将在 C-V2X Release-16 版本中引入基于 5G 空口的车联网，即 5G NR-V2X。

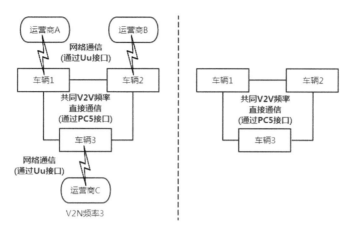

图 15-7　C-V2X 通信的两种情景[3]

相比于 DSRC 技术，C-V2X 具有独有的优势和特点（如表 15-1 所示）。其一，基于移动网络供应商的基础设施，C-V2X 能够保障稳健的数据通信，并通过边缘计算降低响应时延[12]；其二，C-V2X 物理层采用的是频分复用技术，能够提供比 DSRC 更长的碰撞预警时间和两倍的通信范围，更适合高速行驶场景[13]；其三，C-V2X 基站往往部署在高处，因此相比 DSRC 具有更好的非视距感知能力[14]。在应用层面，C-V2X 是通信企业的主推方案，得到了各大通信公司的重视和投入。并且，5G 技术的导入及移动生态系统的完善将为 C-V2X 制定清晰的技术演变路线提供支持，能够更快速地实现 C-V2X 系统的商业化。

表 15-1　DSRC 与 C-V2X 的特点比较

特　　点	DSRC	C-V2X
带宽容量	中	高
覆盖范围	中	高
移动能力	中	高
非视距感知能力	低	高
安全性	高	中
技术成熟度	高	中
标准化程度	高	中
专用基础设施投入	高	中
商业潜力	低	高

然而，作为 C-V2X 的基础技术，LTE-V2X 同样存在难以避免的局限性[12~14]。LTE-V2X 技术源自蜂窝上行链路技术，是从原始 LTE 系统中继承来的，比如帧结构、子载波间距、时钟精度要求及资源块概念等属性不适用于移动车辆应用场景。因此，为满足 V2X 通信的特殊要求，LTE-V2X 要付出更多代价。从技术上讲：

（1）目前的蜂窝网络数据带宽有限、通信延迟不够低、设备发现协议极慢，难以支持 V2X 下对时间要求严格的应用场景。

（2）LTE 采用增强型多媒体广播多播（Evolved Multimedia Broadcast Multicast Service，eMBMS）等技术进行单点到多点的接口管理，仅支持静态场景，对于大量车辆并存的情况则无法提供所需的效能。

（3）LTE 的资源分配机制无法正确处理长度不同的消息，其多用户访问机制也不能很好地处理消息广播或消息冲突。如果进行 LTE-V2X 设计重载，引入的开销会更高。

（4）LTE 的邻近通信服务安全机制并不适用于 V2V 通信，其仅提供对安全信息的加密，无法保障信息的真实性。

（5）LTE 有严格的同步要求，对时钟误差要求极高，达正负 0.39μs。频率误差方面，LTE-V2X 要求正负 0.1ppm，因此 LTE-V2X 离不开 GPS，其严格的同步要求也会显著地增加 LTE-V2X 硬件的成本。而 DSRC 时钟误差是正负 1000μs，频率误差是正负 20pp，仅需要从 GNSS 一个信道切换到另一个信道，对时钟和频率精度要求低。

（6）LTE-V2X 的周期远比 DSRC 长，结果将产生多普勒效应，LTE-V2X 的适用速度范围被限制在 140km/h 以下，DSRC 的速度则可达到 250km/h 以上。

15.3.2　C-V2X 业务需求标准

3GPP SA 的 C-V2X 需求标准化工作分成了两个阶段：第 1 阶段是面向辅助驾驶应用的 LTE-V2X 基本业务需求；第 2 阶段是面向自动驾驶应用的 5G-V2X 增强业务需求。

1．LTE-V2X 基本业务需求

如图 15-8 所示，3GPP SA1 定义了 LTE-V2X 中 4 大基本业务场景：V2V、V2I、V2N 和 V2P[7]。

15 无人驾驶数据服务通信协议

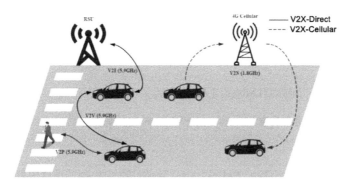

图 15-8　LTE-V2X 基本业务场景示意

车到车（V2V，Vehicle to Vehicle）：车辆之间交互应用信息。这类应用信息主要用来更新车辆的位置信息、运动状态信息等，目的是提供安全预警，提高行车安全。

车到基础架构（V2I，Vehicle to Infrastructure）：车辆与 RSU 之间交互应用信息。这类应用信息主要是车辆所需的，如交通标志信息、红绿灯信息、道路施工提示信息等周边交通环境信息。注意，V2I 也包含了车到路（V2R）。

车到网（V2N，Vehicle to Network）：车辆与应用服务器之间交互应用信息。其中应用服务器可位于云端也可位于网络边缘，二者之间通过 LTE 网络实现通信。这类应用可以为车辆提供服务接入，通过使用 LTE 网络部署更大覆盖范围的车联网数据和服务，提升广义的交通效率。

车到人（V2P，Vehicle to Pedestrian）：相互靠近的车辆与行人之间交互 V2P 类应用信息。这类应用信息主要用于行人或车辆的安全预警，并且 V2P 更侧重于保护行人的安全。

针对以上 V2X 应用类型，3GPP SA1 定义了 27 个应用示例，既涵盖了交通安全提升、远程诊断、交通效率提升等应用场景，又涵盖了 V2X 运营、QoS 保障、隐私保护等方面的需求。

基于这些用例，SA1 定义了 LTE-V 支持的时延时间、可靠性、数据速率、通信覆盖范围、移动性、用户密度、安全性、消息发送频率、数据包大小等关键技术指标[2]。

（1）移动速度：最高绝对速度 160 km/h，最大相对速度 500 km/h。

（2）数据包大小：一般的周期性数据包大小为 50~400 字节，事件触发类数据包最大可达 1200 字节。

(3)消息发送频率:1 Hz~10 Hz。

(4)时延:安全类时延≤20 ms,非安全类时延≤100 ms。

(5)峰值速率:上行 500 Mb/s,下行 1 Gb/s。

(6)安全:通信设备需要被网络授权才能支持 V2X 业务,要能支持用户的匿名性并保护用户隐私。

(7)通信范围:TTC(Time To Collision,碰撞时间)为 4s 的通信距离[9]。

在表 15-2 中,3GPP SA1 给出了 7 种特定场景下的 V2X 业务性能要求,定义每个场景下对通信距离、可靠度、时延等关键指标的参考值。其中,"对向碰撞"是等级要求最高的 V2X 应用场景。在这个场景下,按照最大通信时延和最高行车速度计算,车辆从状况发现到完成紧急制动的整个过程仅需 20 ms,所对应的车辆移动距离仅有 0.44 m,远小于人类驾驶员在刹车反应时间内所产生的行车距离,有效地保证了驾驶安全。

表 15-2　3GPP V2X 性能参考要求

V2X 典型场景	有效距离(m)	UE 终端支持速度(km/h)	2UEs 相对速度(km/h)	最小时延需求(ms)	可靠度(%)	重复传输可靠度(%)
郊区/主干道	200	20	100	100	90	99
快车道	320	160	280	100	80	96
高速公路	320	280	280	100	80	96
城市非视距	150	50	100	100	90	99
城市十字路口	50	50	100	100	95	—
校园/商业区	50	30	30	100	90	99
对向碰撞	20	80	160	20	95	—

2. 5G-V2X 增强业务需求

考虑到未来更高等级的自动驾驶的需求,3GPP SA1 继续定义了面向 5G 的增强 V2X 业务场景需求,其需求指标也更加苛刻。图 15-9 对比了 LTE-V2X 与 5G-V2X 所支持的业务场景下的参数指标典型值。由图 15-9 可知,5G-V2X 对时延指标的要求更严格,其中远程驾驶场景要求端到端时延少于 20ms,可靠性要求高达到 99.999%。5G 下的 V2X 通信覆盖范围更广,可以达到 1000m 的通信范围,因此可以实现更高速的行车支持,行车速度可达 500km/h。5G-V2X 可实现更高的数据传输速率,其上行均值速率可达 25 Mb/s,下行均值速率可达 1 Mb/s。在定位精度上,5G-V2X 可以实现厘米级别的定位,其精度可达 0.1m~0.5m，以实现更为细致的对环境的感知，行车安全水平将得到大幅度提高。

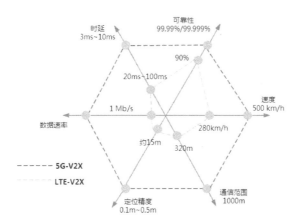

图 15-9 LTE-V2X 与 5G-V2X 参数指标对比

3GPP 将 5G 增强业务场景归纳为编队行驶、高级驾驶、扩展传感器、远程驾驶四大类[2]。

编队行驶：可实现多个车辆的自动编队行驶。编队中的车辆持续接收头车发出的周期性数据，并根据这些数据完成编队操作。通过车辆之间的有序编队，车辆之间可保持非常小的间距（例如几米甚至几十厘米），帮助后车实现跟随式的自动驾驶，降低后车的油耗。

高级驾驶：可实现半自动或全自动驾驶。每辆车或 RSU 将获得的传感器数据共享给周边车辆，使得车辆可以完成对运动轨迹的调整操作。同时，每辆车都与周边车辆共享其行车意图（拐弯、并线等操作），通过信息的互通，可以有效地提高驾驶安全性和交通效率。

扩展传感器：可扩展传感范围，实现传感器数据和实时视频数据在车辆、行人随身设备、RSU 和 V2X 应用服务器间的流动。这些数据交互行为扩展了车载传感器的探测范围，增强了车辆对自身环境的感知能力，实现了对车辆周边情况更全面的感知。

远程驾驶：可实现车辆的远程驾驶，适用于驾驶员无法驾驶车辆等本地驾驶条件受限的情况，也可用于公共运输等行驶轨迹相对固定的场景。

5G-V2X 技术将具备以下特点[15~18]：

（1）通过毫米波波段提升频谱带宽，可实现超高速无线数据传输。

(2)吞吐量可达 1Gbit/s 以上，网络覆盖更为均匀。

(3)使用多跳模式拓宽通信覆盖范围，使用车辆作为拓扑节点，直接实现 D2D 通信。

(4)可靠性高，通过增信删余卷积码可实现对正常流量的分时复用。

(5)采用协同冲突避免机制、非正交资源扩展型多址接入（non-orthogonal Resource Spread Multiple Access，RSMA）等手段，实现毫秒级的端对端延迟。

(6)同时维护多条连接链路，可满足移动通信的容错性和移动性要求。

(7)可以通过查看前方车辆反馈视频，实现穿透式增强现实。

因此，5G-V2X 能够协助解决车辆感知、协同驾驶、远程控制等问题，是实现完全自动驾驶的关键技术保障。但是，5G 技术若要完全适应自动驾驶的严格要求，还需要从频谱管理机制、近邻服务（Proximity-based Services，ProSe）、通信中继、Uu 和 PC5 接口选择等方面进一步优化现有 LTE 的技术水平。LTE 网络将采取平滑方式演进至 5G 网络，因此基于 LTE 的 C-V2X 技术能够与 5G 网络进行复用，各大通信公司也在加快研发基于 5G 新空口的 C-V2X 功能及产品。

15.4　3GPP 中 V2X 无线接入标准研究

3GPP 将 V2X 无线接入技术标准化工作分为了 3 个阶段：第 1 阶段对应 LTE Release-14 版本，是完成基于 LTE 技术满足 LTE-V2X 基本业务的需求；第 2 阶段对应 LTE Release-15 版本，是基于 LTE 技术满足部分 5G-V2X 增强业务的需求；第 3 阶段对应 5G-NR Release-15 以后的版本，将基于 5G NR 技术实现全部或大部分 5G-V2X 增强业务的需求。

15.4.1　LTE-V2X Release-14 标准进展

LTE-V2X Release-14 标准已于 2017 年 3 月完成，主要有基于 LTE 的直连通信技术 LTE-V2X-Direct 和基于 LTE 蜂窝网的通信技术 LTE-V2X-Cellular 两种，完成了标准化制定工作。

1. LTE-V2X-Direct

LTE-V2X-Direct 是 LTE-D2D 的增强技术，通过 PC5 接口，采用车联网专用频段（如 5.9GHz），优化了资源分配、导频设计和定时过程，可适应更高速的行车场景，更适合

V2X 应用的业务特征和环境特征。基于 LTE-V2X-Direct，车辆之间使用旁链路（sidelink，即 PC5 接口）传输 V2X 业务信息，无须基站中转。当车辆处于 LTE 蜂窝网络覆盖下时，由 LTE 基站完成车辆直连通信，提供参数配置、资源调度等信令的传输；当车辆处在 LTE 蜂窝网络覆盖之外时，车辆之间的直接通信通过 LTE-V2X-Direct 进行，通信时所需的参数配置需要进行预先设置。

LTE-V2X-Direct 可实现 V2X 之间的直接通信，能够弥补因无线蜂窝网络覆盖有限造成的覆盖不足，且时延较低、可支持的车辆移动速度较高的不足。但是，LTE-V2X-Direct 必须依赖良好的资源配置及拥塞控制算法来完成多点之间的直连控制。

2. LTE-V2X-Cellular

LTE-V2X-Cellular 是一种基于 LTE 蜂窝网的通信技术，其和 LTE-V2X-D 的对比如表 15-3 所示。

表 15-3 LTE-V2X-Direct 和 LTE-V2X-Cellular 的比较

比对参数	LTE-V2X-Cellular	LTE-V2X-Direct PC5
基本描述	通过蜂窝网转发实现 V2X 通信	通过车联网专用频段直接实现 V2X 通信
频道	使用 LTE 频段	欧美将 5.9GHz 分配为车联网频谱，我国分配 5905~5925MHz 作为车联网试验频段
无线侧	基站侧可充分利用资源，资源利用率较高；覆盖范围广；车辆终端必须在网络覆盖范围内，且处于连接态；满足部分低时延场景	延时较低；车辆终端可在网络覆盖范围，也可不在网络覆盖范围；资源利用率低，容易出现资源占用冲突等问题
核心网	采用单播或者多播两种方式；单播通信效率低，应用场景有限，且要求车载终端都处于连接态；多播通信需要在现网中进行配置，成本较高	添加 V2X Control Function 逻辑单元，用于为车载终端提供参数进行 V2X 通信
终端	基于手机终端或车载终端，以实现 Telematics 业务为主	支持 PC5 通信的终端
产业化	基于 3G/4G 网络实现 Telematics 业务	在全国各试验基地均开展关于 V2X 的测试。例如，中国联通与福特、一汽在上海开展交叉路口 V2P 防碰撞业务示范

LTE-V2X-Cellular 使用蜂窝网络 Uu 接口转发，采用的是蜂窝网频段（如 1.8 GHz），因此 V2X 通信范围更广泛，通信服务质量更稳定。通过 LTE-V2X-Cellular，LTE-V2X 终端（如车辆、RSU 等）可以通过上行链路将 V2X 业务信息传输给基站；基站则通过下行

链路将来自多个车辆或 V2X 业务应用服务器的 V2X 业务信息广播给覆盖范围内的所有车辆。

LTE 网络本身已经能够较好地支持车辆高速移动，因此无须针对高速场景进行功能增强。但考虑到 V2X 的业务负载特征，需对 LTE-V2X-Cellular 的上行半持续调度（SPS）进行增强，引入多进程 SPS；对 LTE-V2X-Cellular 的下行广播技术（如 SC-PTM、eMBMS）进行增强，缩短 eMBMS 的周期。此外，引入 V2X 业务专属的 QoS 以支持对 V2X 业务的服务质量管理。

15.4.2　LTE-V2X Release-15 标准进展

LTE-V2X Release-15（第 2 阶段），即 LTE-eV2X，其标准化工作于 2017 年 3 月立项，已于 2018 年 6 月完成。LTE-V2X Release-15 是 LTE-V2X 的演进版本，其网络架构与 LTE-V2X 相同，其演化设计目标包括：

（1）支持 3GPP SA1 中定义的 5G-V2X 中部分增强业务的需求。

（2）后向兼容 V2X Release，完成对基本安全类消息（例如 CAM/DENM 消息）的标准化的需求。

15.4.3　5G-NR Release-16 研究进展

3GPP RAN 已于 2018 年 6 月完成面向 5G-V2X 应用用例的评估方法研究项目。该研究主要确定 5G V2X 评估方法论，以评估所有支持 5G V2X 需求的技术方案，包括 LTE、NR 等。具体内容包括：

（1）定义 5G-V2X 应用评估场景，包括车辆位置模型、业务模型、性能指标等。

（2）确定 6GHz 以上的 Sidelink 信道模型。

（3）确定不同地区 6GHz 以上频谱的设计，考虑频段包括 63~64GHz 和 76~81GHz 等。

15.5　参考资料

[1] 夏亮，刘光毅等. 3GPP 中 V2X 标准研究进展. 邮电设计技术. 2018-07-20.

[2] 刘宗巍，匡旭，赵福全. V2X 关键技术应用与发展综述. 电讯技术. 2018-08-31.

[3] 魏垚，王庆扬等.C-V2X 蜂窝车联网标准分析与发展现状. 移动通信. 2018-10-15.

[4] Nguyen T V, Shailesh P, Sudhir B, et al. A comparison of cellular vehicle-to- everything and dedicated short range communication. 2017 IEEE Vehicular Networking Conference (VNC). Torino: IEEE, 2017: 101-108.

[5] Manvi S S, Tangade S. A survey on authentication schemes in VANETs for secured communication. Vehicular Communications, 2017, 9: 19-30.

[6] Kenney J B. Dedicated short-range communications (DSRC) standards in the United States. Proceedings of the IEEE, 2011, 99(7): 1162-1182.

[7] 刘富强，项雪琴，邱冬. 车载通信 DSRC 技术和通信机制研究.上海汽车.2007-08-10.

[8] Electronic Communications Committee. The European table of frequency allocations and applications in the frequency range 8.3 kHz to 3000 GHz (ECA table). Proceedings of the European Conference of Postal and Telecommunications Administrations. Copenhagen: Electronic Communications Committee, 2013.

[9] 吴志红，胡力兴，朱元，基于 DSRC 交通路口的车联网的研究.无线互联科技.2015-03-10.

[10] Arslan S, Saritas M. The effects of OFDM design parameters on the V2X communication performance: A survey. Vehicular Communications, 2017, 7: 1-6.

[11] Kousaridas A, Medina D, Ayaz S, et al. Recent advances in 3GPP networks for vehicular communications. 2017 IEEE Conference on Standards for Communications and Networking (CSCN). Helsinki: IEEE, 2017: 91-97.

[12] Chen S, Hu J, Shi Y, et al. LTE-V: A TD-LTE-Based V2X Solution for Future Vehicular Network. IEEE Internet of Things Journal, 2016, 3(6): 997-1005.

[13] Lou P, Gong M, Lei X, et al. Study on a method to improve the efficiency of vehicular networks// 2017 IEEE 9th International Conference on Communication Software and Networks (ICCSN). Guangzhou: IEEE, 2017: 584-588.

[14] Machardy Z, Khan A, Obana K, et al. V2X access technologies: Regulation, research,

and remaining challenges. IEEE Communications Surveys & Tutorials, 2018.

[15] Andrews J G, Buzzi S, Choi W, et al. What will 5G be?. IEEE Journal on selected areas in communications, 2014, 32(6): 1065-1082.

[16] Qualcomm Technologies, Inc. Leading the world to 5G [EB/OL].

[17] 5G Automotive Association. The Case for Cellular V2X for Safety and Cooperative Driving[R/OL].

[18] 5G Infrastructure Public Private Partnership. 5G Automotive Vision.

16 无人驾驶模拟器技术

16.1 为什么需要模拟器

无人驾驶系统的部署要求软、硬件系统有非常稳定可靠的表现，如何在无人驾驶的各个模块高速迭代的同时保持整体系统能够完全应对当前的环境场景？模拟器（又称仿真器）就是为了解决这一问题而诞生的。事实上，"模拟仿真"是一个具有误导性的名词。模拟仿真系统，在自动驾驶系统研发的中早期，更真实的用途是搭建一整套集成测试系统，加速自动驾驶核心算法模块的迭代开发。研发人员根据其外在特征称其为仿真或模拟器。因此，仿真的目的是为核心算法模块提供各种方便的测试工具和测试环境，以加快算法研发周期的迭代速度。

无人车研发过程中，随着测试车辆及测试场景的增多，我们得到的一个实际经验是："No Simulation, No Scalability"（没有模拟仿真，就没有可扩展性）。模拟器解决该问题的方法是在软件层面进行大规模的仿真验证。在软件层面，进行大规模场景验证具有低成本、高效率、发现问题并修复的回路短等优势。模拟器在软件层面进行场景验证，可以使得实车测试的效率提高一个甚至若干个数量级。尤其在无人车面临大规模运营部署挑战的背景下，对研发来说，大规模系统性的软件层面验证变得极为重要。结合 Waymo、Cruise 和百度等公司大规模部署无人驾驶系统的经验，模拟器一般都是在研发初始阶段从配合规划控制开始孵化，逐步发展并成为一个实车测试前至关重要的软件集成模块的。

16.2 模拟器的用途

从本质上看,模拟器可以看作无人驾驶软件系统的"软件集成工具"。理想情况下,所有的软件模块都可以在模拟器环境下运行,处理模块的输入数据,并产生模块的输出数据。模拟器将收集这些模块运行产生的输出数据,并传递给下游的依赖模块。模拟器平台将以两种方式处理每个模块的输出数据:一种是进行多方位和多角度的显示,便于开发人员对模块的输出结果进行检验和调试;另一种是基于某种评价标准,自动对输出数据进行评判和打分,并且将评判和打分的结果以详细数据报告的形式呈现。简而言之,一方面,模拟器满足人(程序员)的需求,提供各种工具和界面,提高调试效率;另一方面,模拟器替代人的重复劳动,每次代码更新迭代,都将自动在累积的所有场景下进行验证和评估。除此之外,利用模拟器,可以高效构建具有挑战性和极端性的场景,来模拟一些实际测试中较难复现和遇到的场景。

模拟器的核心作用并不是代替实际的车辆调试测试。模拟器的核心价值在于:

(1)**极大地提高开发效率**:实际经验表明,90%以上的软件问题都可以通过最基本的模拟数据或者采集数据调试解决,解决这些模拟器上发现的软件问题后,可以让实车测试的效率提高一个数量级。作为无人车的回归测试(Regression Test)平台,模拟器发现潜在的程序漏洞:在没有模拟器的情况下,经常出现为了修复某一问题而顾及不了其他问题,甚至引发更多问题的状况。通过模拟器作为回归测试平台在累积的数据上做验证,可以有效避免这类问题。

(2)**测试和验证极端场景**:实际的车辆测试往往无法有效复现和测试一些极端的场景。然而掌握车辆在这些极端场景下会做出何种反应,对于实际安全运营是非常重要的。在软件模拟的环境下,可以相当简单地构建出这种场景。例如,突然从盲区冲出人或者自行车,传感器突然失效等。

(3)**最大化发挥沉淀数据的作用**:在具有了模拟器的丰富可视化调试工具及自动打分系统后,数据的沉淀才会变得更有实际价值。所有沉淀的实际车辆的运营数据,都可以用于在模拟器上验证新的算法迭代。

(4)**孵化人工智能和场景驱动的重要先决条件**:在积累了丰富的实际数据并实现了初步的人工场景后,以模糊(fuzzy)系统为入口,可以进一步积累人工智能在模拟器平台发挥模拟数据的能力。如何智能模拟场景、模拟数据,使无人驾驶系统鲁棒性更强,都将在模拟器这一平台孵化和体现。

16.3 模拟器系统的需求

要开发仿真系统，首先需要了解它的测试目标的内在逻辑。图 16-1 所示是无人驾驶系统各个模块间的数据流动。各种传感器将感知到的外部环境数据传送给感知和定位模块。通过各种传感器数据计算出车辆自身状态后,定位模块将此信息发送给其余算法模块。感知模块通过各种传感器数据，计算出周围一定范围内障碍物状态信息，将此信息发给规划模块。规划模块根据障碍物状态信息、自身状态信息及地图信息决定车辆下一步的行为，将车辆未来的轨迹信息发送给控制模块。控制模块根据未来轨迹信息向车辆发送制动信息。车辆根据制动信息保持或改变自身状态，继续作用于外部环境中。外部环境相对于车产生变化，各种传感器采集新的外部环境数据传送给感知和定位模块。数据信息在车与外部环境的相互作用中产生了一个**闭环**。无人车的仿真系统就是寻求在软件环境中重塑这样一个数据的闭环，以测试车上的主要软件算法模块。

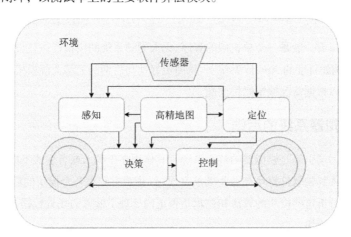

图 16-1　无人驾驶系统各个模块间的数据流动

16.4 模拟器系统的模块组成

无人驾驶系统的模拟器的核心任务，是重塑一个软件层面的"数据闭环"，并将整个数据闭环以一种易于研发人员观察和介入调试的方式，呈现给研发人员。模拟器系统的模块组成如图 16-2 所示，主要分为前端和后端两个部分。

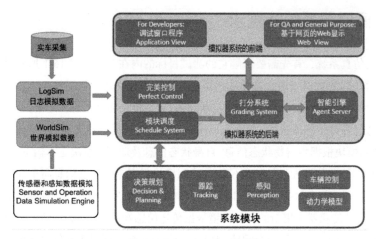

图 16-2　模拟器系统的模块组成

16.4.1　模拟器系统的前端

传统的模拟器一般是一个单机版的程序。无人驾驶系统的模拟器往往设计成一个 Web Application（例如百度的 Apollo 系统），从而更好地与后期的云端大规模模拟兼容。实际研发中往往可以根据情况保留两种前端。

16.4.2　模拟器系统的后端

模拟器的后端引擎是模拟器的核心系统，其作用在于载入或者生成不同的运行场景，调度实际的无人驾驶软件模块在这些场景上运行，生成并记录各个模块的输出数据，然后根据这些数据分析这些模块的算法和逻辑是否正确处理了输入的场景数据。模拟器后端包括如下几个核心模块：

- **模块调度**：模拟器中需要消除由于系统资源环境引起的时序不确定性，因此其运行方式不同于实车测试时的 ROS 系统，而更接近于一套服务调用（service call）的调度系统。调度引擎根据输入数据时序，调用无人驾驶系统的各个软件模块，生成输出的数据包（Bag）。
- **打分系统**：根据各个模块生成的输出数据包，自动判断各个模块是否正确处理了该输入场景，包括有无到达目的地、有无碰撞等。
- **智能引擎**：模拟器通过接受配置文件等形式，自动产生场景元素（周边行人/车辆），并赋予简单的运动逻辑，使场景更复杂，起到验证算法的作用。在后期的模拟器中，如何"智能"地改造甚至生成场景，是人工智能可以发挥用武之地的场所。
- **完美控制**：以完美控制的方式控制车辆运动，从而达到车辆闭环测试的虚拟效果。在模拟器中，完美控制可以用更复杂逼真的物理模拟或者动力学模型替代。

整个模拟器系统的后端，既可以以实例化的形式部署成单机版本，也可以以分布式的形式部署于云端。单机版和分布式的区别只在于部署的形式不同，并不影响模拟器实例运行的闭环数据流。针对任何场景的完整数据闭环仿真，在逻辑层面都需要运行在同一个模拟器实例内。

16.4.3 模拟器驱动方式

在图 16-2 中，驱动整个仿真模拟模块和无人驾驶系统模块的外部数据有两类：WorldSim 和 LogSim。其中，WorldSim 数据所代表的仿真驱动方式，对应一个完全的"虚拟世界"的仿真概念，即外部的数据全部由一个计算引擎虚拟计算产生。例如，WorldSim 中的感知数据，无论是传感器层面的原始感知数据，还是感知结果层面的结构化数据，都可以由模拟器中的虚拟外部世界的引擎计算生成；另一种驱动整个模拟器仿真运作的方式是 LogSim，对应使用真实录制的数据片段作为外部数据的输入。LogSim 的特点在于其完美地使用了真实的传感器数据，从而对实际无人驾驶系统的调教更加有效。下面我们具体介绍这两种模拟器驱动方式的理念和特点。表 16-1 从不同角度比较了 WorldSim 和 LogSim 的驱动方式。

表 16-1　两种模拟器驱动方式：WorldSim 和 LogSim 的比较

外部数据	产生方式	时间长短	障碍物智能	重要性
WorldSim	计算引擎生成，或者基于特定数据加工后生成	一般是一个完整的场景，可以比较长	可以智能地，或者临时增加一些有简单互动逻辑的障碍物	可以预见性地设置并处理一些未曾遇到的问题
LogSim	实际测试发现问题时的短暂数据落盘	往往比较短，集中在一个特定的场景前后约十几秒	周边障碍物体的运行线路已经提前录制	积累已经解决的问题，保证不会重复出现

下面具体介绍 WorldSim 和 LogSim 这两种不同的模拟器驱动方式代表的不同理念。

1. 虚拟仿真的概念（WorldSim）

由于仿真环境具有纯软件特性，我们需要剥离图 16-1 中外界环境、车辆、传感器等所有硬件条件，找到替代它们的方式。赛车类游戏给了我们很好的提示，或者可以进一步说，赛车类游戏就是基于仿真这一概念的完美实现。我们可以拆解一下，看看一款赛车游戏包含哪些元素，如图 16-3 所示。

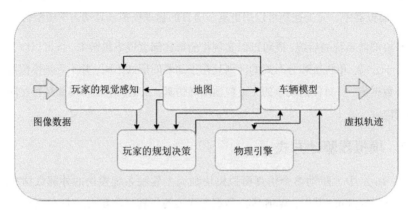

图 16-3　模拟器系统的 WorldSim 所借鉴的赛车类游戏引擎数据流动

首先，游戏会基于地图生成一个虚拟世界。一款赛车类游戏通常会提供车辆模型。车辆模型通过物理引擎的计算生成虚拟轨迹，并将所有这些渲染成图像展示给玩家观看。玩家通过观察环境变化及车辆位置，使用外接设备（键盘、鼠标或其他游戏设备）将制动命令传给游戏中的车辆模型。

我们可以看到，在如图 16-3 所示的游戏引擎流程中，只需要将玩家的视觉感知及规划决策这两个流程替换为无人驾驶系统中的感知及规划模块，就能完美形成一个无人驾驶系统的数据闭环，如图 16-4 所示。我们通常称这种仿真为虚拟仿真，又称为 WorldSim，即代表我们构建了一个完整的虚拟世界。考虑到现阶段主流无人驾驶系统中感知模块主要依靠激光雷达探测外界环境，且感知算法测试中通常会使用真实点云数据的情况，我们一般不在虚拟仿真中生成虚拟的点云数据。因此，虚拟仿真通常会将外部环境以感知模块的输出格式直接发送给规划模块，而在虚拟仿真中不再测试感知模块。

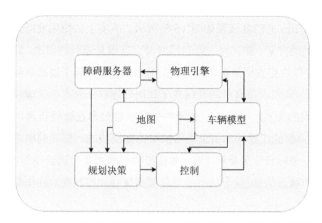

图 16-4　WorldSim 构建的虚拟世界中无人驾驶系统各个模块间的数据流动

对虚拟世界对应的 WorldSim 仿真方式最直观的理解，就是将车辆的规划控制模块置于一个带有闭环反馈的"**游戏场景**"中运行。外部的游戏引擎，构建出不同的世界场景，无人驾驶系统的规划控制模块在每个回合做出响应。同时，外部世界也会针对这些响应发生变化。在这样的互动中，我们观察和评估无人驾驶系统的表现，从而达到测试和集成的目的。

2．数据仿真的概念（LogSim）

在上文中，我们提到了虚拟仿真中不引入感知模块进行测试的主要原因是，虚拟的点云对于感知模块的测试有效性存疑。因此，感知模块通常会使用真实点云数据进行自测，而不再纳入虚拟仿真中进行测试。虚拟仿真主要的测试目标成了规划和控制模块。但是，这又带来了一个全新的问题。在虚拟仿真中，外部环境以感知输出的格式传送给规划模块，规划模块接收到的是虚拟仿真制造的完美感知输出；而在实际测试中，由于技术的局限性等因素，感知输出的数据并不完美。虚拟仿真并不能测试出在真实环境中，规划模块在不完美的感知输出下会有何异常反应。事实上，这也是规划模块需要着重协助感知模块解决的问题。

而数据仿真，即 LogSim 则是为了解决这一问题而产生的全新的测试方式。数据仿真与虚拟仿真最主要的不同在于，虚拟仿真的外部环境数据是通过一个特定模块生成的，而数据仿真的外部环境数据是直接回放的车上采集的传感器数据。因为数据仿真使用的是真实采集自环境的数据，所以在数据仿真中可以重新引入感知模块，实现对无人驾驶系统中主要算法模块的集成测试。

数据仿真 LogSim 的仿真流程如图 16-5 所示。事实上，使用数据回放进行集成测试是很直接就能想到的方案，并且对于感知模块而言这也是通行的做法。数据仿真最大的难点在于：引入其他模块在数据仿真中运行新的算法，会产生**异于原始录制车辆位置状态的新的虚拟位置状态**。开发人员真正的疑问在于如何处理这一新产生的虚拟位置状态与真实车辆位置状态之间的关系。事实上，**这两种位置状态信息在数据仿真中是并存的**。如图 16-5 所示，真实录制的位置状态信息是提供给感知模块的，感知利用主车的位置状态信息将障碍物的相对坐标转化为全局坐标；而虚拟位置状态是反馈给规划和控制模块的，用于提供当前车辆的状态信息，这个状态信息是根据规划和控制模块在仿真环境中累加生成的。

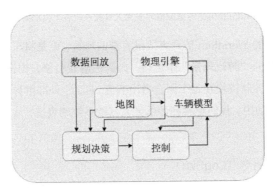

图 16-5　LogSim 数据驱动下的模拟器仿真流程

我们同样可以从规划控制的角度理解这一问题。规划控制模块从车辆自身角度出发解决车辆如何与周围环境互动的问题，因此车辆在虚拟世界中反馈给规划控制模块的轨迹应当是车辆自身在虚拟世界中的行驶轨迹，而感知模块反馈给规划模块的信息代表了外界障碍物的变化状况。在数据仿真中使用的是采集自真实环境的数据，在感知需要利用车辆位置的全局坐标将障碍物的相对坐标做转换时，可以使用录制数据中的真实车辆位置状态信息。当然，这种改变数据流的方式同样会引发一些问题，这些问题也是我们在开发数据仿真系统时需要解决的。例如，在数据仿真中，虚拟位置状态因为算法的改变产生与真实位置状态的差异，并且这种差异会随着时间的推移逐渐累积，导致车辆的虚拟位置偏移出数据中的环境范围。这样，车辆在仿真中将行驶在空旷的地图上，这对于集成测试中的感知和规划模块是没有意义的。同时，这种位置的差异在数据仿真中是无法避免的，或者说是我们希望看到的。因此，为了使车辆的虚拟位置尽量处于感知的识别范围内，我们应当缩短每一个数据仿真实例的时间长度，尽量使位置的差异累计不会太大。

在无人驾驶系统研发的过程中，真实录制数据驱动的 LogSim 具有不可替代的重要作用。这是由于我们的感知模块永远不可能做到对环境的完美感知，因此真实的感知结果可以更高效地帮助规划模块进行算法迭代优化，甚至学习如何处理感知的不确定性并容忍某些感知错误，而这些都是虚拟仿真所代表的 WorldSim 所不能提供的。

16.5 模拟器的使用场景及常见模拟器

在开发完上文所述的整套模拟器系统后，模拟器系统所面向的直接用户有两类：测试人员（QA）和研发人员（RD）。

1. 测试时发现问题

测试人员接管车辆，并将出现问题时刻的原始数据落盘保存。保存接管时刻数据的过程可以自动或手动完成。研发人员利用该数据在模拟器上运行接管发生时刻的车上软件系统，进行问题复现。复现后分析定位问题，并进行开发和修复，再次使用模拟器及原始的接管时刻数据，确认修复运行无误后，发给测试人员重新测试，如图 16-6 所示。

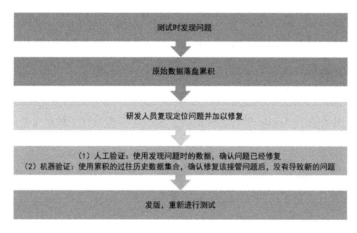

图 16-6 典型的模拟器使用场景一

2. 日常研发迭代中开发新功能

在日常研发的迭代过程中，研发人员研发新功能时，可以在模拟器上通过所累积的数据进行验证，功能验证无误后交付测试人员进行实际测试，如图 16-7 所示。

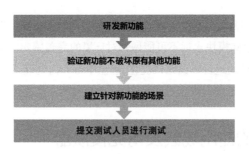

图 16-7　典型的模拟器使用场景二

3. 行业内现有模拟器的状况

作为无人驾驶系统的核心模块，模拟器代表的是一个团队或者公司的核心竞争力。在业界，真正开放给普通开发者和用户使用的无人驾驶模拟器系统屈指可数。作为最通用和简单的机器人操作系统，ROS 提供了一套基于 Rviz 和 Gazebo 的简单模拟器环境，其具有简单和易用的特点[1]。其主要问题在于：

- 只具备 LogSim 功能，不具备任何 WorldSim 定制化能力。
- 不是专门为无人驾驶系统定制的，功能上既有冗余，又有不足，定制化能力偏弱。
- 没有 Web 调试界面，必须在本机上启动调试程序，增加了调试的不便。
- 不具备闭环功能，无法智能地产生障碍物和场景，只能做简单的 LogSim 验证。
- 无法自动打分。
- 难以和未来云端的大规模模拟集成。

百度也推出了基于 Apollo 平台的模拟器。Apollo 模拟器在某种意义上更像是一个服务，具有一定的封闭性，其特点如下[2]：

- 基于微软 Azure 云，提供若干个实车数据 LogSim 及若干个虚构场景 WorldSim。
- 不开源源代码和单机版本，无法提供和更改场景数据。
- 具有初步的完美控制和系统调度功能。
- 不具备打分功能，只有成功或失败的二元化单一评价。
- 用户可以自行提交一个 GitHub 链接，系统自动在 10+101 个场景上进行模拟和打分验证。

Apollo 模拟器验证的直观效果及其虚拟的几个简单场景综述如图 16-8 所示。

16 无人驾驶模拟器技术

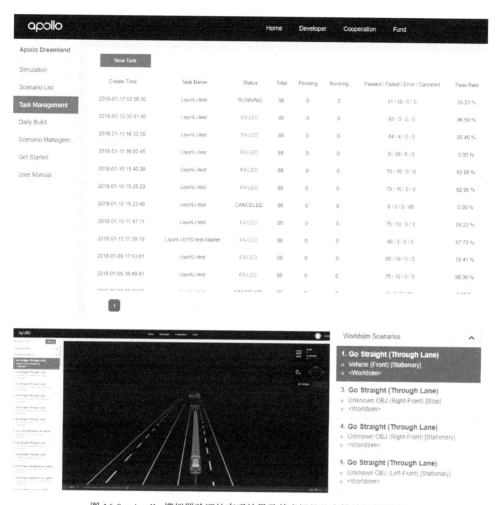

图 16-8　Apollo 模拟器验证的直观效果及其虚拟的几个简单场景综述

随着无人驾驶系统的开发逐步深入和普及，Cruise 和 Uber 公司也开放了其部分模拟器系统的显示或调度。相信随着整个行业的发展，越来越多的公司会逐步开放自己的模拟器和数据平台服务。我们始终坚信，作为无人驾驶系统最重要的软件集成和测试模块，真正进行无人驾驶研发的公司是一定需要自行研发一套完整的模拟器系统的。因此，我们将具体介绍模拟器研发过程所经历的几个阶段。

16.6 模拟器的研发阶段

模拟器的研发可以分为三个阶段，如表 16-2 所示。在无人驾驶系统研发的初期，能有一个易于研发人员调试和显示的单机版模拟器就很好了。这一阶段的重点，一是打通整个数据的闭环，二是培养工程师和测试人员使用模拟器的良好习惯，并以此产生一个正反馈循环，不断优化迭代 [3] [4]。

表 16-2 模拟器系统研发所经历的几个阶段及其目标

阶 段	系 统	前 端	后 端	目 标
第一阶段	单机	Web 界面便于研发调试，增加多角度的显示。提供工具，增加简单物体（车辆/行人）	打通无人驾驶系统的各个模块，从数据仓库中调取累积的数据包。实现完美控制和打分系统	培养工程师和测试人员的良好习惯： （1）先进行模拟器软件验证，再上车； （2）累积曾经遇到问题的数据
第二阶段	分布式云端	大规模场景运行的通过率报告和分析。提供工具，增加带有智能的物体	形成从测试到运营的自动数据累积至模拟器。实现提交代码后在云端自动生成所有场景验证	从人工过渡到自动化： （1）每天自动进行 DailyBuild 集成； （2）代码更新时自动进行多场景验证和集成
第三阶段	分布式+智能 Fuzzy 引擎	云端提供不同级别的验证	利用实际动力学模拟路况、天气等情况。通过模拟原始传感器数据集成整个系统	—

随着研发的深入及实际路测的更广泛开展，会沉淀大量的无人驾驶系统的数据。大量的沉淀数据代表着更丰富的场景。此时，模拟器就需要使用分布式的云端进行大规模模拟实验。这一阶段的重点在于：通过不断沉淀更多、更丰富的实际场景数据，极大地提高无人驾驶系统的普适性、通用性和稳定性。这个阶段的数据闭环本质上和单机版的数据沉淀，以及算法改进并无差异。唯一的不同在于，大规模的数据流动和计算需求将云端的分布式模拟器系统的管理和运维问题推到了前台，由此产生了一系列"量变到质变"的问题。其中，在无人驾驶仿真系统的框架下，最独特的就是模拟器仿真的一致性问题。

实际的工程经验告诉我们，模拟器是一个和所有模块深度耦合的服务平台，初期侧重于服务规划控制模块，后期倾向于整个系统级别的集成。

- 在无人驾驶系统研发的第一阶段，模拟器和整个无人驾驶系统，尤其是和规划感知定位等重要模块的数据接口深度耦合，任何模块接口层面的改动都会影响模拟器。
- 在第二阶段，模拟器有数据落盘沉淀、数据流、数据仓储等大量和大数据及云端基础架构（Infrastructure）的交互工作，往往牵扯大量的跨团队和跨部门合作开发，系统交付的稳定性也需要若干团队共同维护。
- 初期，模拟器应当偏向于实际数据的 LogSim，不宜过分强调 WorldSim；后期在系统相对成熟后可以逐渐侧重大规模 WorldSim。

目前，无人驾驶行业内的模拟仿真系统，大多数仍然停留在表 16-2 中的第一和第二阶段。这意味着，虽然仿真器在软件层面对车辆系统和外部环境的交互提供了一个模拟的运行环境，但其运行仍然依赖于外部的传感器数据输入，并且对于外部实际物流世界的"仿真模拟"也多停留于结构化的结果层面，而非直接模拟生成原始外部世界的数据。在模拟器仿真的更高级阶段，我们甚至可以在原始传感器层面就一定程度上引入软件抽象。不仅如此，对于外部世界的每一个个体，我们也可以使其更"智慧"。在这个阶段，模拟器已经脱离了我们原先强调的集成和测试作用，真正展开了对车辆系统和外部世界交换的"模拟"。当前业界的仿真模拟器都还没有进入这个阶段。

16.7　模拟器仿真的一致性问题

在研发阶段，驾驶系统的各个算法模块通常处于一种"**自管理状态**"，每个模块拥有各自的频率周期，通过基于 topic 的收发 IPC（Inter-Process Communication，进程间通信）机制进行通信。在某种相对稳定的频率周期下，各个算法模块完成对上游数据的接收和处理，然后将处理结果发送给下游模块。各个模块的频率周期长短通常取决于两个方面：一是上游模块的数据发送周期，二是自身算法的时间复杂度。事实上，起决定因素的是系统背后的硬件计算能力。在多种软、硬件因素的综合影响下，无人驾驶系统各个算法模块达到了一种动态的平衡，形成了各自相对稳定的频率周期。

然而，仿真系统通常会运行在与车上硬件有差异的环境中，而硬件计算性能的差异直接导致的结果就是算法模块自身运行时间的变化。这将同时引发每个算法模块向下游模块发送数据的频率周期产生变化。显然，在这种状况下，即使每个算法模块仍强行保持和车上运行时类似的频率周期，也不会产生和车上类似的结果。这是因为决定一个模块自身频率周期的两个因素都产生了变化。所以在仿真模拟中，各算法模块使用和车上相同的**自管理状态**是不可行的，我们需要找到一种**调度机制**，能够在线下模拟出各算法模块在车上环境中类似的运行频率周期。

由于硬件的差异，仿真模拟环境中各算法模块很难在运行时间上接近车上真实环境的运行时间。因此在仿真运算过程中**真实的运算时间并没有太大意义**，这就需要在仿真系统中引入虚拟时间这一概念。所谓虚拟时间，是指在仿真运算时，人为设定的虚拟时间轴。任何事件的处理，无论其实际耗时长短，都会在事件产生的信息中加入人为设定的虚拟时间戳，而非真实的时间戳，以此方法使仿真环境下制造输出的数据遵循虚拟时间轴上发生的时间先后顺序（如图 16-9 所示）。在具备了创造虚拟时间轴的能力后，我们就可以创造虚拟时间轴上各事件发生的具体时序。

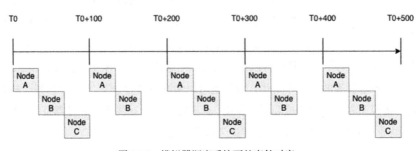

图 16-9　模拟器调度系统下的事件时序

我们之前提到过，车上各算法模块处于自管理状态，各自遵循一定的频率周期达到一种动态的平衡。硬件环境更换后，这种动态的平衡必将打破，而我们恰恰希望能够在仿真中模拟出车上平衡状态下各个算法模块的频率周期。因此，车上各算法运行时的自管理模式在仿真中不再适用。仿真运行算法模块时需要的是一个中央调度模块，以**同步调用**的方式调用每一个模块。使用同步调用的原因在于，**各模块仿真系统中的实际运算时间不具备太多实际意义**。因此，只需要中央调度模块同步调用，等算法执行完毕后，在输出的信息中加入想要的虚拟时间即可。

那么，中央调度模块如何模拟出各模块在车上的频率周期呢？只需要在中央调度模块中维护一个最小堆，所有算法模块均保存在最小堆中，堆中模块的比较键值为各算法模块的虚拟运行时间。在运行模拟程序时，中央调度模块每次从最小堆弹出顶部模块，将当前系统时间设置为弹出算法模块的虚拟时间，然后同步调用该算法模块，调用结束后中央调度模块将该算法模块的虚拟时间调至下一个频率周期，即在该算法模块的虚拟时间上添加一个其在车上的时间周期，然后中央调度模块将该算法模块重新放回最小堆。

16.8 小结

本质上，仿真模拟器模块并不是车上的最小可行性模块（Minimum Viable Modules）之一。然而，模拟器却是研发无人驾驶系统中不可或缺的外部模块。在录制的外部传感器数据下，模拟器"仿真"了一个完整的车辆系统和外界环境交互运行的软件平台。在一定意义上，仿真模拟器是整个车辆系统和外界环境的软件抽象。当前主流的无人驾驶模拟器系统几乎都在纯软件层面对车辆系统和外部环境进行抽象，存在着其内在的局限性。因此，虽然模拟器能够极大提高无人驾驶系统的软件迭代效率，但永远不能代替实际的车辆路测。仿真模拟器和实际路测是一种相辅相成的关系。没有良好的初步路测表现，就谈不上使用模拟器去优化迭代速度，发掘更多深层次和复杂场景的问题；当无人驾驶系统在小规模车辆路测上表现良好时，就需要模拟器将迭代效率提高一个甚至若干数量级。模拟器的广泛使用，可以用极低的成本大规模仿真大量的运营场景，从而发现一些在实际运营中并不经常出现，但又确实可能偶尔出现的问题。这些问题被称为长尾问题。长尾问题不经常出现，但一出现就会对安全稳定运营产生严重的影响，而我们很难以较低的成本，发现更多长尾却在实际大规模运营中可能出现的问题。这些长尾问题制约着无人驾驶系统稳定大规模地运营。因此，能否高效地发现和解决长尾问题成了大规模推广无人驾驶技术落地的关键因素之一。高效低成本地解决这些长尾问题的良药就是本章介绍的仿真模拟系统。当前无人驾驶系统的模拟器，主要侧重于软件层面的数据闭环，而车厂和Tier-1供应商的所谓硬件闭环，更多只是在调试动力学和底层车辆控制层面发挥作用。笔者预测，随着L4级无人驾驶系统的发展和广泛部署，模拟器不仅能做到大规模的"软件在环"，还有可能向着小规模的"硬件在环"发展。

古语有云："兵马未动，粮草先行。"在无人驾驶领域必须先有模拟平台，才能为大规模的生产部署保驾护航。模拟器的核心价值在于：

（1）极大地提高了软件开发的效率和质量。

（2）提供一个数据累积并持续发挥价值的平台。

（3）高效低成本地发现和解决小概率的长尾问题，以及检验系统在相对极端场景下的表现。我们相信，当无人驾驶真正投入产品化和规模化运营时，一定有一套伴随其成熟的"日行百万公里"的模拟器系统在背后保驾护航，为实际的安全生产部署提供保障。

16.9 参考资料

[1] Gazebo Overview, http://gazebosim.org/tutorials?tut=ros_overview.

[2] Apollo Simulation, http://apollo.auto/platform/simulation.html.

[3] Liu, S., Tang, J., Wang, C. et al. *A unified cloud platform for autonomous driving. Computer*, 50(12), pp.42-49 , 2017.

[4] Tang, J., Liu, S., Wang, C. et al. *Distributed Simulation Platform for Autonomous Driving.* In International Conference on Internet of Vehicles (pp.190-200). Springer, 2017.

17 基于 Spark 与 ROS 的分布式无人驾驶模拟平台

本章着重介绍基于 Spark 与 ROS 的分布式无人驾驶模拟平台。无人驾驶的安全性和可靠性是通过海量的功能和性能测试保证的。无人驾驶系统是一个复杂的系统工程，在它的整个研发流程中，测试工作至关重要，也繁重复杂。显然，将全部测试工作都集中在真车上进行的测试方案成本异常高昂，且安全系数非常低。通过综合考虑测试中各种可能发生的正常或异常状况，软件模拟成了面向无人驾驶系统的更安全且更经济有效的替代测试手段。

17.1 无人驾驶模拟技术

无人车驾驶系统由感知、预测、决策、控制等众多功能模块组成，每个模块各自拥有复杂的结构和算法。绝大多数情况下，在测试过程中系统开发人员很难对海量的输出参数做评价。同时，开发人员不仅需要单独测试一个功能模块，还需要集合联调多个模块。因此，系统开发人员需要的模拟器必须能够直观正确地反映输出参数的意义，同时既能对各个模块进行单一的集成测试，又能将各个模块按照需求分别组合后进行集成测试。[1]

模拟器技术主要有两种：第一种是基于合成数据，对环境、感知及车辆进行模拟，这种模拟器主要用于控制与规划算法的初步开发上;第二种是基于真实数据的回放以测试无人驾驶不同部件的功能及性能。本节主要讨论基于数据回放的模拟器。

出于尽量真实地模拟真车环境的需求,我们的模拟器采用了和真车相同的机器人操作系统 ROS。ROS 是一种基于消息传递通信的分布式计算框架。这种框架方便开发人员进行模块化编程,这一特性对模拟器来说至关重要。在无人驾驶系统中,每一个功能模块在 ROS 中都部署在一个节点上,节点间的通信依靠事先定义好格式的信息(message)完成。在模拟器中,开发人员只需要使用相同的通信格式,针对每个功能模块制作模拟模块,就可以根据测试需求搭配真实功能模块和模拟模块。例如,如果想进行决策模块和控制模块的功能联调,我们需要将决策模块、控制模块与其他的模拟模块搭配,并安装到模拟器中进行测试。如果决策模块需要单独测试新的决策算法,那么可以只将新的决策模块搭配其他的模拟模块安装到模拟器上,这样的测试结果只是针对决策模块的。

17.1.1 模拟器的组成元素

首先,无人车模拟器中包含的是车的动态模型。车的动态模型是用来加载测试无人车驾驶系统,并模拟无人车自身的行为的。其次,模拟器需要模拟的是外部环境。外部环境主要分为静态场景和动态场景。静态场景中包括各种静态的交通标志,例如停止线、交通指示牌等。动态场景主要指车周围的动态交通流模型,例如车辆、行人、交通灯等。所有这些元素构建了与现实环境相对应的模拟世界。

17.1.2 模拟器的应用

无人车真实上路后要面临的外部环境是复杂多变的。模拟器在模拟测试中需要做的就是将复杂的外部环境拆解成最简单的元素,然后重新排列组合,生成各种测试用例。

以一组简单的测试用例为例,如图 17-1 所示,在一条简单的直线行驶的车道中,需要测试的是无人车对于一辆障碍车的反应。按照障碍车可能出现的起始位置划分,障碍车可能出现在无人车的左前、左中、左后、前、后、右前、右中、右后总计 8 个位置。按照障碍车和无人车的相对速度划分,障碍车分为比无人车快、与无人车速度相等、比无人车慢这 3 类。按照障碍车的行为划分可分为直行、向左变道和向右变道 3 种。将这些变量相乘,去掉其中不需要的个例就得到了一组我们需要的测试用例。

图 17-1 模拟器在无人驾驶中的应用

17.1.3 模拟器面临的问题

模拟器的核心问题在"真"上,人工模拟的场景和真实场景多少会有差异,真实场景中仍然会存在许多人想象不到的突发事件。因此,如果能采用真实的行车数据复现真实场景,将会得到比人工模拟的场景更好的测试效果,但随之而来的问题就是海量数据的处理。如果我们想在模拟器上复现真实世界中每一段道路的场景,就需要让无人车采集每一段道路的信息。这些海量的信息是单机无法处理的,而且在每个场景下拆解元素重新排列组合生成测试用例的做法会使计算量翻倍。因此,将模拟器搭载到分布式系统上就成了无人驾驶模拟测试的最佳选择。

17.2 基于 ROS 的无人驾驶模拟器

ROS 是一种基于消息传递通信的分布式计算框架。它的通信模式可以抽象为一种信息池(message pool)的架构,消息发送节点调用广告(advertise)方法向指定话题(Topic)发送 ROS 信息(message),消息接收节点调用订阅(subscribe)方法从指定 Topic 接收 ROS message。[2]

17.2.1 Rosbag

Rosbag 是一套从话题中录制并向话题重新播放 ROS 信息的工具,在无人车的数据采集过程中,使用的正是 Rosbag 工具。Rosbag 的功能主要分为记录(Record)和播放(Play)两类。记录功能是在 ROS 中建立一个记录节点,调用 subscribe 方法向所有或指定 Topic 接收 ROS message,然后将信息写入 Bag 文件。播放功能则是在 ROS 中建立一个 play 节点,调用 advertise 方法将 Bag 文件中的信息按照时间节点发送至指定 Topic。图 17-2 所示为一个激光雷达数据在 ROS 中回放的实例,在这个场景中,激光雷达数据是以 10Hz

的帧率记录的。

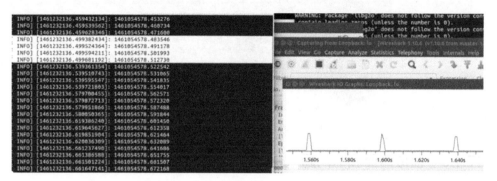

图 17-2　一个激光雷达数据在 ROS 中回放的实例

Rosbag 生成的数据格式是 .Bag，这是一个拥有两层逻辑结构的文件格式。如图 17-3 所示，上层的 Bag 类对上层模块提供了用户操作文件的方法，对下封装了对 ChunkedFile 的操作方法，ChunkedFile 类主要对数据进行了分隔存储，而存储的数据为一条条的 ROS 信息，ROS 信息的内容不仅包含文字信息，有时也包含大量的二进制数据，这些主要是无人车的传感器发送的图片或者 3D 点云文件的数据。这就给传统的主要用来处理文字日志的分布式计算系统应用带来了新的挑战。

图 17-3　Rosbag 结构图

17.2.2　模拟测试数据集

如上所述，我们主要关注基于真实数据回放的模拟器，那么这个数据量有多大呢？我们以 KITTI 数据集为实例了解一下。KITTI 数据集是由 KIT 和 TTIC 在 2012 年开始的一个合作项目。这个项目的主要目的是建立一个具有挑战性的、来自真实世界的测试集。他们使用的数据采集车配备了一对 140 万像素的彩色摄像头，Point Grey Flea 2（FL2-14S3C-C），10Hz 采集频率；一对 140 万像素的黑白摄像头，Point Grey Flea 2（FL2-14S3M-C），10Hz 采集频率；一个激光雷达，Velodyne HDL-64E；一个 GPS/IMU 定位系统,OXTS RT 3003。[3]

KITTI 的研究人员使用以上配置录制了 6 个小时的真实数据,数据量为 720GB。6 小时的数据仅够完成一些算法的简单验证,而无人驾驶产品所需求的数据远大于此。比如谷歌的无人车在过去几年中收集了超过 40000 小时的真实数据,总数据量应该超过了 5PB。基于单机的模拟远不能支撑如此大量的数据处理,因此我们必须为基于真实数据回放的模拟器设计一个高效的分布式计算平台。

17.2.3 计算量的挑战

巨大的数据处理量给计算平台造成了很大的压力。例如,KITTI 数据集整 6 小时的原数据包括了超过 1000000 张 140 万像素的彩图,使用我们的基于深度学习的图像识别平台(单机),每张彩图分析时间大概是 0.3 秒。这样,仅是分析 KITTI 数据集的图片,在单机上就需要 100 小时以上,而如果分析谷歌无人车级别的整体图片数据,在单机上需要 60 万个小时以上。

17.3 基于 Spark 的分布式模拟平台

Spark 是 UC Berkeley AMP Lab 开源的通用并行计算框架。Spark 是基于内存实现的分布式计算,拥有 Hadoop 所具有的优点;但不同于 Hadoop,Spark Job 的中间输出和结果可以保存在内存中,从而不再需要读写 HDFS,因此 Spark 能更好地适用于需要迭代的 map-reduce 算法。[4]

为了进行高效的、分布式的无人驾驶回放模拟,我们设计了基于 Spark 的分布式模拟平台框架。我们使用 Spark 进行资源的分配管理、数据的读写,以及 ROS 的节点管理。在 Spark Driver 上,我们可以触发不同的模拟应用,比如基于激光雷达的定位、基于图片的物体识别、车辆决策与控制等。Spark Driver 会根据数据量与计算量等需求请求 Spark Worker 资源。每个 Spark Worker 首先会把 Rosbag 数据读入内存,然后通过 pipe 启动 ROS Node 进程进行计算。我们也可以使用 JNI 方式连接 Spark Worker 及 ROS Node,但是这样将涉及对 ROS 的修改,使得整个系统难以维护与迭代。权衡后,我们最终选择了 pipe 的设计方案,如图 17-4 所示。

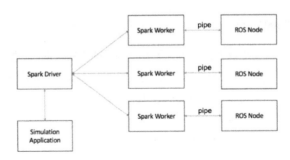

图 17-4　分布式模拟平台总体架构图

在 pipe 的设计方案中，有两个问题需要解决：第一，Spark 本身支持文本数据读取，但并不支持多媒体数据读取，我们需要设计一个高效的二进制文件的读取方法。第二，Rosbag 的播放功能如何从内存中读取缓存的数据，记录功能如何将数据缓存至内存中。接下来，我们将讨论以上这些设计。

17.3.1　二进制文件流式管道处理

Spark 操作数据的核心是 RDD（Resilient Distributed Datasets，弹性分布式数据集），它允许程序员以一种容错的方式在一个大型集群上执行内存计算。百度公司美国研发中心之前的一个工作就是在这一数据结构的基础上引入一个新的 RDD，实现二进制文件流式管道处理，其结构如图 17-5 所示。

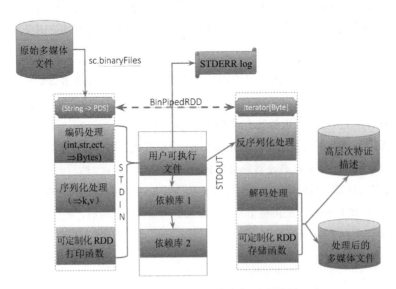

图 17-5　二进制文件流式管道处理的结构图

在每一个 Spark 的 Worker 上，Worker 根据 BinpipedRDD 的信息通过标准输入流在内存中将数据传送给用户程序，用户程序处理完数据后通过标准输出流在内存中将数据传回 Spark 的 Worker。Worker 将数据汇集存储到 HDFS 上。

17.3.2 Rosbag 缓存数据读取

在当前使用场景下（如图 17-6 所示），我们的输入是一定量的 Bag 二进制文件（文件以某种形式存储在分布式文件系统上），而用户想要的输出是所有这些 Bag 文件在每一个 Worker 上回放信息进入模拟器后经过处理得到的数据，显然这一过程通过 Rosbag 的播放和记录功能最易实现。

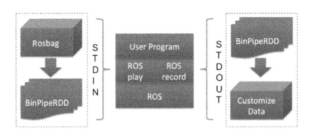

图 17-6　模拟器在分布式平台的运作流程图

为了实现这一功能，我们为原来的 Bag 和 ChunkedFile 的两层逻辑结构增加了一个分支逻辑层。如图 17-7 所示，MemoryChunkedFile 类继承于 ChunkedFile 类并且重写了 ChunkedFile 所有的方法。MemoryChunkedFile 在向下层读写文件时是向内存读写数据，并不是像 ChunkedFile 类一样向硬盘读写数据。这样做带来了一个好处，就是 Worker 通过标准输入流传给模拟器的数据不用经过磁盘 I/O 读写就可以被直接读入，经过模拟器处理的数据不用经过磁盘 I/O 读写就可以由内存直接传回 Worker。这样的读写模式极大地减少了模拟器处理数据的时间。

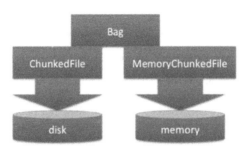

图 17-7　MemoryChunkedFile 结构设计

通过添加这一逻辑层，我们可以将模拟器部署到 Spark 机群内的每一台 Worker 机器上。我们可以通过加载不同的配置文件使每台机器运行不同的模块；也可以通过部署相同模块不同模型、运行相同数据以比较模型的不同；还可以在相同模块相同模型的条件下运行不同数据，对比不同数据的差异。由此可见，分布式系统的使用为模拟器添加了无数扩展的可能性。

17.3.3 性能评估

在设计实现的同时，我们对系统进行了性能评估。随着计算资源的增加，计算时间也在线性降低，系统表现出很强的可扩展性，可以承受很大的数据量与计算量。在一个图像识别测试集中，使用单机处理的图像数据耗时为 3 小时，而使用 8 个 Spark Worker 后，耗时仅为 25 分钟。假设我们使用 10000 个 Spark Worker 对谷歌无人车级别的数据进行大规模的图像识别模拟测试，那么整个实验可以在 100 小时内完成。

17.4 小结

使用分布式系统能够极大提升模拟器的工作能力，使无人驾驶系统的测试工作得以大规模、有序化地扩展。这一结果是建立在模拟器架构模块化，以及测试用例组合模块化的基础之上的。采用分布式系统搭建模拟平台使得在真车上路之前，测试无人车将行驶的每一条道路成为现实。当然，无人车在真实道路上的测试依然必不可少，但是模拟器已经为无人驾驶系统测试了海量的基础情景，可以以最低的成本最大限度地保障真车测试时的安全性。

17.5 参考资料

[1] Krogh, B., Thorpe, C., Integrated path planning and dynamic steering control for autonomous vehicles. In Robotics and Automation. Proceedings. 1986 IEEE International Conference on.Vol. 3, pp. 1664-1669, 1986.IEEE.

[2] Quigley, M., Conley, K., Gerkey, B., et al. ROS: an open-source Robot Operating System. In ICRA workshop on open source software.Vol. 3, No. 3.2, p. 5,2009.

[3] Geiger, A., Lenz, P., Stiller, et al. Vision meets robotics: The ,2013.KITTI dataset. The International Journal of Robotics Research, 32(11), pp.1231-1237.

[4] Zaharia, M., Chowdhury, M., Franklin, M.J., et al. Spark: Cluster Computing with Working Sets. HotCloud, 10(10-10), p.95,2010.

18 无人驾驶中的高精地图

为了保障无人驾驶的安全和鲁棒性，目前无人驾驶将高精三维地图作为重要的核心技术之一。人之所以能够在驾驶中很好地应对各种路况，是因为人有很好的空间感和对环境的分析能力。此外，对道路状况的熟悉程度也影响着人类驾驶员更好地应对突发状况来降低事故率的能力。高精地图赋予了无人车这种类似于人类甚至强于人类的空间感，以及对路网更全面的认知程度：通过实时数据在高精地图中的定位，无人车可以精准地知道自己在高精地图中的位姿；通过和静态高精地图的实时比对，无人车能很快鉴别并且跟踪环境中的动态物体；在精准定位的基础上，高精地图中包含大量的语义信息，如车道线、交通灯的位置，车道间的并道信息，限速等，能够帮助无人车做出更好的驾驶决策，规避风险。本章首先介绍高精地图与传统地图的区别，然后介绍高精地图的特点及制作过程。我们将以初创公司 DeepMap 的技术作为案例，探索高精地图在无人驾驶场景中的应用。

18.1 传统电子导航地图

我们日常使用的用于导航、查询地理信息的地图都属于传统电子导航地图，其主要服务对象是人类驾驶员。尽管电子导航地图出现还不到一百年，对传统地图的研究和开发却已经有几千年的历史，并发展出制图学这门学科。在制图学的基础上，电子导航地图的出现极大地提高了地图的检索效率，并且能快速地查找最优路径，极大地方便了人们的出行。

传统电子导航地图是对路网的一种简化抽象：路网通常被抽象成有向图的形式，图的顶点代表路口，边代表路口与路口的连接。路名、地标及道路骨架信息都可以被抽象成存储于这些有向图顶点或边中的属性。这种抽象的地图表征形式能很好地适应人类驾驶员的需求，其原因在于人类生来就有很强的视觉识别及逻辑分析能力。在驾驶的过程中，人类驾驶员一般都能有效地识别路面及路面标线，确定自己在路面的大致位置，寻找并辨认路标，等等。参照这些辨识出的信息，结合当前 GPS（一般的精度在 5m 以内）在当前电子导航地图中的位置，人类驾驶员便可大致知道自己在实际路网中的位置，并计划下一步如何驾驶。正是基于人类驾驶员的这些能力，传统的电子导航地图可以被极大精简，比如一条弯曲的道路可以被精简到用只有几个点的线段来表示，只要大致的轮廓符合现实路网的结构，人类驾驶员就可结合当前的驾驶信息定位自己的当前位置。

18.2 服务于无人驾驶场景的高精地图

与传统电子导航地图不同，高精地图的主要服务对象是无人车，或者说是机器驾驶员。很多对于人类驾驶员很容易的任务，在计算机看来却很难，例如：

- **视觉识别**：人类可以快速准确地鉴别障碍物、行人、车辆、交通信号灯、道路标记线等信息。虽然近年来基于深度学习的视觉识别有了突破性的发展，但是在各种可能的光照条件下，快速准确的物体识别仍然是一个充满挑战的课题。图 18-1 中的图(a)~图(c)列举了可能失效的图像识别场景，如雨天摄像头被雨点覆盖、照片过度曝光、车道线磨损不清等。
- **模糊定位及逻辑分析**：人类驾驶员通常可以通过 GPS、传统导航地图，以及周围的道路名、提示牌等信息大致确定自己的位置，并能够通过视觉和逻辑分析判断自己当前所在的车道。在图 18-1 中的图(d,e)所示的比较复杂的路口，人类驾驶员通常能根据车流分析当前路网，从而做出正确的决策。然而，实时定位及分析道路状况对目前的人工智能技术而言还是相当有挑战性的任务。

高精地图可以弥补计算机在这些方面的不足，从而保障无人驾驶的安全性。通过线下数据融合和处理，多角度、多方位的数据可以被融合在一起，互相印证，去伪存真，从而得到全面可靠的路网语义信息。对于机器识别有困难的情况，高精地图也提供了人机交互的平台，利用人类操作员验证机器识别的准确性，以保证高精地图在使用中的可靠性。

(a) 雨天摄像头被雨点遮盖　　(b) 光照过强，摄像头过度曝光　　(c) 道路线磨损严重，且有重影

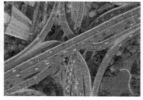

(d, e) 复杂路口

图 18-1　图像识别可能失败的场景

18.3　高精地图的组成和特点

18.3.1　高精度路网静态三维几何模型

相比服务于 GPS 导航系统的传统地图，高精地图最显著的特征是其表征路面特征的精准性强。一般情况下，传统地图只需要做到米量级的精度即可实现基于 GPS 的导航，但高精地图需要至少 10 倍以上的精度，即达到厘米级的精度才能保证无人车行驶的安全。一般行业共识是精度需要达到 10cm 以下。要达到这样的目标，高精地图必须包含准确的路网的三维几何模型。以 DeepMap 为例，通过基于多传感器的数据融合，车载激光雷达数据及车载摄像头数据首先被融合成高精度的三维点云，进而转换成三维网格地图（3D Grid Map，如图 18-2 所示）。在行驶的过程中，无人车利用几何匹配算法实时地将车载传感器数据（如激光雷达数据或图像）匹配到其车载的高精地图的三维网格地图，就可以实时地在高精地图中进行精准定位。常见的几何匹配算法包括基于激光雷达点云的 ICP 算法[2]和基于图像特征的特征匹配算法，等等。这些定位算法不仅能提供精确的 6 个自由度的车辆位姿信息，以达到定位精度小于 10cm、旋转小于 0.001rad 的精度要求，且能对车辆位姿的不确定性做出估计，为车载定位算法数据融合提供参考。

图 18-2 三维网格地图（见彩插）

值得注意的是，高精地图的几何层并不是简单地将所有的激光或图像信息融合在一个统一的坐标体系下。在数据的处理过程中，很重要的步骤还包括去除地图中的动态物体，比如移动或停在路边的车辆、路面上的行人，等等。保证几何层是静态的环境地图（不包含动态物体）是高精地图很重要的一个特性。一方面，地图中一旦包含动态的物体，就很有可能导致精准定位失效。例如，如果地图中有车辆，那么无人车在实时定位的时候很有可能将这些车辆作为参考，从而汇报错误的定位信息；另一方面，因为消除了动态物体，无人车在实时定位后可以将实时数据和静态地图进行比对，这样就能轻松鉴别并跟踪动态物体，为车辆避险，规避障碍以提供安全保障（如图 18-3 所示）。

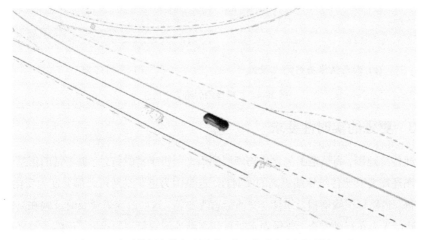

图 18-3 实时数据和静态地图对比实现的动态车辆识别和跟踪

18.3.2 丰富的语义信息层

在几何层之上，高精地图还包含丰富的路网语义信息，如图 18-4 中的图(a)所示。常见的语义信息包括车道线的位置、交通信号灯的位置及朝向、车道线之间的并道信息、道路限速，等等。这些语义信息紧密建立在高精地图三维几何层之上。在运行过程中，无人车通过实时精准定位，就能得知其附近的路网语义信息。这些信息辅助无人车做决策，如是否需要并可以换道，是否存在要注意的交通信号等，如图 18-4 中的图(b)所示。在机器视觉受到环境因素挑战的时候，如雨天、夜晚等（如图 18-4 中的图(c, d)所示），从高精地图中获得的语义信息一方面可以直接指导无人车做决策，另一方面给视觉识别算法提供先验知识（prior knowledge），帮助视觉识别算法更有针对性地、更快地识别必要的交通信息。

(a) 车道线，路口车道连通信息及限速，交通灯信息

(b) 普通驾驶场景

(c) 雨天摄像头被雨点覆盖

(d) 夜间行驶

图 18-4 高精地图的语义层信息

18.3.3 更强的实时性要求

相比传统地图，高精地图包含从物理层到语义层极丰富的信息。更丰富的信息意味着高精地图还需要有比传统地图更高的实时性，这是因为道路路网每天都会发生变化，比如道路整修、道路标识线磨损及重漆、交通标志改变等。这些改变需要及时反映在高精地图上，以确保无人车行驶安全。要做到实时更新高精地图有很高的难度，但随着越来越多载

有多种传感器的无人车在路网中行驶，一旦有一辆或几辆无人车发现了路网的变化，通过和云端的通信，就可以把路网更新信息告诉其他无人车，使得其他无人车变得更加聪明和安全。

18.4 构建高精地图

18.4.1 高精地图的商业生产模式

当前主要有两类高精地图的商业生产模式：

（1）集中采集模式：这种商业模式常见于传统的地图生产商，如 TomTom、Here maps，等等。这类高精地图生产商倾向于组建自己专业的、定制化的地图采集车队，周期性地进行数据采集。这种模式的优点是，专业地图采集车是地图生产商自己的，因此每辆车可以配备更高级的传感器，比如很多地图生产商都很依赖昂贵的厘米级别的 GPS 系统来做数据融合，从而使数据的质量得到很好的保障，也降低了后续数据处理的技术要求。这类方法的缺点也很明显。首先，每辆地图采集车的建造成本通常会很高。装配高端差分 GPS、高端激光雷达、惯性导航仪加上多个高清摄像头等，使每一辆地图采集车的成本都可能轻松超过百万元。其次，地图生产商还需要在每一个需要建立高精地图的城市维护一个不小的数据采集车队，周期性地采集地图数据来保证地图的时效性。因此，无论是组建车队，还是运营维护数据采集车队都会产生高昂的成本，严重影响高精地图规模化和低成本化。过度依赖高精度 GPS 也会产生很多问题：目前最高精度的 GPS 系统也不能做到全球无死角的厘米级高精度定位。在 GPS 信号丢失或是受环境影响的情况下（如隧道、城市高楼造成的 GPS multi-path 等），GPS 系统的精度的丢失会造成高精地图拼接误差，达不到无人驾驶的精度要求。

（2）众包模式：随着车载传感器的性能升级，从理论上讲，每一辆能够上路的无人驾驶车都可以成为一辆数据采集车。每一辆无人驾驶车在运行过程中都可以收集大量的原始数据。我们完全可以融合这些数据来建造高精地图。相比集中采集模式，众包模式下高精地图生产商不再需要组建及维护价格高昂的数据采集车队，每一辆投入使用的无人驾驶车都能上传数据，用于创建及更新高精地图。当无人驾驶达到一定规模后，众包模式对路网的覆盖实时性远高于集中采集数据模式。在当前云计算相对成熟的情况下，众包模式能更快地覆盖新的城市，构建高精地图的成本也远低于集中采集模式。DeepMap 公司采用的就是这种众包数据模式。当然，由于原始数据来源于相对廉价的车载传感器，原始数据的质量往往低于专业地图采集车获得的数据。较低的数据质量要求众包模式下的高精地图生产商有更强、更智能的数据处理技术。

18.4.2 多传感器数据融合

高精地图的生产依赖多个传感器数据的融合。一辆高精地图数据采集车使用的传感器种类不一定与无人车使用的传感器相同，因为高精地图的生产对传感器的要求与无人车使用高精地图定位的要求不完全相同。为保证无人驾驶 L4 或者 L5 级的要求，一般高精地图生产依赖的传感器主要包括以下几种：

1）IMU

4.3 节已经介绍，本节不再赘述。

2）GNSS 接收器

GNSS 目前包括了 4 大系统：美国的 GPS、俄罗斯的 GLONASS、欧盟的 GALILEO 和中国的北斗卫星导航系统。其中精度最高、使用范围最广的是美国的 GPS。这些系统的工作原理基本相同，都使用四颗或更多卫星的位置和卫星到地面接收器的距离推算出地面接收器的位置。每个卫星使用无线电广播自己的位置，同时会附加数据包发出的时间戳。GNSS 接收器收到数据包后，用当前的时间减去数据包上的时间，乘以光速 c，就是卫星与接收器的距离。

作为使用最广的定位系统，GPS 在无人驾驶定位和高精地图制作中发挥着举足轻重的作用。因为民用 GPS 的单点定位精度一般在米级，所以不能直接使用 GPS 做定位和地图制作。使用差分 GPS 可以通过增加一个参考基站来提高定位精度。有基站的差分 GPS 可以使定位精度达到厘米级。即使使用差分定位，仍然不能在大城市出现高大建筑物阻挡的地方得到理想的定位精度。这些地方的 GPS 定位信息很容易就有几十厘米甚至几米的误差，因此 GPS 受周围环境影响比较大。在空旷晴朗的环境下定位精度最高、最可靠，一旦出现信号阻挡的情况（例如在城市、峡谷的环境中），精度就会下降。

除了定位的作用，GPS 的另一个重要作用是提供精确时间。因为 GPS 是使用时间来计算距离的，所以对时间的精度要求极高。GPS 卫星上是用铯原子钟来计时的，并且每个卫星的时间都是精确同步的。如果我们需要对传感器时间同步，那么使用 GPS 时间作为同步的基准是一种简单可行的办法。例如，两台激光雷达可以各自连接到 GPS 接收器上，然后利用两台 GPS 接收器的时间同步激光雷达的数据包。

值得注意的是，一般 GPS 的定位频率并不高，最多也就只能达到 10Hz，所以通常情况下，GPS 接收器是和 IMU 一起使用的。GPS 和 IMU 连接在一起组成惯性导航系统，可以利用低频率的 GPS 数据校准容易产生漂移误差的高频率 IMU 数据，进而提供高频率、高精度的融合数据。但是，GPS 和 IMU 组合的精度无法满足多环境下高精地图制作的需求，因此单靠 GPS 不可以制作高精地图。

3）激光雷达

2.2 节已经介绍过，本书不再赘述。根据反射强度着色的激光雷达点云数据示例如图 18-5 所示。根据激光雷达反射强度制作的 2D 地图如图 18-6 所示。

图 18-5　根据反射强度着色的激光雷达点云数据示例

图 18-6　根据激光雷达反射强度制作的 2D 地图

无人驾驶常用的激光雷达都可以连接到 GPS。不连接 GPS 的情况下激光雷达也可以工作，但是数据包会缺少秒脉冲信号，导致多个传感器数据融合时间同步出现困难。所以一般采集高精地图激光点云数据的时候都需要连接 GPS。

激光雷达有很多特点：

（1）价格昂贵。所有传感器中，激光雷达的价格是最高的。高质量的激光雷达的价格往往比一辆普通轿车还高。

（2）分辨率高。激光雷达有极高的角度和距离分辨率。角度分辨率不低于 0.1mrad，距离分辨率可达到 2~3cm。分辨率高是激光雷达最显著的优点。激光雷达可以提供目标物体清晰的图像。

（3）根据激光线数的不同，激光雷达的频率可能差别很大。例如，32 线的激光雷达频率是 10Hz，但单线的激光雷达频率可以达到上千赫兹。

（4）使用激光雷达得到的是稀疏的点云。这里说的"稀疏"点云是相对于摄像头得到的图片来说的。图片是密集的像素，因为每个像素是紧密排列的，而激光雷达得到的点是过一段距离（水平方向几厘米）一个点，并不是连贯的。

（5）不受可见光的影响，夜晚也可以正常工作，但是受天气和大气的影响大。激光在晴朗的天气里衰减较少，传播距离远，而在大雨、浓烟、浓雾、大雪等坏天气里，激光雷达的工作会受到很大的影响。

（6）同一品牌的激光雷达之间有可能会相互干扰。因为激光雷达使用某个波段的激光作为光源，同一品牌的激光雷达经常使用相同的波段，从而造成一个激光雷达发射的激光被另外一个激光雷达接收。这一点在高精地图数据采集的过程中必须要考虑到。如果两个激光雷达设备互相干扰，往往会造成数据噪点过多而不能使用的情况。

4）工业摄像头

工业摄像头的主要作用是拍摄高频率的图像。这些图像可以用于无人驾驶视觉感知和定位，也可以用于高精地图中点云着色。工业摄像头与我们日常使用的普通相机的不同之处在于：

（1）工业摄像头的频率非常高。通常情况下，工业摄像头的频率都在 30~160Hz。普通相机的频率在 10Hz 以下。

（2）工业摄像头主要通过 API 进行控制，普通相机主要通过人进行操作。

截至本书写作时，高精地图中的激光雷达得到的点云都是不带真彩色的，有颜色的点云数据基本是根据反射强度的假彩色。使用摄像头拍摄的图像可以和激光点云进行融合，从而得到带有真彩色的点云数据。这些点云的真彩色对于道路路面上的道路边线和交通标识提取非常有帮助。根据反射强度得到的 2D 地图是黑白的，因此难以区分双黄线、白线等。如果道路表面比较污浊，造成反射强度低，生成的激光雷达点云就无法分辨出路面上的交通标识。但是摄像头不存在这个问题，拍摄出来的道路边线和交通标识非常清晰。

不同于激光雷达，摄像头的成本比较低，容易量产，这也是摄像头成为目前无人车标配的原因。同时，基于图像的深度学习技术发展远超过基于 3D 点云的深度学习，对于各种物体的提取在精确率和召回率上都比较高，这也成为摄像头的另一大优势。总而言之，摄像头是无人驾驶高精地图生产中不可或缺的一个重要传感器。

5）轮测距器

我们可以通过轮测距器（Wheel Odometer）推算无人车的位置。汽车的前轮上通常安装了轮测距器，它会分别记录左轮与右轮的总转数。通过分析每个时间段里左右轮的转数，可以推算出车辆向前走了多远，向左右转了多少度等。由于在不同材质的地面（比如冰面与水泥地）上转数对距离转换的偏差不同，随着时间的推进，轮测距的测量偏差会越来越大，单靠轮测距器并不可以精准地预测无人车的位置。

与 IMU 类似，轮测距器也可以提供高频率的定位，所以在 GPS 信号不好的区域，比如隧道、高架桥下等区域，它往往对定位有很大帮助。但在高精地图的制作中，轮测距器不是必需的。

6）毫米波雷达

毫米波雷达是工作在毫米波波段的探测雷达。毫米波的波长大致在 1~13mm，频域为 24~300GHz。毫米波雷达在无人驾驶领域最大的作用是作为测距和测速的传感器。无人驾驶领域的毫米波雷达主要有 3 个频段：24GHz、77GHz 和 79GHz。根据物理公式：光速=波长×频率，波长越短，频率越高，分辨率也就越高。分辨率高的毫米波雷达在距离、速度、角度上的测量精度更高。所以 77GHz 和 79GHz 的毫米波雷达多可以用于长距离的测量，而 24GHz 的毫米波雷达常用于检测近处的障碍物。

相较于激光雷达，毫米波雷达制造工艺成熟，成本小，非常适于大规模量产推广。这就是很多有 ADAS 功能的高级车可以安装几个毫米波雷达的原因。同时，毫米波雷达受天气影响小，是可以全天候、全天时工作的传感器。但是，毫米波雷达的数据稳定性差，返回的数据只能提供距离和角度信息，对障碍物的检测有时会过于敏感，所以仅仅靠毫米波雷达进行定位是不可能的。不依赖于激光雷达的解决方案一般使用多视角摄像头加毫米波雷达进行定位。

在高精地图的制作中，毫米波雷达可以配合摄像头提取特征点来建立定位所需要的3D地图，这是一种低配的解决方案。如果有激光雷达的存在，就可以不使用毫米波雷达的数据，因为基于激光雷达的定位会更加可靠准确。

多传感器数据融合是高精地图最基础，也是最核心的技术模块。除了GPS，大部分车载传感器，如激光雷达、摄像头、IMU等，在每个时间点上的测量结果是相对于传感器本身的坐标系。在数据融合之前，我们是没有办法统一比对，利用在分立时间、空间点上所得的局部传感器测量结果的。对高精地图来说，多传感器数据融合是指利用所有可用的车载传感器，把所有的数据融合到一个统一的坐标系下。在所有传感器都已标定到车辆坐标系（例如，x轴向前，y轴向左，z轴向上）的前提下，多传感器的数据融合的目的是尽可能地利用各种传感器的数据计算出车辆在每个时间点的全局三维位姿（例如地球坐标系下）。每个时间点车辆的三维全局位姿有6个自由度、3个平移自由度（经纬度和海拔）和3个旋转自由度（roll, pitch, yaw）。

传感器测量结果用$\{Z_{it}, i = 0,1,2,\dots\}$表示，这里$i$是不同传感器的编号，$t$是时间。多传感器数据融合是要找到最优的、在每个时间点上在一个全局坐标系下（比如地球坐标系下）的车辆位姿$\{x_t\}$。一旦有了这些车辆的全局位姿，从不同传感器得来的局部测量结果就可以被融合起来：例如，每一帧激光雷达数据可以被融合产生一个全局的点云，进而转换三维网络地图；或是局部提取的二维图像特征可以被融合成三维的全局图像特征，等等。

在实际应用中，不同传感器有不同的特性：

- GPS 传感器能够直接测量每个时间点车辆的全局位姿$\{z_t^{GPS} \sim p(x_t)\}$。这里$p(x_t)$是在$t$时刻车辆全局位姿的统计分布，GPS的测量结果可以理解成从这个统计分布中做的一个抽样。由于GPS系统的局限性，这些直接的测量结果不会很精确，通常只能达到米级别的精度。
- 只靠激光雷达和图像是没有办法获取全局的位姿信息的，但是由于激光雷达和图像有很丰富并且准确的局部测量信息，我们可以计算出很多局部的、相对的位姿信息。例如，邻近两个车辆位姿间的相对位姿可以通过匹配两个位姿相对应的激光扫描数据得到。即，$\{\Delta z_{ij}^{LiDAR} \sim p(\Delta x_{ji} = x_i^{-1} \cdot x_j)\}$，这里$\Delta x_{ji}$是两个三维位姿间的相对位姿变化，$p(\Delta x_{ji} = x_i^{-1} \cdot x_j)$是这个相对位姿的概率分布，两帧的激光扫描匹配所得到测量结果$\Delta z_{ij}^{\text{LiDAR}}$可以理解成这个相对位姿概率分布的一个统计抽样。

综合所有的传感器信息，多传感器数据融合是要找到最优化的全局车辆位姿$\{x_t\}$来最大化以下后验概率分布：

$$\max_{\{x_t\}} - p(x_t|Z_t^{\text{GPS}}, \Delta z_{ij}^{\text{LiDAR}}, \Delta z_{ij}^{\text{Image}}, \cdots)$$

在具体的实现中，这通常是一个大规模非线性优化问题，通常通过迭代、梯度下降的方法求解。

18.4.3 自动语义特征提取

局部语义提取：车载传感器每一帧的测量都可以提取出一些局部的语义信息。例如，通过图像识别出车辆附近的车道线，或是车前方的交通灯、路牌等。这些语义的提取通常是通过深度学习的方法来实现的。同理，每一帧激光雷达也可以根据几何条件提取出路面信息、路牌、交通灯信息等。这些从每一帧测量结果得出的语义通常是零散的，也有可能有误判的情况，出现独立于每一帧的语义信息。例如，由于其他车辆的阻挡，从有些图像中只能检测出少量或检测不到车道线，如图 18-7 所示。深度学习的误判也会造成交通灯检测不出，或是将其他物体检测成交通灯的后果。

图 18-7　基于单帧图像的车道线及路牌识别

全局语义优化：在传感器融合的基础上，可以将所有的传感器数据转换到一个统一的三维坐标系下。同理，这些基于局部信息提取的语义信息也可以被转换到统一的坐标系下。在这个统一的坐标系下，来自不同时间、不同车辆位置和不同角度的测量结果可以被融合在一起，互相验证，去伪存真，从而得到更加可靠、准确的全局坐标系下的语义信息。在这些车道线、交通灯、路牌信息的基础上，利用各种机器学习算法，我们可以推演出车道信息、车道间的连通信息、路口的交通规则等丰富的高层语义信息。一个很好的例子是可以自动从底层车道线信息生成车道级别的导航地图，无人车可以利用车道导航地图决定是否可以换道、并道，或是根据目的地信息提前换道。

18.4.4 质量控制

高质量、语义全面的高精地图对于无人驾驶的安全性至关重要。虽然通过应用人工智能和机器学习技术，高精地图的制作可以达到很高的自动化程度，但是实际的路网中通常存在很多人工智能算法无法完全胜任的特殊情况。例如，在车道线磨损程度很高的道路上，自动车道线检测通常会遇到困难；在重新粉刷的道路上，有时旧的车道线还没有被完全抹去，这也会造成车道检测发生错误。

高精地图的另一个优势是它提供了一个人机合作的平台。在自动语义检测的基础上，我们可以引入人类操作员来确认并改正人工智能算法计算产生的语义结果。这样，高精地图能结合计算机的高运算力和人类更强的逻辑分析思考的能力，在低成本的前提下构建语义丰富的高质量高精地图。

18.4.5 地图更新

如前文所述，高精地图对地图的时效性要求很高。所以，快速、周期性的地图更新尤为重要。在地图更新方面，众包式的商业模式更具优势。因为在这种商业模式下，地图生产商可以不依赖于自己的地图采集车队，而是利用每一辆在运行的无人驾驶车更新已有的高精地图。通常，实时运行的无人驾驶车在实现精准定位后，和现有车载静态高精地图进行实时比对，即可分析出当前道路状况，或是环境是否发生了改变。例如，实时路障检测可以让无人车分析出当前车道不可用，从而上传少量的数据给云端的高精地图服务商。地图服务商在接到更新数据后，可以用更加精确的算法进行验证，或是提交人类操作员验证，从而更新现有的高精地图，并把地图更新信息推送至每一辆正在运行的无人车。

18.5 高精地图在无人驾驶中的应用

18.5.1 定位

无人车在行驶的过程中，需要通过实时数据精确定位其在高精地图中的位姿。以激光雷达为例，当无人车激光雷达采集了一帧数据后，激光雷达数据会被转换成局部的、在车辆局部坐标系下的点云数据。结合 GPS 传感器提供的大致位置，定位算法会将实时点云数据和附近的高精地图点云进行匹配，从而得到高精度的、厘米级别的精准定位。在众多的实时定位算法中，ICP 算法是最常用的一种。其基本原理是在每一次迭代中对每一个实时点，搜索其当前位置在高精地图里的最近点作为对应点，并优化当前车辆位姿来最小化误差。这样，通过一次次的迭代，使得当前车辆位姿越来越接近真实的车辆位姿。ICP 算法的特点是可以降低噪音，而且收敛的速度很快。在初始位姿不是很差的情况下能很快收敛到正确的位姿。当然，在缺乏几何特征的环境下（如隧道），或是重复结构（如廊柱结构）的环境下，如果初始位姿和正确位姿差别较大，ICP 算法会收敛到错误的位姿，但这可以通过其他的算法，例如卡尔曼滤波或粒子滤波弥补。

18.5.2 动态物体识别及跟踪

在精准定位的基础上，高精地图也可以帮助感知，因为在地图中的物体都是静态物体，车辆、行人等动态物体在构造高精地图时会被过滤，所以在无人车运行过程中，高精地图可以标示静态障碍物的具体位置（例如，通过查询每一个激光雷达点是否能在静态高精地图点云中找到对应关系，判断当前点是否存在于静态高精地图中，从而判断该点是否来自动态物体）。通过点间聚类算法、辅助物体跟踪算法，无人车就能够检测并跟踪周围的动态物体。

18.5.3 交通信息识别

同样，在精准定位的基础上，我们可以把高精地图中的语义信息叠加到实时的图像数据上。这些叠加数据能够告诉无人车应该在哪些图像区域运行不同的图像识别算法，从而提高交通信息识别的速度和准确度。在出现误判时，也可以根据附近高精地图的信息做逻辑分析，避免由误判导致的决策失误。

18.5.4 导航与控制

跟踪和定位技术是被动的感知方案，而真正意义上的无人车是全自主驾驶而不是辅助驾驶，是需要无人车自己智能地做路径规划的。我们简要地从技术层面谈一谈无人车的路径规划。

路径规划其实是一个范畴很大的话题，这里需要先做几个限定：第一就是地图已知，如果地图未知则没有"规划"可言，机器人或无人车如果完全对世界未知，那么问题实际是"SLAM+探索"；第二是在无人车的领域中，通常还使用 2D 地图，而不是在 3D 地图上进行 6 个自由度的运动规划；第三是路径规划默认无人车按照规划的路径，每一步执行后的 pose 是准确的。也就是说，我们这里刻意地把定位和路径规划分开，但实际工程中两者是紧密联系的，因为定位不准，路径规划一定会受影响。

即使有了这几个设定，路径规划本身也是有很多教科书版本的，而且种类繁多。本节简单介绍比较有代表性又被广泛应用的两种。第一种是明确地寻找最好路径的搜索 A*算法，这种算法的核心理念是，如果有最好的路径，就一定要找到它。如果单位路径的 cost 不一样，最好的路径不一定是最短的路径。A*算法搜索了所有的可能路径后选择了最好的，而且运用了启发式算法决定最佳路径。

另一种路径规划是基于抽样（sampling based）的路径规划。简单地说，从起点开始，我们不知道最优路径是什么，所以从起点开始随机抽样（随机的方式也有讲究）来扩建可能路径集，但一个很重要的因素可以加速抽样，就是障碍物的检测。如果有障碍物，那么在障碍物方向再扩建路径没有意义。比较典型的算法是 RRT（Rapidly-exploring Random Tree，快速搜索随机树），需要注意的是这种算法侧重的是有效率地让树往没有搜索过的大面积区域增长，那么在无人车的应用中，尤其是在有了一些启发式算法的情况下，实时的路径规划是很注重效率的，要根据实际情况做优化。在研究上也有 RRT 的变种或两类算法的结合，例如 A*-RRT。路径规划在无人车上的工程实现一定是根据传感器的情况和地图质量来做实际算法的选择和调整，例如地图到底有多准确；实时的各个传感器的数据质量如何；在第一位永远是安全性的前提下，是更注重效率还是更注重绝对的优化。

18.5.5 无人驾驶仿真

高精地图是无人驾驶仿真最真实可靠的场景来源。在静态地图的基础上，我们可以根据路网规则人为设计动态场景来检测无人驾驶系统的安全性。这样，即便在真实场景中突发情况很少，透过特殊场景仿真，我们可以人为增加特殊场景发生的概率，使得无人车系统能应对比人类更多的突发状况。

18.6 高精地图的现状与结论

目前，主流的高精地图数据采集主要包括众包模式和采集车集中制图模式。众包模式目前以 Mobileye 为代表，通过与整车厂合作，借助大量的车载摄像头完成地图数据的采集。这种收集方式可以改善集中制图成本高、速度慢的缺点，大大提高数据采集的效率。然而，目前不依赖激光雷达的无人驾驶只能做到 L3 级以下无人驾驶的水平，基于摄像头产生的高精地图无法满足 L3、L4、L5 级无人驾驶的需求。以 Waymo 的产品为代表的无人驾驶高精地图则使用采集车集中制图的模式，利用改造的车辆进行数据收集和高精地图制作。目前，Waymo 的地图不作为服务出售，属于自产自用。这种模式生产地图不需要与第三方合作就可以完成。除了这两种模式，由 DeepMap 主导的专包模式也被越来越多无人车厂和初创企业所接受。在这种模式下，使用 DeepMap 地图生产和定位服务的客户，按照传感器的要求安装标定之后，可以在无人驾驶定位的同时进行数据的收集和上传，DeepMap 在云端为他们的地图进行制作和更新。这种方式可以在很大程度上解决车厂和初创无人驾驶企业高精地图生产维护面临的难题。

目前，国外的高精地图商家主要有 HERE、TomTom 等传统大图商及比较有名的初创企业，例如 DeepMap。其他参加无人驾驶研发的 Uber、通用、Cruise 等公司也都在大力发展高精地图。这些高精地图企业的目标都是实现 L4 级以上无人驾驶生产的地图。与国外的高精地图公司相比，国内的高精地图目前还相对落后，除了百度、阿里等大的科技公司，很多车厂和企业对地图的需求基本处于 ADAS 地图的阶段。再加上国家测绘局对地图生产资质要求的政策壁垒，在很大程度上影响了高精地图的发展。

毋庸置疑，高精地图是 L4 级以上无人驾驶必不可少的一个组成部分，在整个无人驾驶解决方案中扮演着核心角色。然而关于高精地图，目前很多政策和标准都处于空白阶段。不断涌现的高精地图初创企业预示着一个逐鹿中原时代的到来。到底哪家企业可以最先完成大规模、高效率、数据采集更新无缝拼接的大平台还没有定数。可以肯定的是，率先完成这一任务的企业将会拥有最多重量级客户，它将成为高精地图行业标准的制定者和最大玩家。

18.7 参考资料

[1] DeepMap 官网。

[2] ICP: P. Besl, N. McKay. A Method for Registration of 3-D Shapes, IEEE Trans. on Pattern Analysis and Machine Intel., vol. 14, no. 2, pp. 239-256, 1992.

19 高精地图的自动化生产

19.1 高精地图生产的挑战

前文提到，无人车用高精地图是专门为无人车系统预先创建的道路网络和附近环境的高精度电子模型，它包含丰富的几何、语义和动态信息，并需要及时地更新。顾名思义，高精地图是一种地图，但是，这个名字又不完全准确，因为高精地图还常常被用来存储大量预处理和离线计算的结果，以及相关的先验信息（例如，十字路口左转车辆行驶的轨迹就是一种有用的先验信息——尽管很多路口会带有左转的虚线，但是车辆行驶中的路线往往与虚线有出入。这些先验信息对无人车在经过这个十字路口时的路径规划十分有用）。

高精地图在无人车系统中的应用很广泛，也非常重要。在 2006 年和 2007 年的 DARPA（Defense Advanced Research Projects Agency，美国国防高级研究计划局）无人车比赛（分别是荒野和城市场景）中，高精地图已经被用于无人车的精确定位[1][2]。但是，高精地图的用途远不止精确定位。在真实环境（其中最具挑战性的是城市环境[2~4]）中运行的 L4 以上级别的无人车系统中，各大模块需要通信和交互并进行整体优化。整个任务非常复杂，包含众多的输入和参数，并且输入和通信中带各种噪音和不确定性。即使是在 GPU 时代，在满足性能和安全要求的同时，实时进行所有计算仍然非常具有挑战性。此外，在系统运行时，传感器（激光雷达、摄像头、毫米波雷达等）无法 100%可靠地检测到所有道路及周围环境中的动态物和静态物。为了解决这些问题，高精地图除了存储精确定位所需的信息，还保存其他有用信息，包括无人车系统中的众多其他模块（包括感知、预测、路径规划等[4~7]）的先验信息、预处理和离线计算结果。这些预处理的一个示例是通过提前对交通灯进行三维建图，使得无人车在运行时，仅检查地图中保存好的小区域，而不是整个视场。由于交通灯的位置基本上是长期不变的，这种预先对它们的位置进行三维建图的方法能非常有效地提高实时检测交通灯的状态的效率和性能[8]。虽然业界仍然存在关于不使用高精地图构建无人车系统的尝试和讨论，但据笔者所知，当今世界上基本没有在城市环境中运行而不使用某种高精地图的高度自动化驾驶（Highly Automated Driving，HAD）系统。

长期以来，生产高精地图的过程都很复杂且自动化程度非常低，需要相当广泛和大量的人工作业[5][6]。其中，从原始数据中提取语义尤其复杂且成本很高，因此人工作业的自动化对于提高高精地图的生产效率和质量至关重要。高精地图生产自动化的方法主要有基于启发式规则（例如参考资料[9~12]）和基于机器学习的方法。本章将重点讨论基于机器学习的方法。此外，虽然最近有不少地图公司和无人车公司正在尝试仅用相机图像生产高精地图[6][13][14]，但本章讨论的高精地图生产过程同时使用了激光雷达点云和相机图像——这也是目前业界主流的做法。

19.2 无人车用高精地图

用于无人车的高精地图不同于人类使用的电子地图（包括基于万维网或基于移动终端的电子地图）。

19.2.1 无人车用高精地图的特点

用于无人车系统的高精地图应具有以下特点：

1）精度高

顾名思义，无人车用高精地图需要具有高精度，通常为厘米级。虽然目前并无行业标准规定其精确度究竟应该达到多少，但现在常见的高精地图精度一般介于5~20 cm[3][4][6][8]，即无人车使用这种精度的高精地图进行定位的误差范围为5~20cm。

2）包含丰富的几何、语义和动态信息

无人车用高精地图必须包含道路网络和周围环境丰富的几何和语义信息，以供定位、感知、预测、路径规划等模块使用。最常见的内容包括车道模型、交通控制设备的三维位置（主要是交通信号灯和路牌），以及其他静态道路要素（如路缘、人行横道、铁路轨道、护栏、公交车站、减速带、立交桥等）的几何和语义。

此外，如何更新道路变更和动态信息变得越来越重要，这里的动态信息主要包括车流速度、交通事故、短期道路限行和关闭等。及时更新的动态信息使无人车在遇到很多道路事件和变化的时候，可以更高效地做出应对，提高行车安全性。

3）能及时更新

高精地图需要及时更新。据地图数据供应商 TomTom 估计，美国每年约有 15%的道路在某些方面发生变化[15]；虽然并非所有这些变化都会影响无人驾驶，但我们可以据此推算出高精地图每年需要更新的相关变化的数量级。

4）专为无人车而设计

无人车用高精地图是为无人车而设计的（与为人设计的电子地图不同），不需要可视化到让人类用户可读，只需让计算机读入和理解。同时，需要和无人车需要用到高精地图的各个模块相结合，满足各个模块对地图、先验信息、预处理和离线计算的要求，有时需要特别定制。例如，要在感知模块中训练某些深度学习模型，往往需要高精地图中的信息作为一种训练数据。

19.2.2　高精地图的种类（层）

一套高精地图并非一种简单的数据结构或者呈现形式，而通常有多层或者多种类型，它们共同为无人车提供道路和周边环境的完整信息。对于大型的城市或地区，整套高精地图占用的存储空间通常比较大，这种情况下，整个区域的高精地图可能不适合全部存放在无人车的硬盘中，而应当存放在云端。无人车会按需将当前所在位置附近的小区域（称为子图）下载到无人车的硬盘里[16][17]。即使无人车的硬盘足够大，能装下整个区域的高精地图，在无人车系统运行时，地图数据也按需把小块区域加载到内存中，当不再需要某个区域的高精地图时，该小块地图所占内存将会被释放。

高精地图的各个图层具有不同的数据结构和作用。尽管各高精地图生产商和无人车公司并不一定遵循相同的做法，但高精地图通常包含以下几层[18][19]：

1）激光反射平面图层

激光反射平面图层利用不同材料对激光的反射强度不同（例如，不同材质的路表、路面标记涂料等）这一特性而生成。所以，不同材质的物体对激光有不同的反射率。该层是用激光雷达的三维点云生成的路面的平面视图（鸟瞰图）。通过合并同一地点的多次扫描并用相近的强度值渲染空白地带（因为激光雷达点云是比较稀疏的），反射率图基本上可以做到看起来跟照片接近。反射率图主要可用于定位[3][4][6][20]，以及作为制作车道模型的输入。

2）数字高程模型

数字高程模型（Digital Elevation Mode，DEM）是一个三维模型，包含驾驶环境表面的高度信息。这种模型的高度信息通常不需要非常高的精度，往往由一些样本点的高度值通过插值生成。由于不是真正的三维，这样的模型有时也被称为2.5维，它的作用是定位（特别是在路面缺乏特征的情况下）[6]。另外，感知也可借用数字高程模型进行背景删除等。参考资料[21]中可以找到数字高程模型的例子。

3）车道模型

车道模型是一个非常重要的矢量化图层，包含车道的几何和语义信息。车路模型还包括不属于车道的道路部分，例如路肩。由于我们总是尽可能地使无人车行驶在车道中心，实际上车道以外的部分只辅助预测、感知等。车道模型应包含车道的几何形状（边界）、车道类型（例如汽车道、自行车道、公交车道等）、车道方向、车道分隔线类型（实线或虚线，单线或双线等）、通行限制（例如禁止左/右转弯）、限速、车道之间的邻接和连接关系（注意：邻接关系是指哪条车道在这条车道的边上，而连接关系是指这条车道接下来可以开到哪条车道）等[6]。车道模型还可以保存正常情况下无人车在车道上行驶的最佳路线（中心线），这样就可以把默认的最佳路径的计算转移到离线进行。车道模型对于定位[4]、感知、运动规划等至关重要。其他与车道直接相关的信息，例如一个交通灯对应于哪些车道的关联信息[8]，一般存储在车道模型中。

4）静态障碍物层

除了保存道路上和周围的静态障碍物的精确三维形状、位置和语义，静态障碍物层，通常还是一个多功能层，可以用于存储驾驶环境中未在其他层中存储的预处理和离线计算结果，因此这一层可以为感知、预测和路径规划等模块所用。

5）动态信息层

保存动态道路事件，包括交通堵塞、事故、封路、道路维修等。当无人车离开实验室，进入实际道路路测，特别是进行无人车车队营运后，动态信息层将会变得越来越重要。这一层对于感知、路径规划有用,但要求更新及时。

19.3 高精地图生产的基本流程

高精地图生产的基本流程大致可以分成四大阶段,分别是数据采集、高精地图生成、验证和质量控制、维护与更新,如图 19-1 所示。

图 19-1 高精地图生产的基本流程

第一阶段:数据采集

在这一阶段,配备有激光雷达、摄像头、GPS、IMU、车轮里程表(简称轮盘)等传感器的地图数据采集车上路采集数据并将其存储到硬盘中。经过某些处理(根据需要,可以进行某种程度的过滤或压缩)后,数据被上传到服务器中。数据采集通常分区域进行,涉及路线设计和规划、覆盖率检测、操作流程规范化、优化数据存储等。车辆和传感器成本、人工成本、数据存储空间等是数据采集的主要关注点;业界对于减少在同一路段上重复采集的次数非常感兴趣。

为高精地图生产采集的数据可以分为两类:

（1）地图数据：激光雷达点云和相机图像包含了将成为高精地图内容本身的几何和语义信息；表 19-1 列出了点云数据和图像数据的对比。需要指出的是，并非所有高精地图的生产方法都使用激光雷达点云；有些地图生产商和无人车公司只使用相机图像并从中进行三维重建[6] [13] [14]，不过目前主流的做法还是结合点云和图像。篇幅所限，本节不讨论那些只用相机图像生产高精地图的方法。

表 19-1　点云数据和图像数据的对比

数据	特性	在高精地图生产中的作用
点云	三维、精确、不受光线状态影响、多噪音、稀疏、无颜色和质感	可直接检测三维位置，带基本的几何形状，具有部分语义/属性
图像	二维、分辨率高、内容质量易受光线情况影响	可通过三角定位检测三维位置，可进行三维重建，适合语义/属性提取

（2）辅助数据：包括 GPS、IMU、轮盘等传感器在地图数据采集车的数据采集行程中的日志。这些日志对生成高精地图非常有用，但并不包含高精地图内容本身。辅助数据的使用主要是为了精确计算地图数据采集车的位姿。

第二阶段：高精地图生成

这一阶段可以细分为以下 4 个步骤。

1）传感器融合和位姿校准

获得地图数据采集车的准确位姿是生成高精地图的关键。如果车辆的位姿不准确，则无法生成精确的地图。一旦我们获得了车辆的精确位姿，根据传感器的外参（extrinsic parameters）就可以推算出每帧点云和图像的准确位姿。有了点云和图像的准确位姿，后续的配准、对齐、缝接等操作都将变得简单。

因为 GPS、IMU、轮盘等传感器各自的局限性，无法简单地在运行时直接获取准确的位姿[4]（除非利用现成的高精地图进行即时定位，但我们在建图的时候，还没有高精地图，这是一个鸡生蛋、蛋生鸡的问题），所以需要通过传感器融合并使用 Graph-based SLAM（同时定位和建图）[3][22]进行离线优化获得准确位姿。

2）地图数据处理和配准

一旦有了准确的位姿，我们就可以进行地图数据（激光雷达点云和相机图像）的配准[23]。请注意，对于高精地图建图，所用的照片通常用低于 10f/s 的帧率拍摄即可[8]。在数据融合时，对不同时间扫描得到的点云进行对齐和配准以获得更密集的点云，然后对点云和相机图像进行配准，以便后续可以在使用点云直接获取对象的三维位置的同时，对配准了的图像进行模式识别。对于大部分路牌，点云太过稀疏无法用于识别上面的内容，而图像在这方面做得很好，但是平面图像本身并不提供三维信息，因此将二者配置后，它们就能互补。

这一阶段还可能包括其他数据处理工作，例如噪点消除、路上的动态物过滤（例如，在同一地点的多次扫描中，如果某个物体并不是一直被检测到，那么这个物体很可能是动态物体，如路上的汽车、人行道上的行人等），以及生成逼真的平面投射图等。

3）三维物体检测

对于需要获得精确几何形状和位置的道路元素（例如，车道边界和分界线、路口停车线、路缘、交通灯、立交桥、铁路轨道、护栏、减速带、甚至永久性坑洼等），我们需要检测并保存其精确的三维位置。激光雷达点云包含三维位置信息，可使用基于几何的方法[9~12]或者通过基于三维点云[24~26]的深度学习进行三维对象检测。我们还可以用同一物体的多张图像进行三角定位确定该物体的三维位置，其中一个例子可以在参考资料[8]中找到。

4）语义/属性信息提取

第二阶段的最后一项工作是从数据中提取语义和属性信息。这一步是整个高精地图生产中自动化程度最低的，因此也是最费事、最昂贵的一步。需要做的通常包括创建车道模型、识别路牌并建立与车道的关联、交通灯建图及建立与车道的关联、路面标记语义提取及其他各种道路元素（例如减速带）的检测等。

除了上述 4 个步骤，在生成大规模高精地图之前，实际上还需要完成其他工作，或者进行一些选做的工作，例如根据配准了的图片为点云渲染颜色等。

第三阶段：验证和质量控制

生成高精地图后，必须满足预定义的质量指标——包括语义方面和非语义方面，例如车道模型，需要验证道路网的各种正确性，包括车道的边界是否完整、平滑等。很多工作可以通过算法来校验，但是最后交付使用之前，必须通过模拟和路测的最终检验。

第四阶段：维护与更新

即使在交付使用之后，一套高精地图也不可能是完美的，其中一定存在不少错误或者不准确的地方。因此在使用的过程中，各种问题会陆续出现，必须得到及时的修正。

另外，道路网络和附近环境每天甚至每小时都在发生各种变化，因此持续不断地更新高精地图是非常重要的工作和研究课题。

19.4 机器学习在高精地图生产中的应用

19.4.1 为什么机器学习可以帮助高精地图的生产

高精地图生产过程的以下几个特点，使得机器学习技术成为提高高精地图生产效率和地图质量的极佳选择。

1）需要大量的人力劳动

对于大型高精地图，手动或半自动地生产需要数百甚至数千人，耗时数月甚至数年，并且大部分手工活都是重复性的；不仅耗时，而且昂贵。同时，这些人工任务大多需要高度集中的注意力，非常容易出错，隐藏在地图标注中的错误有时非常隐蔽，难以及时发现。因此，通过计算机软件实现自动化是必然的选择，而机器学习已经证明能够在许多这样的重复性的手动任务中做得接近人类水平，甚至在某些任务上比人类做得好。

2）有海量、高维度的数据

每当有大量具有高维度的数据时，机器学习技术就派上用场了。

3）与无人车的其他子系统存在类似的问题

构建高精地图需要解决的许多问题与定位、感知等问题有重复。业界已经对这些任务（特别是感知）使用了大量的机器学习技术，因此借用其中一些工具和算法是明智的。

除了上述原因，还有其他原因使得机器学习适用于高精地图生产，例如机器学习模型更容易泛化和迁移到其他城市或地区。

19.4.2 "Human-in-the-loop" 机器学习

在高精地图生产中使用机器学习技术的方式具有一个特征，这样的机器学习有时被人们称为"Human-in-the-loop"（大意是"人介入的"）机器学习[27~30]。高精地图生产中的"Human-in-the-loop"机器学习是指在生产高精地图的过程中，通过人类对机器学习系统结果的反馈，反复改进机器学习系统的过程。在某种应用中，如果预测结果需要非常高的准确率，但机器学习模型的性能还没有达到要求，"Human-in-the-loop"机器学习就特别有用。如图 19-2 所示，开始时，还没有训练出机器学习模型，我们所拥有的只是地图数据采集车收集到的未标注数据，数据标注人员必须手动标注所有数据并生成语义高精地图。当我们拥有了足够的数据标注后，研究人员和工程师就可以训练有监督的机器学习模型，用于对剩余或新收集的未标记数据进行分类。"Human-in-the-loop"机器学习的关键要素之一是对机器学习模型输出的置信度（confidence）的估计。估计神经网络预测结果置信度的方法有多种，例如，使用 Monte Carlo dropout 的贝叶斯方法[31]，基于熵的对抗性训练[32]和基于距离的置信度[33]等。一旦计算出机器学习模型输出的置信度，就可以直接将高可靠性输出保存到高精地图中，并将不确定的输出发送给人工标注员进行校验，然后将手动校验过的结果放进高精地图并加入训练数据集中，用于下一次迭代中重新训练机器学习模型。从某种意义上讲，"Human-in-the-loop"机器学习可以算入主动学习（Active Learning）[34]的范畴。

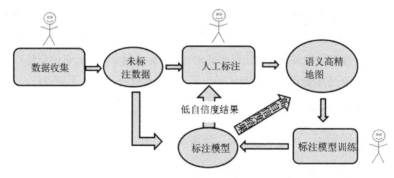

图 19-2　高精地图生产中的"Human-in-the-loop"机器学习

19.4.3　机器学习在高精地图生产中的应用

本节，我们将介绍机器学习技术在高精地图生产中的一些应用。

1. 位姿估计

传统上，位姿估计可以使用诸如基于滤波器[35] [36]、Graph-based SLAM[37]或视觉 SLAM[38]之类的技术完成。最近，有一些基于深度学习的使用图像进行位姿估计的方法[38][40]，其中一个例子是 PoseNet[39]，它是 GoogLeNet 的变种，用于估计 6 自由度位姿。它用仿射回归器（affine regressor）替换 GoogLeNet 中的 softmax 分类器，并在最终的全连接层输出 6 自由度位姿向量。尽管 PoseNet 的性能（最初报告的位置误差大于 1m、朝向误差有时达 1°~2°）还达不到制作高精地图所需要的精度，但它在应用深度学习的方向迈出了第一步。

2. 路面标记提取

路面标记提取是从路面上的标记中提取几何形状和语义。路面标记包括车道边界/分界、箭头（直行、转向、并道等）、人行横道（斑马线）、限速文字、车道类型标记等。在提取路面标记方面有相当多的工作是基于激光雷达点云的，其中有很多是使用启发式规则的方法，在这里我们只着重讨论使用机器学习的方法。

参考资料[41]在使用激光反射率阈值从路面点提取出各种标记后，再使用深度玻尔兹曼机（Deep Boltzmann Machine）分类出小尺寸道路标记（分别是箭头和矩形标记），使用主成分分析（Principal Component Analysis，PCA）进一步区分人行横道（垂直堆叠的多个矩形）和虚线车道线（沿水平方向排列的多个矩形）。作者得到的测试结果中，完整率（completeness）（等同于召回率）为 93%，正确率（等同于精确度）为 92%。

百度使用 CNN 从点云产生的反射成像中提取车道边界/分界，并通过使用具有 un-pooling 的多个逆卷积（deconvolution）层，得到的平面地图达到极高的分辨率（高达 1cm×1cm 精度），其像素级召回率和精度分别为 93.80% 和 95.49%[42]。

3. 交通灯建图

交通灯建图指获得并保存交通信号灯的三维位置并将其与相应的车道关联起来，以便加速无人车运行时对交通灯状态的检测。谷歌使用基于图像的方法对交通灯进行建图。他们先使用基于 SLAM 的离线优化或预先构建的高精地图进行在线定位，以获得每帧图像的准确位姿，然后根据它们与道路交叉路口的接近度，过滤不包含交通信号灯的图像（因为只有在道路交叉的地方才可能有交通灯），然后使用机器学习的分类器检测图像中交通灯的位置。检测之后，使用同一个交通灯的一组图像通过三角定位确定其在三维空间中的位置，并将相同三维位置的图像组进行合并，依次循环，直到收敛。结果表明，他们的方法可以对 95%~99% 的交通灯建图，且其位置误差小于 15cm[8]。

4．路牌建图

路牌包括道路限速、停牌、让行、禁行等交通指示牌。路牌建图通常以两种方式完成：

（1）基于图像的方法，类似于交通灯建图的方式。

（2）基于融合图像与点云数据的方法。大致的做法是先使用三维点云检测路牌的位置，再使用配准了的图像识别路牌的语义（可以通过 CNN 等模型获得较好的性能）。

参考资料[43]报告了使用 SVM 直接检测来自三维点云的几乎所有类型的路牌，精度达到 89%，但他们的工作并不识别大部分路牌的语义（仅仅通过形状检测出停牌）。

5．路缘提取

路缘提取有助于自动建立矢量化车道模型。传统操作中，此任务由标注人员通过可视化工具手动勾勒路缘来完成。在最新的研究中，有不少基于三维点云的自动化工作是利用路缘上的点与路面的点的高度差异进行分割处理的[44][45]，还有些使用基于密度和坡度变化的启发式[44]或其他启发式[46]方法。一些使用深度学习的方法也已经出现，但其性能没有基于点云的几何启发式方法好[47]。

6．柱状物提取

道路周边的柱状物可以帮助无人车定位，特别是在路面和周围没有太多其他可以用于匹配的特征的时候。历史上，检测柱状物方面的许多工作是通过基于几何的启发法或使用能量函数（energy function）完成的，例如参考资料[9]。机器学习模型用基于几何的方法找出候选物体后，往往对柱状物体进行分类。例如，参考资料[10]使用高斯混合模型（Gaussian Mixture Model）识别路灯杆，整体性能达到 90% 的真阳性率；参考资料[11]使用 LDA（Linear Discriminant Analysis，线性判别分析）和 SVM 分类不同类型的杆状物（其中包括路灯杆），达到 90% 以上的准确度。参考资料[12]使用随机森林对柱状物体进行分类，其中路灯杆的精确率和召回率分别达到 94.8% 和 97.5%。

7．高精地图更新

为了及时更新高精地图，至少需要做两件事：能及时收集新的地图数据和检测出新旧数据的不同。将地图数据采集车派到大街小巷不断地收集新数据的成本通常太高而收益率很低，基本不适用于对大规模高精地图的更新。虽然无人驾驶公司可以依靠其无人车路测或营运时顺便收集新数据，但仍然会存在覆盖率不够的问题。一些高精地图供应商与汽车制造商合作，从汽车制造商销售出去的网联的智能汽车直接获取新的地图数据。目前，许多高精地图制造商也在走众包的路线[48]，众包方式的挑战在于确保数据质量满足高精地图的需求。一旦获得了新数据，就必须进行道路变化和道路事件（例如道路临时封闭等）检测。训练机器学习模型以从图像中检测道路事件的难点在于，道路事件的训练数据一般相对较少（正实例和负实例之间的数据不平衡）。为了解决这个问题，通常可以利用预先训练的模型进行迁移学习[49]。人们还尝试通过聚合来自联网的智能车辆或移动设备的 GPS 轨迹检测交通模式的变化，以推断道路变化的可能性，并且一旦发现道路变化的可能性，就将地图数据采集车派发到指定的现场以收集新的高精地图数据[50~52]。

19.5　基于三维点云的深度学习

虽然目前激光雷达的成本较高，但它们仍然是高精地图数据采集的主要传感器，这是因为激光雷达点云不易受光线情况的影响，以及自带精确三维信息。深度学习已经成为基于图像的计算机视觉的首选工具，研究人员和从业者也开始探索如何有效地直接将深度学习应用于三维点云。

由于三维点云的特性，直接从点云学习有很多挑战，包括：

（1）与平面图像中的像素不同，点云中的点是无序和非结构化的。

（2）三维点云中各处的点密度是不一致的，并且平均而言，也比较稀疏。

（3）点云数据的噪声现象很普遍，局部坏数据的情况很常见。

（4）点云自身不带颜色和质地。

（5）车辆运动等导致即便是同一帧的点云也有不对齐的问题……

2016 年以前，在对点云数据进行机器学习时，人们一般会在针对特定任务进行手工特征工程之前，先将点云转换为其他表示方式（例如，将三维点云体素化[53-55]或投影到透视图上[53][56]）。几乎没有任何工作可以直接从点云数据端到端地训练通用的机器学习模型，直到出现了 PointNet、PointNet ++、VoxelNet[24-26]等深度网络结构。

PointNet[24]是一个可以直接从三维点云进行端到端训练的深度网络架构，包含了分类（classification）子网络和分割（segmentation）子网络。三维点云以 D（维度）乘以 N（点数）的矩阵的格式输入到 PointNet——这里的维度 D 除了立体空间中的 x、y、z 三维，还可以包含其他维度的信息，例如激光反射率。PointNet 被证明当数据不完整时也具有很强的鲁棒性。PointNet 的弱点在于它无法学习局部结构，因此难以推广到大规模场景。与先前从三维点云中学习时，先将点云转换为其他形式的表示形式的深度网络相比，PointNet 的性能并没有明显的优势。

PointNet++[25]是 PointNet 的升级版。它是一个分层神经网络，将输入的点集从大到小一层层地嵌套式细分（可以想象成多层八叉树 Octree 的样子），然后递归地将 PointNet 应用于这些嵌套的点云子集。这里对层次点集的特征学习类似于 ConvNet 的多层卷积运算：PointNet++从较小区域的细微的几何结构中提取出局部特征，这些局部特征进一步组成更大的单元，并提取出更高级别的特征。在 ModelNet40 数据集上测试时，PointNet++的三维形状分类精确度达到 91.9%。

VoxelNet[26]由 Apple 提出，是直接在三维点云上实现的另一种端到端可训练深度神经网络架构。它提出了一种新颖的体素特征编码器（Voxel Feature Encoder），用于将点云转换为描述性的 volumetric 表示形式（所谓的 volumetric 表示形式，是指通过二元值或实值的 tensor 来表示三维形状），然后输入 RPN 以生成检测。VoxelNet 曾经是 KITTI 汽车检测基准的领先分类器[36]。

19.6 小结

本章先概述了无人车行业中使用的高精地图的特点及其生产过程，然后介绍了机器学习技术在高精地图生产的自动化中的应用。篇幅所限，很多方面都没有深入，感兴趣的读者可以详细阅读本章的参考资料，以对本章谈及的机器学习如何提高高精地图的自动化有更深的了解。

19.7 参考资料

[1] Buehler, M., Iagnemma, K., Singh, S. eds., The 2005 DARPA grand challenge: the great robot race (Vol. 36). Springer Science & Business Media. 2007.

[2] Buehler, M., Iagnemma, K., Singh, S. eds., The DARPA urban challenge: autonomous vehicles in city traffic (Vol. 56). springer. 2009.

[3] Levinson, J., Montemerlo, M., Thrun, S. Map-Based Precision Vehicle Localization in Urban Environments. In Robotics: Science and Systems (Vol. 4, p.1).

[4] Schreiber, M., Knöppel, C., Franke, U., Lane marking based localization using highly accurate maps. In Intelligent Vehicles Symposium (IV), 2013 IEEE (pp.449-454). IEEE, June 2013.

[5] Franke, U., Pfeiffer, D., Rabe, C., et al. Making bertha see. In Computer Vision Workshops (ICCVW), 2013 IEEE International Conference on (pp. 214-221). IEEE, November 2016.

[6] Ziegler, J., Bender, P., Schreiber, M., et al. Making Bertha drive—An autonomous journey on a historic route. IEEE Intelligent Transportation Systems Magazine, 6(2), pp.8-20, 2014.

[7] Levinson, J., Thrun, S. Robust vehicle localization in urban environments using probabilistic maps. In Robotics and Automation (ICRA), 2010 IEEE International Conference on (pp. 4372-4378).

[8] Fairfield, N., Urmson, C. Traffic light mapping and detection. In Robotics and Automation (ICRA), 2011 IEEE International Conference on (pp.5421-5426). IEEE, 2011.

[9] Yu, Y., Li, J., Guan, H., et al. Semiautomated extraction of street light poles from mobile LiDAR point-clouds. IEEE Transactions on Geoscience and Remote Sensing, 53(3), pp.1374-1386, 2015.

[10] Zheng, H., Wang, R., Xu, S. Recognizing Street Lighting Poles from Mobile LiDAR Data. IEEE Transactions on Geoscience and Remote Sensing, 55(1), pp.407-420, 2017.

[11] Ordóñez, C., Cabo, C., Sanz-Ablanedo, E Automatic Detection and Classification of Pole-Like Objects for Urban Cartography Using Mobile Laser Scanning Data. Sensors, 17(7), p.1465, 2017.

[12] Fukano, K., Masuda, H. Detection and Classification of Pole-like Objects from Mobile Mapping Data. ISPRS Annals of Photogrammetry, Remote Sensing & Spatial

Information Sciences,2,2015.

[13] mapillary 公司官网。

[14] lvl5 公司官网。

[15] TomTom 官网。

[16] Liu, S., Li, L., Tang, J., et al. Creating Autonomous Vehicle Systems. Synthesis Lectures on Computer Science, 6(1), pp. i-186,2017.

[17] Liu, S., Tang, J., Wang, C., et al.A Unified Cloud Platform for Autonomous Driving. Computer, 50(12), pp.42-49,2017.

[18] YouTube 页面关于高精地图的介绍。

[19] YouTube 页面关于高精地图分层的介绍。

[20] Jesse Levinson Automatic laser calibration, mapping, and localization for autonomous vehicles,. Thesis (Ph.D.), Stanford University, 2011.

[21] waymo 官网。

[22] Thrun, S., Montemerlo, M. The graph SLAM algorithm with applications to large-scale mapping of urban structures. The International Journal of Robotics Research, 25(5-6), pp.403-429,2006.

[23] De Silva, V., Roche, J., Kondoz, A., Fusion of LiDAR and Camera Sensor Data for Environment Sensing in Driverless Vehicles. arXiv preprint arXiv:1710.06230, 2017.

[24] Qi, C.R., Su, H., Mo, K. Pointnet: Deep learning on point sets for 3d classification and segmentation. Proc. Computer Vision and Pattern Recognition (CVPR), IEEE, 1(2), p.4. 2017.

[25] Qi, C.R., Yi, L., Su, H. ,et al. Pointnet++: Deep hierarchical feature learning on point sets in a metric space. In Advances in Neural Information Processing Systems (pp. 5105- 5114).

[26] Zhou, Y. ,Tuzel, O. VoxelNet: End-to-End Learning for Point Cloud Based 3D Object Detection. arXiv preprint arXiv:1711.06396,2017.

[27] figure-eight 官网中关于 human-in-the-loop 的文章。

[28] COMPUTERWORLD 官网中关于 human-in-the-loop 的文章。

[29] Xin, D., Ma, L., Liu, J., et al. Accelerating Human-in-the-loop Machine Learning: Challenges and Opportunities. arXiv preprint arXiv:1804.05892,2018.

[30] mapillary 网站中关于 human-in-the-loop 的文章。

[31] Gal, Y. , Ghahramani, Z. June. Dropout as a Bayesian approximation: Representing model uncertainty in deep learning. In international conference on machine learning (pp. 1050-1059),2016.

[32] Lakshminarayanan, B., Pritzel, A.,Blundell, C. Simple and scalable predictive uncertainty estimation using deep ensembles. In Advances in Neural Information Processing Systems (pp. 6405-6416),2017.

[33] Mandelbaum, A.,Weinshall, D. Distance-based Confidence Score for Neural Network Classifiers. arXiv preprint arXiv:1709.09844,2017.

[34] Krishnakumar, A. Active learning literature survey. Technical Report, University of California, Santa Cruz,2007.

[35] Cadena, C., Carlone, L., Carrillo, H., et al. Past, present, and future of simultaneous localization and mapping: Toward the robust-perception age. IEEE Transactions on Robotics, 32(6), pp.1309-1332,2016.

[36] Montemerlo, M., Thrun, S., Koller, D.,et al. FastSLAM: A factored solution to the simultaneous localization and mapping problem. Aaai/iaai, 593598,2002.

[38] Ros, G., Sappa, A., Ponsa, D. m,et al. Visual slam for driverless cars: A brief survey. In Intelligent Vehicles Symposium (IV) Workshops (Vol. 2),June 2012.

[39] Kendall, A., Grimes, M.,Cipolla, R. Posenet: A convolutional network for real-time 6-dof camera relocalization. In Computer Vision (ICCV), 2015 IEEE International Conference on (pp. 2938-2946). IEEE,2015.

[40] Walch, F., Hazirbas, C., Leal-Taixé, L., et al. Image-based localization using LSTMs for structured feature correlation. arXiv preprint arXiv:1611.07890.

[41] Yu, Y., Li, J., Guan, H.,et al Learning hierarchical features for automated extraction of road markings from 3-D mobile LiDAR point clouds. IEEE Journal of Selected Topics in Applied Earth Observations and Remote Sensing, 8(2), pp.709-726,2015. 2015.

[42] He, B., Ai, R., Yan,et al. November. Lane marking detection based on Convolution Neural Network from point clouds. In Intelligent Transportation Systems (ITSC), 2016 IEEE 19th International Conference on (pp. 2475-2480). IEEE,2016.

[43] Levinson, J., Askeland, J., Becker, J., et al.Towards fully autonomous driving: Systems and algorithms. In Intelligent Vehicles Symposium (IV), 2011 IEEE (pp. 163-168). IEEE.

[44] Zhou, L., Vosselman, G. Mapping curbstones in airborne and mobile laser scanning data. International Journal of Applied Earth Observation and Geoinformation, 18, pp.293-304,2012.

[45] Zhang,W. Lidar-based road and road-edge detection. In Intelligent Vehicles Symposium (IV), 2010 IEEE (pp. 845-848). IEEE,2010.

[46] Yang, B., Fang, L.,Li, J. Semi-automated extraction and delineation of 3D roads of street scene from mobile laser scanning point clouds. ISPRS Journal of Photogrammetry and Remote Sensing, 79, pp.80-93,2013.

[47] Rachmadi, R.F., Uchimura, K., Koutaki, G.,et al. Road edge detection on 3D point cloud data using Encoder-Decoder Convolutional Network. In Knowledge Creation and Intelligent Computing (IES-KCIC), 2017 International Electronics Symposium on (pp. 95-100). IEEE,2017.

[48] Dabeer, O., Gowaiker, R., Grzechnik, S.K., et al. An End-to-End System for Crowdsourced 3d Maps for Autonomous Vehicles: The Mapping Component. arXiv preprint arXiv:1703.10193, 2017.

[49] Pan, S.J.,Yang, Q. A survey on transfer learning. IEEE Transactions on knowledge and data engineering, 22(10), pp.1345- 1359,2010.

[50] Stanojevic, R., Abbar, S., Thirumuruganathan, S.,et al. Road Network Fusion for

Incremental Map Updates. In LBS 2018: 14th International Conference on Location Based Services (pp. 91-109). Springer, Cham,January 2018.

[51] Chen, C., Lu, C., Huang, Q., et al. City-scale map creation and updating using GPS collections. In Proceedings of the 22nd ACM SIGKDD International Conference on Knowledge Discovery and Data Mining (pp. 1465- 1474). ACM,August 2016.

[52] Massow, K., Kwella, B., Pfeifer, N., et al. Deriving HD maps for highly automated driving from vehicular probe data. In Intelligent Transportation Systems (ITSC), 2016 IEEE 19th International Conference on (pp. 1745-1752). IEEE.

[53] C. R. Qi, H. Su, M. Nießner, et al. Volumetric and multi-view cnns for object classification on 3d data. In Proc. Computer Vision and Pattern Recognition (CVPR), IEEE, 2016.

[54] D. Maturana, S. Scherer. Voxnet: A 3d convolutional neural network for real-time object recognition. In IEEE/RSJ International Conference on Intelligent Robots and Systems, September 2015.

[55] D. Z. Wang, I. Posner. Voting for voting in online point cloud object detection. In Proceedings of Robotics: Science and Systems, Rome, Italy, July 2015.

[56] B. Li, T. Zhang, T. Xia. Vehicle detection from 3D LiDAR using fully convolutional network. In Robotics: Science and Systems, 2016.

20 面向无人驾驶的边缘高精地图服务

20.1 边缘计算与高精地图

近年来，无人驾驶被认为是汽车工业和信息产业创新中最有发展潜力的、市场需求最明确的领域之一，是未来交通服务的新模式，对提高交通效率和安全水平具有重要意义。高精地图作为无人驾驶技术应用中辅助驾驶的重要手段，在高精度定位、辅助环境感知、控制决策等方面发挥着重要作用。边缘计算作为一种将计算、存储、共享能力从云端延伸到网络边缘的计算架构，采用"业务应用在边缘，综合管理在云端"的模式，非常适合应用于部署更新频率高、实时服务延迟低、覆盖面积广的高精地图服务。结合众包模式的边缘地图服务已经成为低成本高精地图更新的主要方式，有着重要的应用前景。本章简要介绍了高精地图的定义、内容组成和制图过程，分析了边缘高精地图服务中的关键技术，给出了示例边缘地图服务框架，并对边缘高精地图服务已有的技术积累进行了回顾。

作为目前人工智能行业最受关注的应用场景之一，无人驾驶担当着革新汽车行业甚至是交通运输业未来的重要使命。无人驾驶能够真正解放人类双手，提高行车安全系数，通过更普及的运力共享，在缓解交通拥堵的同时大大地减少对环境的污染。随着无人车的普及，无人驾驶将成为未来智慧公共出行的主要方式，是未来智慧城市的重要联结之一[1]。

在无人驾驶应用中，高精地图是必不可少的实现基础。高精地图是对物理世界路况的精准还原，通过道路信息的高精度承载，利用超视距信息和其他车载传感器形成互补，打破车身传感的局限性，实现感知的无限延伸。以底层的高精地图数据为基础，在此之上叠加动态交通数据，通过高速通信完成交通信息的实时更新及驾驶预警推送，为无人驾驶行车决策提供强有力的指导[2][3]。

相比于传统的电子地图，高精地图具有数据高精度、信息高维度及高实时性的特点。随着感知范围的延伸和传感精度的提高，高精地图有能力构建更精确的定位、更广范围的环境感知、更完备的交通信息，从而为无人驾驶提供感知、定位、决策等多种支持[4][5]。高精地图不仅包含对道路静态元素 10~20cm 精度的三维表示，如车道线、曲率、坡度和路侧物体等；还包括驾驶环境中各种动态信息，如车道限速、车道关闭、道路坑洼、交通事故等；此外，高精地图还发展出个性化驾驶支持，包括各种驾驶行为建议，如最佳加速点及刹车点、最佳过弯速度等，以提高无人驾驶的舒适度。

目前，国内外地图生产商及无人驾驶车商，如百度、谷歌、高德、HERE、TomTom 等已经组建了自有专业地图采集车队，通过配置摄像头和激光雷达等设备的高精地图采集车，扫描获得街景图像数据和 3D 激光点云数据，经过后台的自动化建图流程，结合人工纠错与标注，形成多层次地图数据叠加的高精地图，并进行发布。然而，自建专业采集车队极其昂贵、维护成本开销大且覆盖与更新面积有限，难以实现高精地图生产的实时更新或修复自愈。地图众包是高精地图生产与服务提供的新方向。利用（半）社会车辆在行驶过程中完成传感数据采集，通过边缘计算节点的数据清理、聚合和压缩等优化手段，将抽取过的关键感知数据推送至云端，利用云端的强大算力，使用多源数据完成对地图数据的更新，最后把增量更新与动态实时交通存储在边缘缓存，根据车辆的驾驶场景，完成对高精地图数据的推送与预取。由此可见，边缘高精地图服务是无人驾驶在边缘计算场景下的一大典型应用，在减少成本开销的同时，实现覆盖更为广泛的、更高频的、更实时的地图数据服务。

通过众包机制，利用多车传感在边缘计算端与云端进行协同，实现高精地图的构建与实时更新；并通过边缘缓存向车辆实时发布高精地图的动态层数据与静态更新，以辅助车辆的无人驾驶。

这一未来无人驾驶典型应用需要解决三大方面的问题：

（1）如何以边缘节点为中心，根据边缘智能感知的车辆动态分布进行感知任务分配，并对汇集的群智信息的时空有效性与数据质量进行评估和控制。

（2）多车辆传感数据如何在边缘节点自动化地进行过滤、聚合、协商，以得出对交通态势的动态描述，抽取出对静态更新的一致性感知结果，其中包括如何通过有序协作对感知数据进行动态融合，从而提高感知准确性、全面性，减少信息冗余度。

（3）根据感知数据的时空特征和车辆的分布规律，利用边缘环境中具有时空约束的服务数据缓存与分发，把确认后的地图更新与实时交通状况传播到其他相关车辆中，为无人驾驶服务提供细粒度、准确、高时效的数据基础。

20.2 边缘场景下的高精地图服务

由于高精地图对数据更新提出了很高的要求，实时更新和实时同步是高精地图应用过程中绕不开的两大问题。没有实时更新，地图就会出现记忆偏差而引发危险。没有实时同步，地图的使用者就可能得不到最新的数据。为了解决这两点，云平台是高精地图不可或缺的。但是，云平台在高精地图中的直接应用面临两个难点：

（1）实时更新、数据同步的困难。

（2）云平台制图能力的有限性，包括但不限于数据收集、运算、交互、分发等。因此，高精地图生产与服务更需要从云-边缘-端的角度推进，在分散云中心计算压力的同时，还要强化云-边缘-端之间的联系及网络侧本身的计算、收集与发布能力。

因此，从高精地图的产品形态和服务方式的角度，通过边缘计算服务对高精地图数据进行实时更新与分发是一种可行的方式。根据边缘计算产业联盟的定义，边缘计算是在靠近设备或数据源头的网络边缘侧，融合网络、计算、存储、应用核心能力的开放平台，就近提供边缘智能服务，以满足行业数字化在敏捷连接、实时业务、数据优化、应用智能、安全与隐私保护等方面的关键需求[6][7]。基于边缘计算的高精地图服务包括地图生产和地图发布两部分内容。边缘地图生产服务通过实时收集各车的行驶数据增强数据的收集密度、扩充道路情况信息的感知范围，并通过对感知数据的预处理实现有效的内容提取和无关语义去除。边缘地图发布服务通过边缘缓存能力进行地图数据发布，缓解数据更新的缓存开销和到达延迟，实现更贴近用户的数据服务和行车预警。

高精地图对于地图数据处理有着特殊的要求。一是低时延,在车辆高速运动的过程中,要实现动态地图中的碰撞预警功能,通信时延应当在 4ms 以内;二是高可靠性,高精地图服务于无人驾驶,相较于普通数据处理,高精地图的传感数据处理需要更高的可靠性。与此同时,车辆的高速运动及可预见的传感数据量爆发,对于时延和可靠性的要求也将越来越高。边缘计算在局域内即可实现对实时传感数据的聚集、分析与抽取,一方面将分析所得结果以极低延迟(通常是毫秒类)传送给区域内的其他车辆;另一方面将抽取后的信息推送至云端,以便地图云完成对更新的决策。通过利用边缘计算的位置特征,地图数据就可实现就近存储,因此可有效降低时延,非常适合动态高精地图中防碰撞、事故警告等时延标准要求极高的业务类型。同时,边缘计算能够精确地实时感知车辆移动,提高通信的时效与安全。在此方面,德国已经研发了数字高速公路试验台来提供交通预警服务,该试验台用于在 LTE 环境下在同一区域内进行车辆预警消息的发布[13]。与集中式高精地图服务相比,边缘高精地图服务拥有以下特性:

- 低时延:边缘高精地图服务利用 V2X 等近距离通信技术提升行车安全与交通效率。目前,边缘节点有效范围内的主要通信方式是 DSRC、LTE-V2X 和 5G-V2X。5G 网络延迟可以达到毫秒级,峰值速率可达 10~20Gbit/s,连接密度可达 100 万/km^2,可保障大规模行车场景下的 4ms 碰撞预警时间。这使得驾驶反馈更加迅速,改善了用户安全与用户体验。

- 低负载:由于边缘地图服务更靠近车辆,更适合捕获和分析传感地图数据中的关键信息,可就近在本地进行数据聚合处理,将校验、简化、抽取过的传感信息上传至云端,极大地降低核心网络的数据传输压力,大大减少网络堵塞。

- 基于位置的内容感知:边缘地图服务节点能实时获取车辆位置相关数据,并使用获得的时空信息对边缘缓存内容进行自适应感知和调整,根据当前行车环境下的车辆分布与内容流行度分布,实现快速的、基于位置的地图应用部署,极大地提高无人驾驶用户的地图服务使用体验。

- 低成本:边缘高精地图服务不需要专用的地图采集车,通过众包的方式实现对高精地图生成与维护的任务分解,制图成本将大大地降低。

20.3 边缘高精地图生产

利用感知数据在时空维度存在的潜在模式或相关性,在云地图中心的协调下对边缘节点内的地图生产过程进行优化,根据区域地图特性和实时车流分配感知任务,实现边缘资源在地图生产上的动态配置,提高路况感知的效率。因此,大规模地图数据感知的众包任务集确定、传感数据处理是边缘地图生产服务中亟待解决的问题。这一问题主要面临的挑战包括:

(1)如何根据感知数据的时空相关性及车辆的动态分布选择兼具代表性和可行性的感知任务集,即如何进行感知任务分配。

(2)如何对大规模的车辆感知数据进行汇聚和分析,控制众包数据的采集维度、采集频度、采集品类等,这些都将对最终多维度地图数据的生成产生重大影响。

(3)高精地图相对普通地图的拓扑结构更复杂、信息维度更高,与电子地图相比,高精地图精确到厘米,精确度提升两个单位量级。如何在边缘节点完成高精地图裸数据的信息去噪、抽取、处理与标注,对边缘节点数据利用有限算力进行数据(预)处理自动化提出了更高的要求。

(4)参与地图感知任务的大多为非专业的(半)社会车辆,其行驶轨迹取决于实际需求,因此感知资源将出现时空分布不均匀的现象,影响整体感知质量。如何在边缘节点通过挖掘感知数据的潜在特征和车辆的分布规律,进行感知数据的质量评估和控制,在降低信息冗余度的同时,提高信息完整性与准确性是需要解决的问题。

20.4 边缘高精地图内容分发

高精地图的数据分发需求可达 3~4Gb/km,在全球移动数据流量复合年均增长率为47%的场景下,移动通信网络的数据传输延迟将严重限制无人驾驶应用的普及。无人驾驶车辆虽然可以从云端实时获取相关位置的高精地图数据,但这种数据获取具有相当严格的时空约束。边缘计算基于位置感知提供服务,相近时空内的无人驾驶车辆对于地图数据的服务需求存在广泛的相似性。路径重合的行驶车辆具有相同的地图数据需求,这些时间上离散的地图数据可以通过"边缘缓存+车辆间内容分享"的方式进行地图数据的分发,并且车辆可以通过边缘缓存预取未来途经路段的地图数据,提前完成超距感知和长距离规划。因此,边缘智能协调下的边缘缓存及车间地图内容分享将成为实现高效的地图数据服务的重要途径。基于行驶场景和车辆移动的边缘地图数据缓存和分发方法,通过学习车辆的地图服务请求规律和移动规律智能地进行地图数据缓存,并根据车辆的实时地图数据请

求分布、情景预测及物理位置分布协调多层次的地图数据分发。为实现此目标,需要解决以下几个重要问题:

(1)基于车辆的地图数据内容需求,在边缘缓存侧完成数据的层次化分发与预取。

(2)根据车辆出行情景分布的时空变化,动态地调整边缘缓存内容,并结合数据编码和数据压缩等技术提高边缘缓存的数据存储能力。

(3)车辆之间如何通过直接通信进行地图内容数据的再分发,最终满足所有车辆的数据需求,以保证服务质量。

20.5 参考框架

图 20-1 给出了博世高精地图系统示意图。博世地图系统会根据地图数据采集任务进行智能调度,向摄像头和毫米波雷达设备下发采集任务,并通过云端控制完成采集成果自动上传。上传到博世道路特征云的数据,需进行自动化处理,自动识别其中的有效信息(如道路指示牌、限速标志、车道线标志、交通信号灯等)。所形成的特征内容与地图合作商(如高德、四维)提供的高精地图图层(矢量数据层)进行叠加,形成内容完整的静态高精地图,再由主车厂商在车身上进行前装发布。这里利用众包机制完成了对特征图层的构建,但是这样的事前行为无法对发生的地图变化进行更新,同时也无法利用边缘服务实现对无人驾驶的数据支持。

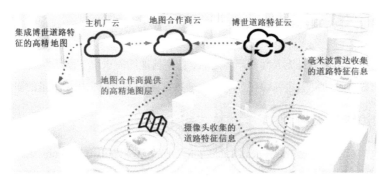

图 20-1 博世高精地图系统示意图

为支持安全高效的智能驾驶服务,我们在图 20-2 给出了边缘高精地图服务参考框架。第一部分,利用多车群智协作实现感知数据的采集与动态地图信息的有效传播,快速的交通信息施效构成"超视距感知",可辅助车辆进行实时驾驶决策和短期规划。第二部分,大规模的车辆感知数据在边缘端进行汇聚、分析、感知质量判断与控制，完成感知任务调度以实现全区域内的传感能力覆盖，并进行边缘地图自动化制图。此阶段的目的是构建多维度的地图更新要素，并交由云端决策。借助边缘地图服务的高效数据缓存与分发，利用增量更新技术，实现（半）小时级的增量发布。第三部分，云端汇总全局环境的认知结果和更新要素，通过与云地图数据库进行自动差分比对，可快速定位需要更新的内容，完成对地图内容的迭代。迭代后的地图版本或以前装的形式，或以边缘缓存增量发布的形式装载至无人驾驶车辆，以支持车辆在全局感知下进行中长期规划。

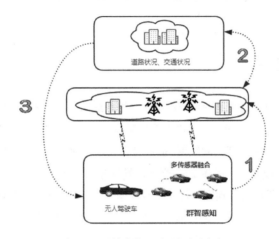

图 20-2　边缘高精地图服务参考框架

20.6　相关工作

边缘高精地图服务是无人驾驶产生之后，在高精地图需求之下驱动生成的新方向。前人已经在边缘计算协同、边缘缓存和实时交通数据感知等领域积累了大量的研究成果。

20.6.1　边缘计算协同

欧洲电信标准化协会（European Telecommunications Standard Institute，ETSI）在2015年首次发布边缘计算白皮书，首次将边缘计算定义为："通过在移动网边缘部署通用服务器，为无线接入网提供IT服务环境和云计算能力"[9]，并已完成对边缘计算平台架构、计算需求、应用程序标准接口的定义。第三代合作伙伴计划（3rd Generation Partnership Project，3GPP）将边缘计算列入未来5G时代的关键技术，在3GPP的标准化架构中将边缘计算的需求作为重要设计元素，给出了边缘计算的业务连续方案和流量疏导方案，着重于边缘计算平台和网络架构设计[10]。

在边缘节点上如何进行计算任务的高效卸载和计算协同,是计算在边缘下沉时亟待解决的重要问题。通过边缘-云之间的计算协同,在网络边缘对部分紧急任务进行卸载和计算,将紧急程度较低的、算力要求高的任务上传到云数据中心进行处理[11] [12],可降低核心网络的计算能耗,提升对关键应用的响应能力。参考资料[13][14]列举了边缘计算的具体应用场景,并讨论了在计算卸载过程中可能存在的问题;参考资料[15]以实现通信、计算、存储三类基础资源的有效共享为目的,提出了 5G 移动通信架构下多级计算协同的边缘计算模型。[16]对边缘计算下的任务卸载问题进行建模,通过高可靠的任务卸载算法,以多用户下的边缘资源分配模型为基础,对边缘节点的计算资源、频谱资源、缓存资源进行统一分配和优化。参考资料[17][18]分别以实现边缘计算卸载的时延最小化或者端设备功率损耗最小化为目标,进行相应约束条件下的单用户场景和多用户场景下的计算卸载。上述研究为我们求解边-云协同的传感制图框架奠定了理论基础。

20.6.2 边缘缓存

边缘缓存把数据缓存到网络边缘,可以有效地提高网络频谱利用效益,缓解无线网络的资源紧张[19]。边缘缓存可以提供时延更低、可靠性更高的数据服务。数据存储更靠近用户,因此用户请求可不必经过复杂的网络传输交由核心网处理,而直接由边缘缓存节点处理并回传给用户,减少回程数据链路传输所需的时间,分载回程网络流量。[20]把车联网下的车辆服务数据缓存建模为整数线性规划问题,但是它的模型是基于未来路径已知的假设,这对于实际的无人驾驶场景通常难以实现。参考资料[21]针对 5G 网络应用,利用收集到的用户情境信息(如浏览历史、位置信息),通过边缘智能(如机器学习)预测服务数据在未来时刻的时空分布,预先将流行度高的内容缓存到边缘节点,实现用户数据服务体验的提升。出于相同的目的,利用这种可预测性[22]以一阶马尔可夫模型对车辆移动轨迹进行预测,并使用熵来量化预测结果的不确定性,以此为基础确定预先缓存方案。参考资料[23]提出了一种多层次的协作缓存方法,将缓存内容边缘放置问题建模为最优化问题,以设备容量、链路容量、缓存容量、用户数据请求模式为参数求解缓存内容在边缘节点的分布。在缓存数据分发方向,参考资料[24]首先将热门请求数据随机缓存在移动设备上,然后使用索引编码对数据进行广播分发,可同时满足多用户的内容需求。参考资料[25][26]利用移动设备间的 D2D(Device-to-Device)设备直通,进行内容的分发与共享。参考资料[27]对用户的信息需求模式进行了分析,认为 5G 网络数据请求具有一定的可预测性,在感知应用情境的同时,利用这种可预测性制定面向社交网络的边缘缓存。将上述边缘缓存的研究直接应用于高精地图数据缓存时效果可能难以保证。

20.6.3 实时交通数据感知

实时准确的交通数据是改善城市交通状况的信息基础,无人驾驶场景中以信息进行决策,实时交通数据感知显得更加重要。参考资料[28]利用车辆的高速移动性和多种传感信息进行全局环境感知,把采集到的数据直接汇聚到云中心进而提供智慧交通、智慧城市等数据服务。但是此框架下均限定车辆以特定模式进行数据采集,且传感数据类型简单。参考资料[29]构建了一个可以覆盖全路网的交通信息动态更新模型,自动地完成交通信息数据的收集、聚合、处理和传输。参考资料[17] [18]利用外部数据、车间协作等信息评估交通状况、感知交通拥塞程度。在车辆通过车间协作完成交通状况感知之后,参考资料[30]还进一步利用线性最小二乘法对下一阶段进行预测,求解短期交通状况的变化情况。在发生交通拥堵时,参考资料[13]对异常交通流量进行分布式聚类,实现感知数据的聚合。上述研究试图解决交通信息的多节点协作感知,但并未讨论感知信息的发布施效,并未闭环感知-服务-反馈环节。参考资料[31]提出了一种预警传播机制,根据事故的严重程度将警告信息约束在相应的兴趣区域范围内。参考资料[32]提出了一个车载信息传输协议,通过此协议车辆可向下游车辆查询前方实时的交通状况。面向未来无人驾驶环境,参考资料[23]提出了名为 CarSpeak 的协作感知与通信系统为无人驾驶提供实时数据支持。它利用八叉树结构存储 3D 点云数据可实现车间感知数据共享时自适应的多分辨率选择。此外,它还为车间感知数据共享提供了一种数据接入控制协议,通过竞争实现信道资源分配。参考资料[33]利用 V2V 通信获知交通事件信息,并结合自身评估信息的时空相关性,做出相应的驾驶行为调整以缓解交通拥塞。

20.7 小结

边缘计算将服务下沉到了网络边缘,为高精地图提供了业务本地化和业务近距离部署的条件。边缘地图服务更加靠近车辆和数据,可以很大程度地减少网络交互和服务交付的时延,有效地满足无人驾驶超低时延的需求。相比云端集中式的地图数据处理,边缘地图节点配置的业务计算支撑和地图数据存储,可在时空有效范围内对传感数据进行处理、分析、缓存、发布,并推送有价值的处理结果至云地图中心完成后续决策。这可以极大地节省链路数据资源,提高地图服务业务效率,提供更优的用户体验。因此,边缘高精地图服务是无人驾驶今后实现普及的基础支撑。值得注意的是,高精地图服务应该具备全路况的地图提供能力，不仅要覆盖高速公路这种相对简单的路况，更应该覆盖复杂路况区域，比如旧城区、多口路口，等等。这些区域中的干扰因素更多，需要更加准确地理解周边环境，这部分的边缘制图能力才是高精地图真正的挑战所在。同时，随着无人驾驶的逐步普及，为应对各类突发状况，高精地图需要更多的半动态数据及动态数据，这大大提高了在边缘地图服务中对数据实时性的要求。不同层次领域的地图数据时效不同，例如，道路的几何形状很少发生变化，不需要进行实时更新，而交通信息则实时更新。因此，未来需要进一步地定义更高效的（半）自动化的边缘地图制作流程，以完成对地图的更新和对无人驾驶的辅助。

20.8 参考资料

[1] Nedevschi S, Popescu V, Danescu R, et al. Accurate ego-vehicle global localization at intersections through alignment of visual data with digital map [J]. Intelligent Transportation Systems, 2013,14(2): 673–687.

[2] 贺勇. 基于高精细地图的 GPS 导航方法研究 [D]. 上海: 上海交通大学（硕士学位论文）, 2015.

[3] Suganuma J, Uozumi T. Precise position estimation of autonomous vehicle based on map-matching [J]. IEEE Intelligent VehiclesSymposium, 2011 (4): 296–301.

[4] Hao L, Nashashibi F, Toulminet G. Localization for intelligent vehicle by fusing mono camera low-cost GPS and map data [J]. Intelligent Transportation Systems, 2010 (9): 1657–1662.

[5] Ress C, Etemad A, Kuck D, et al. Electronic horizon—Providing digital map data for ADAS applications [J]. Madeira, 2008 (3):40–49.

[6] SHI W S, CAO J, ZHANG Q, et al. Edge Computing: Vision and Challenges. IEEE Internet of Things Journal, 2016, 3(5): 637-646. DOI:10.1109/jiot.2016.2579198.

[7] 施巍松, 孙辉, 曹杰, 等. 边缘计算: 万物互联时代新型计算模型. 计算机研究与发展, 2017, 54(5): 907-924. DOI:10.7544/issn1000-1239.2017.20160941.

[8] AHMED A, AHMED E. A Survey on Mobile Edge Computing//2016 10th

International Conference on Intelligent Systems and Control (ISCO). India: IEEE, 2016: 1-8.

[9] European Telecommunications Standards Institute (ETSI). Mobile-Edge Computing Introductory Technical White Paper [EB/OL]. (2018-09-03).

[10] 3GPP. Procedures for the 5G System (Release 15): 3GPP TR 23. 502[S].

[11] MENDEZ D, LABRADOR M A. Density Maps: Determining Where to Sample in Participatory Sensing Systems//2012 Third FTRA International Conference on Mobile, Ubiquitous, and Intelligent Computing. Canada, 2012: 35-40. DOI:10.1109/MUSIC.2012.14.

[12] SONG Z, NGAI E, MA J, et al. Incentive Mechanism for Participatory Sensing under Budget Constraints//2014 IEEE Wireless Communications and Networking Conference (WCNC).Turkey:IEEE,2014:3361-3366.DOI:10.1109/WCNC.2014.6953116.

[13] DORNBUSH S, JOSHI A. Street Smart Traffic: Discovering and Disseminating Automobile Congestion Using VANET's//2007 IEEE 65th Vehicular Technology Conference-VTC2007-Spring.Ireland:IEEE,2007:11-15.DOI:10.1109/VETECS.2007.15.

[14] ZHANG Q, ZHAO J H. A Model for Automatic Collection and Dynamic Transmission of Traffic Information Based on VANET//2012 15th International IEEE Conference on Intelligent Transportation Systems. USA: IEEE, 2012: 373-378. DOI:10.1109/ITSC.2012.6338711.

[15] TERROSO-SAENZ F, VALDES-VELA M, SOTOMAYOR-MARTINEZ C, et al. A Cooperative Approach to Traffic Congestion Detection with Complex Event Processing and VANET. IEEE Transactions on Intelligent Transportation Systems, 2012, 13(2): 914-929. DOI:10.1109/tits.2012.2186127.

[16] KUMAR S, SHI L, AHMED N, et al. Carspeak: A Content-Centric Network for Autonomous Driving[C]//Proceedings of the ACM SIGCOMM 2012 Conference on Applications, Technologies, Architectures, and Protocols for Computer Communication. USA: ACM, 2012: 259-270.

[17] BAUZA R, GOZALVEZ J. Traffic Congestion Detection in Large-Scale Scenarios

Using Vehicle-To-Vehicle Communications. Journal of Network and Computer Applications, 2013, 36(5): 1295-1307. DOI:10.1016/j.jnca.2012.02.007.

[18] GRAMAGLIA M, CALDERON M, BERNARDOS C J. ABEONA Monitored Traffic: VANET-Assisted Cooperative Traffic Congestion Forecasting. IEEE vehicular technology magazine, 2014, 9(2): 50-57. DOI:10.1109/mvt.2014.2312238.

[19] LIU D, CHEN B Q, YANG C Y, et al. Caching at the Wireless Edge: Design Aspects, Challenges, and Future Directions. IEEE Communications Magazine, 2016, 54(9): 22-28. DOI:10.1109/mcom.2016.7565183.

[20] MAURI G, GERLA M, BRUNO F, et al. Optimal Content Prefetching in NDN Vehicle-To-Infrastructure Scenario. IEEE Transactions on Vehicular Technology, 2017, 66(3): 2513-2525. DOI:10.1109/tvt.2016.2580586.

[21] ZEYDAN E, BASTUG E, BENNIS M, et al. Big Data Caching for Networking: Moving from Cloud to Edge [J]. IEEE Communications Magazine, 2016, 54(9): 36-42. DOI:10.1109/mcom.2016.7565185.

[22] ABANI N, BRAUN T, GERLA M. Proactive Caching with Mobility Prediction under Uncertainty in Information-Centric Networks//Proceedings of the 4th ACM Conference on Information-Centric Networking. USA: ACM, 2017: 88-97.

[23] POULARAKIS K, TASSIULAS L. Code, Cache and Deliver on the Move: A Novel Caching Paradigm in Hyper-Dense Small-Cell Networks. IEEE Transactions on Mobile Computing, 2017, 16(3): 675-687. DOI:10.1109/tmc.2016.2575837.

[24] LI X, WANG X, LI K, et al. Collaborative Hierarchical Caching for Traffic Offloading in Heterogeneous Networks//Communications (ICC), 2017 IEEE International Conference on. USA: IEEE, 2017: 1-6.

[25] JI M, CAIRE G, MOLISH A F. Wireless Device-to-Device Caching Networks: Basic Principles and System Performance. IEEE Journal on Selected Areas in Communications, 2016, 1(34): 176-189. DOI: 10.1109/JSAC.2015.2452672.

[26] JIANG J, ZHANG S, LI B. Maximized Cellular Traffic Offloading via Device-to-Device Content Sharing. IEEE Journal on Selected Areas in Communications, 2015, 34(1): 82-91.

DOI: DOI:10.1109/JSAC.2015.2452493.

[27] BASTUG E, BENNIS M. Living on the Edge: The Role of Proactive Caching in 5G Wireless Networks. IEEE Communications Magazine, 2014, 8(52): 82-89.

[28] HULL B, BYCHKOVSKY V, ZHANG Y, et al. CarTel: A Distributed Mobile Sensor Computing System//Proceedings of the 4th International Conference on Embedded Networked Sensor Systems. USA: ACM, 2006: 125-138.

[29] ZHANG Q, ZHAO J H. A Model for Automatic Collection and Dynamic Transmission of Traffic Information based on VANET//Intelligent Transportation Systems (ITSC), 2012 15th International IEEE Conference on. USA: IEEE, 2012: 373-378.DOI: 10.1109/ITSC.2012.6338711.

[30] FERNANDO T, MERCEDES V, CRISTINA S, et al. A Cooperative Approach to Traffic Congestion Detection with Complex Event Processing and VANET. IEEE Transactions on Intelligent Transportation Systems, 2012, 13(2): 914-929. DOI: DOI:10.1109/TITS.2012.2186127.

[31] REZAEI F, NAIK K, NAYAK A, et al. Effective Warning Data Dissemination Scheme in Vehicular Networks for Intelligent Transportation System Applications//16th International IEEE Conference on Intelligent Transportation Systems (ITSC 2013). Netherlands: IEEE, 2013: 1071-1076. DOI:10.1109/ITSC.2013.6728374.

[32] DIKAIAKOS M D, FLORIDES, A, NADEEM T, IFTODE L. Location-Aware Services over Vehicular Ad-Hoc Networks using Car-to-Car Communication. IEEE Journal on Selected Areas in Communications, 2007, 25(8): 1590-1602.

[33] KNORR F, BASELT D, SCHRECKENBERG M, et al. Reducing Traffic Jams Via VANETs. IEEE Transactions on Vehicular Technology, 2012, 61(8): 3490-3498. DOI:10.1109/tvt.2012.2209690.